BIM 软件系列教程

三维算量软件高级实例教程

（第二版）

中 国 建 设 教 育 协 会 组织编写
深圳市斯维尔科技有限公司 编 著

中国建筑工业出版社

图书在版编目（CIP）数据

三维算量软件高级实例教程/深圳市斯维尔科技有限公司编著. —2版. —北京：中国建筑工业出版社，2012.5（2022.8重印）
（BIM软件系列教程）
ISBN 978-7-112-14047-3

Ⅰ.①三… Ⅱ.①深… Ⅲ.①建筑工程-工程造价-应用软件-教材 Ⅳ.TU723.3-39

中国版本图书馆CIP数据核字（2012）第042019号

责任编辑：郑淮兵
责任设计：陈　旭
责任校对：肖　剑　刘　钰

BIM软件系列教程
三维算量软件高级实例教程
（第二版）
中国建设教育协会　组织编写
深圳市斯维尔科技有限公司　编　著
*
中国建筑工业出版社出版、发行（北京西郊百万庄）
各地新华书店、建筑书店经销
北京千辰公司制版
北京凌奇印刷有限责任公司印刷
*
开本：787×1092毫米　1/16　印张：14¾　字数：365千字
2012年6月第二版　2022年8月第十七次印刷
定价：**45.00**元（含光盘）
ISBN 978-7-112-14047-3
（22156）

系列教程编审委员会

总　序

BIM（Building Information Modeling）也即建筑信息模型，概念产生于二十世纪七十年代，当时的计算机技术还不发达，普及程度还非常低，应用于建筑业还很少。随着计算机技术的迅猛发展，BIM技术在这几年已经由理论研究进入实际应用阶段，并且成为当前建设行业十分时髦和热门的词汇，在搜索引擎上搜索"BIM"这个词汇，有数以千万条的搜索结果，这从一个重要的方面反映了人们对这一技术的关注程度。

中国是世界上最大的发展中国家，在国家城镇化的发展过程中，伴随着大规模的城市建设，并且这种快速发展与建设的趋势将持续较长的时间。

信息技术对于支撑与服务建筑业的发展，具有十分重要的作用。BIM技术是信息技术应用于建筑业实践的最为重要的技术之一，它的出现和应用将为建筑业的发展带来革命性的变化，BIM技术的全面应用将大大提高建筑业的生产效率，提升建筑工程的集成化程度，使决策、设计、施工到运营等整个全生命周期的质量和效率显著提高、成本降低，给建筑业的发展带来巨大的效益。

这几年，国内关注BIM技术的人员越来越多，有不少企业认识到BIM对建筑业的巨大价值，开始投入BIM技术的研究、实践和推广。国内外一些著名软件厂商都在不遗余力地推出基于BIM技术应用的新产品，国际上的著名企业如Autodesk、Bentley等公司都将他们的BIM技术和产品方案引入中国，并展开了人员培养、技术和市场推广等工作。深圳市斯维尔科技有限公司是国内较早开展BIM技术研究，并按BIM思想建立其产品线的软件公司，是国内BIM技术的重要推动力量之一，其影响力已引起各方广泛关注。

我高兴地看到中国建设教育协会与深圳市斯维尔科技有限公司连续成功举办了三届"全国高等院校学生斯维尔杯BIM系列软件建筑信息模型大赛"，并在此基础上组织编写了该系列教程，其中包括十大分册，分别为《BIM概论》、《建设项目VR虚拟现实高级实例教程》、《建筑设计软件高级实例教程》、《节能设计与日照分析软件高级实例教程》、《设备设计与负荷计算软件高级实例教程》、《三维算量软件高级实例教程》、《安装算量软件高级实例教程》、《清单计价软件高级实例教程》、《项目管理与投标工具箱软件高级实例教程》。该系列教程作为"全国高等院校学生斯维尔杯BIM系列软件建筑信息模型大赛"软件操作部分的重要参考指导教材，可以很好地帮助参赛师生理解BIM技术，掌握软件实际操作方法。教程配有学习版软件光盘及教学案例工程，读者可以边阅读，边练习体验，学练结合，有利于读者快速掌握BIM建模相关知识和软件操作方法。

该系列教程的出版，对高校开展BIM技术教学工作有重要意义。我国大学教育在立足专业基础知识教学的同时强调学生综合素质和实践能力的培养，高校教育改革要求进一步提高学生实践能力、就业能力、创新能力、创业能力。BIM技术还是个快速发展中的新技术，实践性强，知识更新速度快，在高等院校开展BIM知识的教学对高校教师具有挑战性。BIM教学所需要的教材编写、案例更新工作对高校教师而言是件相当耗时耗力的工作，很难在短时间内形成系统性的系列教材。该系列教程主要编写人员为长期从事BIM技术研究的行业专家、高校教师以及斯维尔公司BIM系列软件的研发、服务以及培训的专业人员。这样的组织形式既保障了教程的专业水平，又保障了教程内容和案例与软件更新相匹配。该系列教程图文并茂，案例详实，配有视频讲解资料，可作为高校老师的BIM技术教学用书，辅助开展BIM技术教学工作。

该系列教程的出版，对BIM技术在中国的传播有着重要的意义。目前在国内关于BIM技术的书籍还比较少。本系列教程系统化地介绍了BIM系列软件在设计、造价、施工等工作中的应用。本系列教程以行业从业人员日常工作使用的商品化专业软件作为依据，选择了一个常见实际工程作为案例，采用案例法讲解，引导读者通过一步步软件操作完成该项工程，实用性强。十本BIM软件系列教程之间既具有独立性，又具有相关性，读者可以根据自己需要选择阅读。

东北大学 丁烈云

2012年4月

目　　录

第一部分　概　　述

第二部分　建筑工程量

第三部分 钢筋工程量

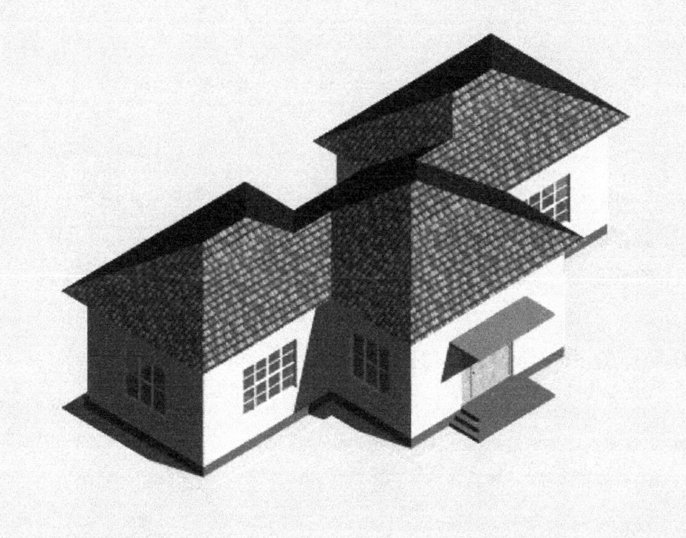

第一部分 概 述

第1章 算量思路

1.1 算量思路

1.1.1 建筑工程量计算思路

手工计算构件工程量时，有大量的数据需要进行人工处理。例如手工计算砌体墙体积工程量，首先按轴线净长减去柱子所占的宽度得出墙体长度，乘以墙高计算出墙面积，之后按计算规则扣减墙上单个面积大于某个条件的门窗、孔洞，再乘以墙厚得到墙的体积，之后再扣减墙体内其他材料制作的构件体积。只是一条墙的工程量计算就需要提取大量的数据来组合成计算式，可以想像一项工程所有构件的工程量计算下来将需要多么大的数据信息量。

运用软件进行建筑算量的思路，是按照构件类型建立工程预算模型，并对各构件挂接清单、定额做法，由软件根据清单、定额所规定的工程量计算规则提取模型的各种工程量数据，最后按一定的归并条件统计出构件工程量。

对于前面所述的砌体墙体积工程量用软件计算的方法是，先在界面中将墙的模型建立好，其墙长、墙厚等值会转变为软件中的变量。墙上的门窗洞口、过梁等模型建立好后，也会生成相应的属性变量，例如洞宽、洞高、洞厚，过梁长、宽、高等。这些变量自动按照软件内置的计算规则组合成工程量计算式，通过软件分析计算最终得出砌体墙的体积工程量。在软件中，计算规则是完全开放的，规则变更可按要求调整，真正满足使用者的多样算量要求。例如墙体积扣减洞口、过梁体积等的计算规则，结合洞口面积大于0.3m^2时才扣减的参数规则，就能满足墙体积工程量的计算要求。如果软件提供的工程量计算规则和工程量表达式不能满足实际要求，可以利用软件提供的构件属性变量自行组合工程量计算式。利用软件算量，不仅可以将烦琐的数据提取工作交给软件去完成，还可以依据软件内详细的计算规则快速计算出构件的工程量，且计算结果可查、可改，与手工算量追求精、准、细的目标达成一致。

综上所述，三维算量软件的整体算量思路就是在计算机中用“虚拟施工”可视化技术建立构件模型，在生成模型的同时提供构件的各种属性与变量值，并按计算规则自动计算出构件工程量。

不论是手工计算还是用软件计算工程量，都需要遵循一定的算量流程。任何建筑物都由楼层单元构成，算量时也是按照不同的楼层分别计算，本教程中的工程分为地下室或首层、标准层、顶层等。其次是构件。每一楼层都由各种类型的构件组成，建筑物的构件类型基本上分为以下几大块：基础构件、主体构件、装饰构件和其他构件，它们之间的工程量相互依赖，又相互制约（表1-1）。

构件类型及名称 **表1-1**

<table>
<tr><th>类　型</th><th colspan="2">构　件　名　称</th></tr>
<tr><td>基础构件</td><td colspan="2">桩基础（承台）、独立基础、条形基础（基础墙）、满堂基础等</td></tr>
<tr><td>主体构件</td><td colspan="2">柱、梁、墙、板、门窗、过梁、圈梁、构造柱等</td></tr>
<tr><td rowspan="2">装饰构件</td><td>室内装饰</td><td>地面、踢脚、墙裙、墙面、顶棚等</td></tr>
<tr><td>室外装饰</td><td>外墙裙、外墙面等</td></tr>
<tr><td rowspan="2">其他构件</td><td>室内构件</td><td>楼梯、栏杆扶手、水池等</td></tr>
<tr><td>室外构件</td><td>台阶、散水、阳台和花台等</td></tr>
</table>

按照以上楼层划分与构件分类，依次在软件中建立模型，即可计算出建筑工程量。

1.1.2 钢筋工程量计算思路

手工计算钢筋工程量，首先从结构施工图的结构说明中获得钢筋的主要信息，通过与相关构件的基本数据结合，再遵循结构规范、构造要求，确定钢筋在各类构件内的锚固、搭接、弯钩以及保护层厚度等，计算出每根钢筋的长度，然后根据不同直径钢筋的比重计算出钢筋重量。最后将钢筋重量按级别、直径等作为条件归并统计，得到钢筋工程量。

运用软件进行钢筋算量的思路，是通过在软件中建立构件模型，再按照设计要求给模型中各类型构件布置钢筋，通过软件的计算分析得到构件基本数据，结合软件内按钢筋标准及规范等配置好的钢筋计算方法，计算出钢筋长度与重量，最后按一定的归并条件统计出钢筋工程量。

例如用软件计算梁钢筋，首先必需在界面上建立梁的模型。布置梁筋时软件要求输入方式应符合平法标准的规则，在软件对话框内按设计要求输入梁筋对应的各项数据，并将钢筋布置到梁上，通过软件的计算分析就会得到钢筋的工程量。并且每条钢筋的计算表达都详尽地显示在查询表格中。三维算量钢筋的计算过程是完全公开的，数据详尽，核对方便。软件中内置了详细的钢筋计算公式，所有的计算公式都默认按照规范和有关标准进行设置，且开放可供查询与修改。如果实际工程中个别节点不是按照规范设计的，则可以通过调整钢筋的计算公式来实现特殊钢筋的计算。钢筋工程量的统计条件是开放的，可以按照各种需要将钢筋工程量分级别、直径进行汇总。此外，软件还提供了按各种要求的钢筋报表，如钢筋汇总表、钢筋明细表、接头汇总表等，钢筋简图可以输出到报表中。

除了在图形上布置钢筋的方式外，软件还提供了参数法钢筋算量的方式。对于一些简单的、重复的、没有扣减关系的钢筋布置，可以不用建立构件模型而直接在参数表格中按照施工图输入各项钢筋的参数，软件也会按照所输入的参数进行钢筋工程量的计算。

钢筋部分大致分为柱筋、梁筋、墙筋、板筋、基础钢筋及其他构件钢筋。一般柱、梁、墙、板、基础等大部分构件的钢筋可以用图形法快速计算；而零星构件或其他较简单的构件可以用参数法计算钢筋。不论是图形法还是参数法，软件对于各类构件中的钢筋都是严格按照规范和有关规定来计算的。软件中集成了 G101 平法等系列图集的规则，用以满足计算钢筋工程量需要。

1.2 算量流程

运用三维算量软件完成一栋房屋的算量工作基本上遵循以下工作流程（图 1-1）：

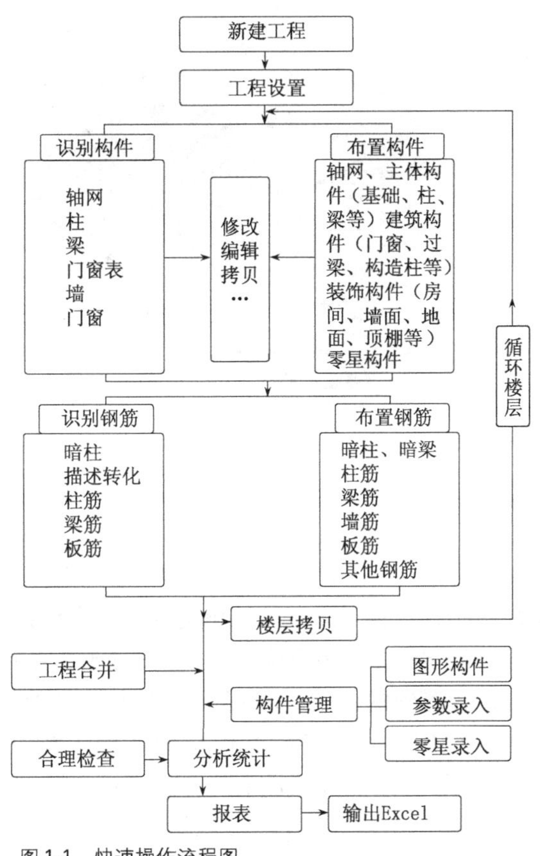

图 1-1 快速操作流程图

按照这个工作流程，灵活地运用软件，将会给工作带来很大的便利。

第 2 章　实例工程概况

本教学实例是某学院的一栋教学楼工程，建筑面积有 1434m^2，为框架结构。教学楼共计 5 层，地下 1 层，层高为 4.2m，室内地坪标高为-4.2m；地上 4 层，一层层高为 4.2m，二、三层层高均为 3.3m，出屋顶楼层层高为 3m，且屋顶为坡屋顶形式。例子工程是一个吊脚楼，地下室与首层的地坪高差正好是地下室的层高。下图是利用三维算量软件建立的教学楼算量模型（图 2-1）：

图 2-1　教学楼模型

该教学楼由建筑施工图与结构施工图两份图纸组成，其中建施图 11 张，结施图 15 张，教材提供的是电子版施工图（见本书所附光盘内容）。在创建工程模型时，可以用手工建模的方式逐步建立各个构件，也可以利用软件的智能识别功能，对施工图中可以识别的构件进行识别建模。

为了获得更好的教学效果，在讲解过程中，对于图纸中没有的构件，但在实际工程中经常会遇到的问题，教程中会作为“其他场景”来讲解。超出本教程范围的一些内容，可参考其他帮助文档，例如常见问题解答等，或者是登陆 www.thsware.com 网址上的“技术论坛”寻求帮助。

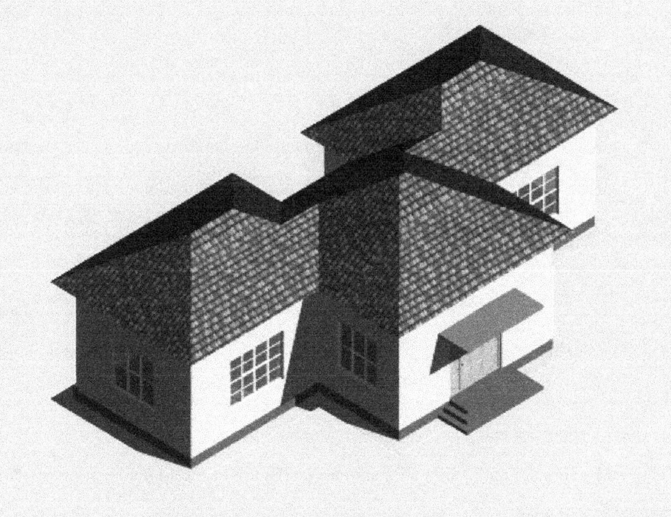

第二部分　建筑工程量

第 3 章　建筑工程量概述

3.1　建筑工程量工作流程

运用三维算量软件计算一栋房屋的工程量大致分为以下几个步骤：

（1）新建工程项目；

（2）工程设置；

（3）建立工程模型；

（4）挂接做法；

（5）校核、调整图形与计算规则；

（6）分析统计；

（7）输出、打印报表。

其中工程模型的建立分为手工和识别两种方式。有电子施工图时，可导入电子图文档进行构件识别建模，目前软件可以识别的构件有轴网、基础、柱（暗柱）、梁、墙与门窗以及相应的表格；在没有电子施工图或者碰到软件无法进行识别的构件，则通过软件提供的构件布置功能进行手工布置建模。

为了让学员切实掌握软件的使用方法，本教程分为手工建模与识别建模两部分进行讲解。手工建模部分对应的是第 4 章至第 10 章的内容，识别建模对应的是第 11 章的内容。请学员根据需要选择阅读。

3.2　实例工程分析

实例工程共由 5 个层面组成，分别是基础、地下室，地下室之上有 4 个层面。实例工程各楼层包含的构件如下（表 3-1）：

各楼层构件类型　　表 3-1

楼层＼构件类型	基　础	主体结构	装　饰	其　他
基础层	独立基础、基础梁			
地下室	独立基础、基础梁	柱、梁、混凝土挡土墙、砌体墙、板、门窗、过梁	勒脚、外墙面、踢脚、内墙裙、内墙面、地面、顶棚	散水、脚手架

续表

楼层＼构件类型	基　础	主体结构	装　饰	其　他
1层		柱、梁、砌体墙、混凝土墙、板、门窗、过梁	外墙裙、外墙面、踢脚、内墙裙、内墙面、独立柱装饰、地面、顶棚	散水、楼梯、脚手架、雨棚、台阶
2层		柱、梁、砌体墙、混凝土墙、板、门窗、过梁	外墙裙、外墙面、踢脚、内墙裙、内墙面、地面、顶棚	楼梯、脚手架
3层		柱、梁、砌体墙、混凝土墙、板、门窗、过梁	外墙裙、外墙面、踢脚、内墙裙、内墙面、地面、顶棚	脚手架
出屋顶楼层		柱、梁、砌体墙、女儿墙、板、门窗、过梁	外墙裙、外墙面、踢脚、内墙裙、内墙面、地面、顶棚	脚手架、老虎窗、檐沟

例子是一个吊脚楼工程，除基础层有基础外，地下室也有部分基础，且基础标高有很大差异。

用手工建工程模型时，本教程遵循以下流程：

（1）遵循先定义编号后布置构件的原则；

（2）先确定基础、柱、墙、梁等骨架构件在预算图中的位置；

（3）根据这些骨架构件所处位置和所封闭的区域，布置板、房间装饰等区域形构件和寄生类构件，如门窗洞口、过梁等；

（4）布置其他零星构件。

练一练

1. 运用三维算量软件计算建筑物工程量的步骤是什么？
2. 在软件中，哪些构件可以用识别电子图的方式创建？
3. 例子工程的构件类型有哪些？
4. 手工建模时应遵循的原则有哪些？

3.3　操作约定

像所有的计算机应用书籍一样，在解释实例的一些操作时，书中只对一种操作方式作详细说明，这样做能让学员有条理地理解和掌握书中讲解的操作内容。按约定方式正确操作会减少或杜绝因操作不当而造成的失误甚至重大失误。当然，学员掌握了一种正确的操作方式后，今后可以按自己的习惯选择使用另一种方式进行软件操作。

下面是本书涉及的一些操作术语：

界面：3DA 软件的屏幕界面；

对话框：执行某个功能命令后，界面中弹出的用于输入和指定设置内容的图框；

光标：指屏幕界面上随鼠标移动的箭头形和十字形或其他形状的图标；

鼠标：指操作光标的硬件设备；

	**小技巧：** 滚轮鼠标中间的滚轮：向前滚动可放大界面上的图形，向后滚动可缩小图形，按住滚轮时界面上的光标变为一只手形，按住滚轮同时拖拽鼠标可将界面上的图形进行移动。

点击：单击鼠标左键；

双击：连续2次间隔时间不大于0.5秒，快速点击鼠标左键；

点击右键：简称（右键）单击鼠标右键；

拖曳：按住鼠标左键或右键不松，移动鼠标；

回车："回车"在计算机中指执行命令，主要是指按击键盘上的"Enter"键；

组合键：指在键盘上同时按下两个或多个键；

单选（点选）：用光标单（点）选目标；（单（点）选时光标会变为一个"口"字形）

框选：用光标在界面中拖拽出一个范围框选目标，框选目标时光标拖拽轨迹为矩形框的对角线；（框选时光标会变为一个"十"字形）

多义线选择：在界面中用画连续不断封闭线的方式对区域进行选择；

尺寸输入：除特殊说明外，标高按"m"米为单位、其余均按"mm"毫米为单位。

角度输入：角度输入均用"角度"。

坡度输入：坡度输入均用小数形式。

技巧、提示、注意等内容：书中有大量的小技巧、温馨提示、注意事项等注明，这些内容要留心阅读，是广大三维算量用户多年辛勤工作总结出来的经验，阅读后能大大提高您对软件的操作水平。

对话框、定义界面：TH-3DA有些同类型的功能都集成在一个对话框或定义界面内，说明时，相同操作方式的构件布置和定义说明将不重复展示对话框或定义界面，学员可参看相关图示。

经典模式：在3DA2012版本内使用3DA 2008版本的界面和操作对话框。

源构件：提供信息资源的构件。

目标构件：接受信息资源的构件。

源楼层：提供信息资源的楼层。

目标楼层：接受信息资源的楼层。

第 4 章　新建工程项目

4.1　新建工程项目

运行三维算量软件，弹出“启动提示”对话框（图 4-1），在对话框中选择启动软件使用的 CAD 版本。如果不想下次启动此对话框，可在“下次不再提问”前面的方框中打上钩，下次就不再出现此窗口。这里我们选择 CAD2010 版本作为平台。如果您使用的是三维算量 OEM 平台版，则直接弹出图 4-2“欢迎使用三维算量”对话框界面。三维算量 OEM 平台版与 CAD2010 平台一样，不另述。

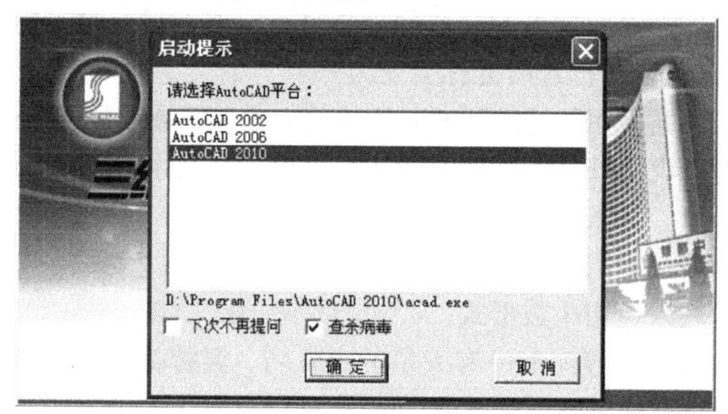

图 4-1　CAD 版本选择

选择完成后，点击确定按钮，显示三维算量操作界面，同时弹出“欢迎使用三维算量”对话框（图 4-2）。

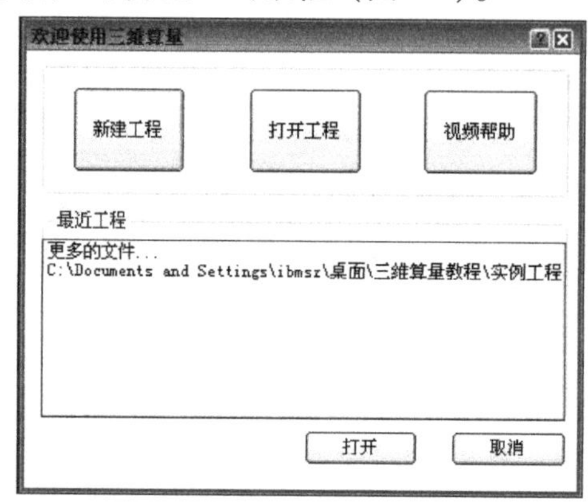

图 4-2　欢迎使用三维算量对话框

对话框中的“最近工程”栏目内显示的是以前创建的工程文件，光标选中一个文件，点击“打开”即可打开这个文件的工程模型。栏目内可以保存5个以前创建的工程。

点击〖新建工程〗按钮，软件提示“是否保存当前工程”，选择“是”。软件弹出新建工程对话框，用于指定将创建的工程文件存储在哪个路径下，软件默认的保存路径是软件安装路径下的User\2010文件夹内。在文件名栏中输入“例子工程”（图4-3）

图4-3 新建工程

点击“打开”按钮，一个新的工程项目就建立好了，这时软件会进入“工程设置”对话框。对话框中的操作见“4.2 工程设置”。

4.2 工程设置

执行【工程】→〖工程设置〗命令。

新建好工程后，软件会自动进入“工程设置”对话框（也可以在操作过程中随时执行工程→工程设置，进入该对话框）。不论是采用手工建模还是识别建模，也不管是计算建筑构件还是计算钢筋工程量，都必须先依据施工图纸设置好工程的各种相关参数。在工程设置里包含六方面的内容：计量模式、楼层设置、工程特征、结构说明、标书封面和钢筋标准。其中除标书封面外其余内容都与计算构件和钢筋工程量有关，应依据设计内容将相关内容设置好。

实例工程设置参照的图纸：建施-01（建筑设计说明）、结施-01（结构设计说明）、建施-08（2-2剖面图）。

4.2.1 计量模式的设置

首先是计量模式的设置。工程名称默认为“例子工程”文件名。计量模式中，关键是“输出模式”和“计算依据”的设置。“定额模式”是指构件按定额子目与定额计算规则计算工程量；“清单模式”是指构件按清单项目与清单计算规则计算工程量。例子工程采用“清单模式”。接着是“计算依据”的选择。例子工程的“清单名称”选择“国标清单（深圳2008）”，“定额名称”选择“深圳市建筑工程（2003）”定额。

“应用范围”用于设置是否计算钢筋工程量和进度工程量。“钢筋计算”是三维算量专业版提供的功能，如果您购买的是标准版，则没有“钢筋计算”模块。进度管理是企业版的功能，目前版本暂未提供。

如果需要调整工程量的计算精度，则点击〖计算精度〗按钮，进入精度设置窗口调整各类工程量的计算精度，一般情况下无需调整。设置好的“计量模式”页面如图4-4所示：

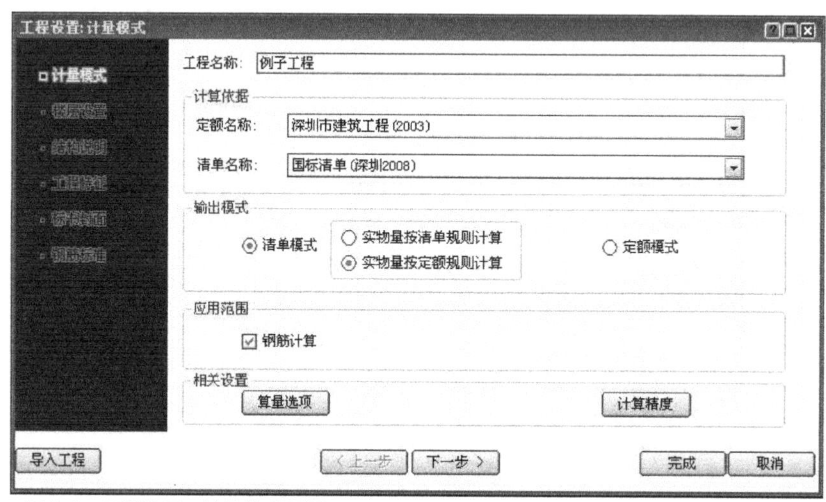

图4-4　工程设置：计量模式页面

〖导入工程〗用于导入一个其他工程设置好的数据，包括计算规则、工程量输出设置、钢筋选项和算量选项等的数据，以加快建模操作速度。

计算模式设置完成经检查无误，点击〖下一步〗按钮，进入下一个设置页面。

注意事项：

当您选择清单模式或定额模式时，如果在计算依据中没有选择清单名称或定额名称，点击完成按钮时软件会提示“清单库/定额库没有设置，这会导致做法部分的功能无法使用，是否继续”。提醒您应正确设置计算依据，否则软件无法正确输出工程量。

练一练

1. 工程设置包含哪几部分内容？
2. 如果不设置“计算依据”会造成什么后果？
3. 如果工程量计算要精确到小数点后两位，在软件中如何设置？

4.2.2 楼层设置

下一步进入“楼层设置”页面。在楼层设置中设置的楼层高度，也是构件的设置高度信息，其竖立构件的高度在没有特别指定高度时，默认高度就是楼层高，水平构件主要利用楼层的顶高，例如柱、墙、梁等。

进入“楼层设置”页面系统默认有“基础层”和“首层”两个楼层栏。在对话框中依据2-2剖面图，将基础、地下室、首层等楼层依次录入。图纸中首层的地面为±0.000，地下室高为4.2m且在±0.000以下，则地下室的底高应定为-4.2m，在地下室的底部有基础层，按图纸显示最低的基础底标高为-6.7，这儿基础层高按2.5取用正好是-4.2-2.5=-6.7，则基础层的底标高等于-6.7m。楼层设置操作方法如下：

首先设置地下室楼层：进入楼层设置页面，光标选中“首层”行，点击〖插入〗按钮，这时会在默认的基础与首层之间插入一行还是叫作“基础”名称的楼层。将楼层名选为“地下室”，层高设为4.2m，可看到“层底标高”栏中的数字会自动变为-4.2m。这是根据建筑专业的规定从正负零开始，楼层向上的数据取正值，楼层向下的为负值计算出来的。

基础层：光标挪到“基础”层，将层高设为2.5m，这时看到基础层的“层底标高”变为了-6.7m，这是由地下室的层底标高又向下-2.5的计算结果。

首层：“首层”是软件的系统层，不能被删除，也不能更改名称。工程中一般“首层”就是“一层”，软件中称“第1层”。首层的层底标高决定其他楼层的层底标高，这里将首层的层高改成4.2m。

二层及以上楼层：将光标置于首层，点击〖添加〗按钮或按键盘上的向上键，依次添加第2层与第3层，并分别设置第2层、第3层的层高为3.3m、3.3m。最后添加第4层，将楼层名称改成“出屋顶楼层”，层高为3m。

栏目中的“标准层数”用于当多个楼层的一切内容均相同时，进行相同楼层数量的设置，在统计工程量时，软件会用标准层数乘以单个标准层的工程量得出标准层数的总工程量。例子工程各楼层的标准层数都为“1”，（标准层数不能设为“0”最小为“1”层，否则该层工程量统计结果为0。）“层接头数量”用于对墙柱等竖向构件钢筋的绑扎接头计算。这里将楼层的层头数均设为1，即按每层计算1个接头，本例子基础层没有竖向构件，故将“层接头数量”设为“0”。机械连接的钢筋接头系统默认按每楼层一个计算，这里不另设置。

“正负零距室外地面高”用于设置正负零距室外地面的高差值，为必填项。此值用于挖基础土方的深度控制，如果基础坑槽的挖土深度设置为“同室外地坪”，则坑槽的挖土深度就是取本处设置的室外地坪高到基础垫层底面的深度。由于例子工程在基础层和地下室层都有基础构件，这里按软件默认的室内外高差，后面进行基础布置时在单独指定土方开挖深度。

〖超高设置〗是指柱、梁、墙、板的支模高度的超高标准，用于计算超高工程量。这里按软件默认，不另做设置，设置完成如图 4-5 所示：

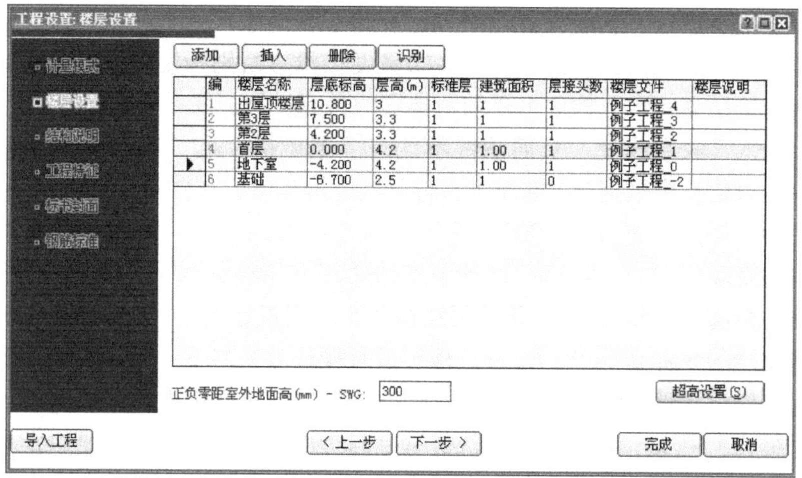

编	楼层名称	层底标高	层高(m)	标准层	建筑面积	层接头数	楼层文件	楼层说明
1	出屋顶楼层	10.800	3	1	1	1	例子工程_4	
2	第3层	7.500	3.3	1	1	1	例子工程_3	
3	第2层	4.200	3.3	1	1	1	例子工程_2	
4	首层	0.000	4.2	1	1.00	1	例子工程_1	
5	地下室	-4.200	4.2	1	1.00	1	例子工程_0	
6	基础	-6.700	2.5	1	1	0	例子工程_-2	

图 4-5　工程设置：楼层设置页面

温馨提示：

在楼层表中，建议按结构标高来设置层高，这样做是在进行表格钢筋识别时，便于将表格中的楼层标高与设置的楼层标高相匹配，让符合层高条件的钢筋自动布置到构件上去。

小技巧：

在定义楼层名称时，最好是将楼层名称设成与施工图内“柱、梁、墙、板”等表格的楼层标注一样，这样在使用表格钢筋功能识别钢筋时，便于程序自动匹配楼层。

注意事项：

“正负零距室外地面高”只能用于设置一个室外地坪的高差，类似例子工程这种吊脚楼，软件无法判定首层的室外地坪与室内地坪的高差，在计算首层下的基础土方时，其挖土深度要特殊处理，不能取“同室外地坪”。

练一练

1. 添加楼层的方法有哪些？

2. 地下室的层底标高是否需要设置？

3. 如果某个高层建筑共有 15 层，其中地下室 2 层，裙楼 4 层，标准层 8 层，屋顶层 1 层，其楼层表如何设置？

4. 如果某个工程，层接头数量隔一层计算一次，楼层表如何设置？

4.2.3　结构说明

进入“结构说明”页面（图 4-6）。“结构说明”页面用于设置整个工程的构件材料和等级、结构的抗震等级，混凝土浇捣方法等内容。因为这些内容与计价结果息息相关，也与钢筋计算取值相关。在这儿根据施工图的“建筑总说明和结构总说明”内容设置好这些信息。因为一栋建筑大部分的设计要求都会在总说明内进行说明，在这儿统一进行设置，后面进行构件布置时软件会自动从表内提取相关数据，不需一个一个构件单独设置定义而节约大量的时间，当然，对于个别构件的设计要求可以在构件建模时指定和调整。

进行“结构说明”设置应先选择楼层，之后是构件名称，再指定材料和搅拌制作浇捣方法等内容。

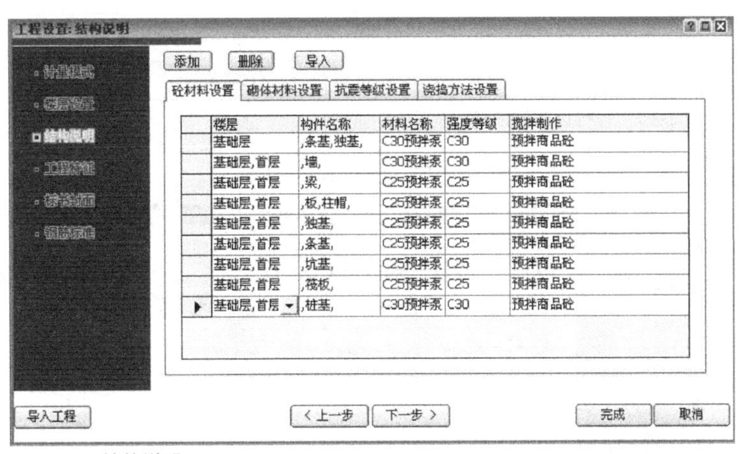

图 4-6　结构说明

结构说明分为 4 个子页面，以“混凝土材料设置”为例。按照结构设计总说明，将构件的混凝土强度等级设置好。

混凝土材料设置通过对应楼层、构件名称、材料名称、强度等级以及搅拌制作方法来确定。点击单元格中的下拉按钮，会弹出相应的选择对话框或下拉菜单（图 4-7 ~ 图 4-9）：

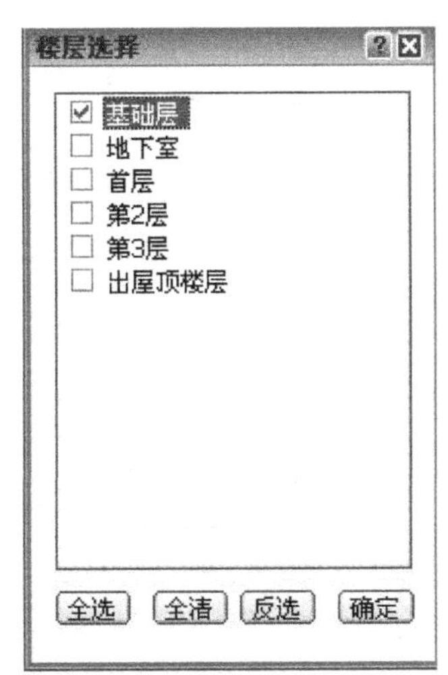

图 4-7　楼层选择对话框

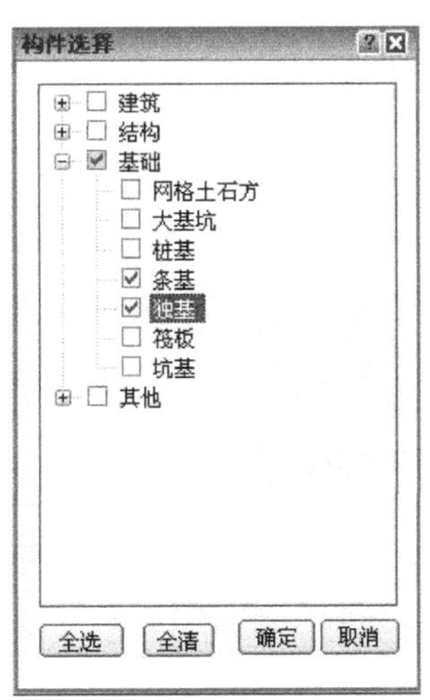

图 4-8　构件选择对话框

材料选择

- 预拌混凝土
  - 预拌泵送混凝土
  - 预拌沥青混凝土
  - 预拌普通混凝土
  - 预拌路面混凝土
- 现场搅拌混凝土
  - 路面混凝土
  - 普通混凝土
  - 泵送混凝土
  - 水下混凝土
  - 沥青类混凝土、砂、碎石
  - 其他混凝土
  - 抗渗混凝土
- 三合与四合土
- 普通砂浆
- 其他物料
- 特种砂浆（胶泥）

清除用户数据　添加　删除

材料编号	材料名称
D110017	C25混凝土 (D=20mm)
D110015	C20混凝土 (D=80mm)
D110030	C40混凝土 (D=10mm)
D110036	C45混凝土 (D=40mm)
D110022	C30混凝土 (D=20mm)
D110011	C20混凝土 (D=10mm)
D110039	C50混凝土 (D=40mm)
D110045	C60混凝土 (D=40mm)
D110026	C35混凝土 (D=10mm)
D110005	C10混凝土 (D=80mm)
D110010	C15混凝土 (D=80mm)
D110002	C10混凝土 (D=20mm)
D110007	C15混凝土 (D=20mm)
D110012	C20混凝土 (D=20mm)
D110025	C30混凝土 (D=80mm)
D110014	C20混凝土 (D=40mm)
D110016	C25混凝土 (D=10mm)
D110033	C40混凝土 (D=40mm)
D110031	C40混凝土 (D=20mm)
D110021	C30混凝土 (D=10mm)

过滤条件：材料编号　过滤值：　过滤

确定　取消

图 4-9　材料选择对话框

设置好的“混凝土材料设置”如图 4-10 所示：

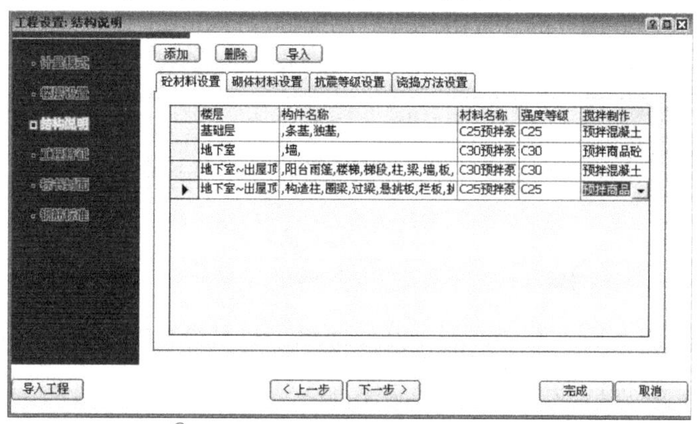

楼层	构件名称	材料名称	强度等级	搅拌制作
基础层	,条基,独基,	C25预拌泵	C25	预拌混凝土
地下室	,墙,	C30预拌泵	C30	预拌商品砼
地下室~出屋顶	,阳台雨篷,楼梯,梯段,柱,梁,墙,板,	C30预拌泵	C30	预拌混凝土
地下室~出屋顶	,构造柱,圈梁,过梁,悬挑板,栏板,扶	C25预拌泵	C25	预拌商品

图 4-10　混凝土①材料设置

类似的，按建筑设计总说明，在“砌体材料设置”页面中设置砌体墙材料如图 4-11 所示：

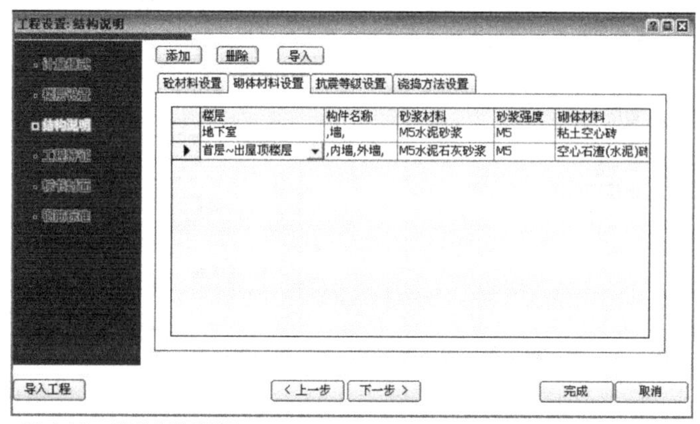

楼层	构件名称	砂浆材料	砂浆强度	砌体材料
地下室	,墙,	M5水泥砂浆	M5	粘土空心砖
首层~出屋顶楼层	,内墙,外墙,	M5水泥石灰砂浆	M5	空心石渣(水泥)砌

图 4-11　砌体材料设置

注：①“混凝土”在软件中常标为“砼”，正文中则恢复用正规名称“混凝土”。

抗震等级设置如图 4-12 所示：

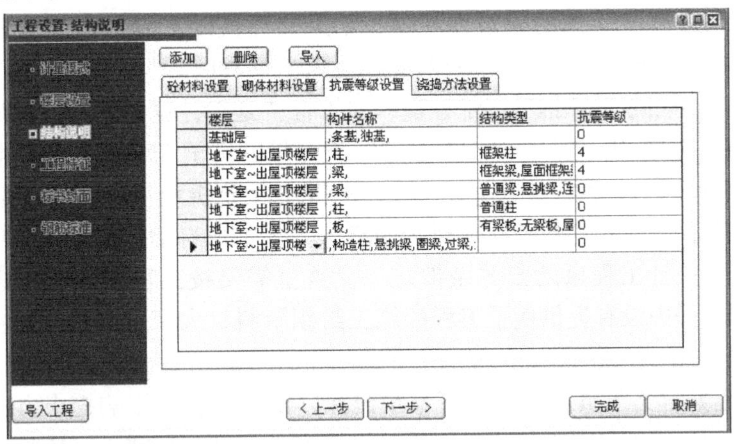

图 4-12　抗震等级设置

浇捣方法设置如图 4-13 所示：

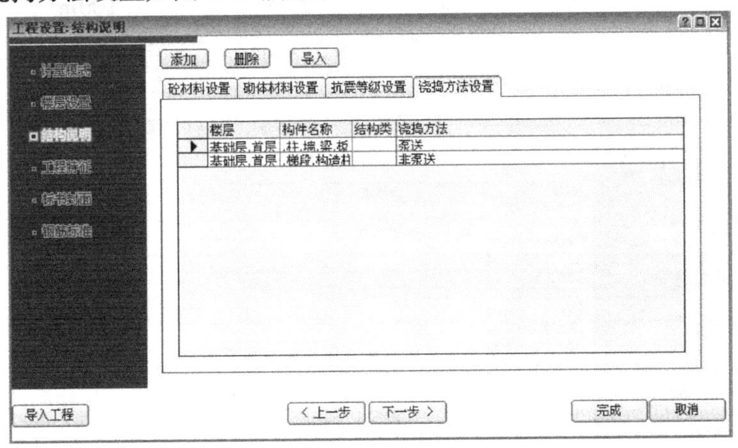

图 4-13　浇捣方法设置

温馨提示：

在抗震等级设置和浇捣方法设置页面中，结构类型只针对某一类构件，例如柱的结构类型分为框架柱、普通柱等。如果构件名称中选择了多类构件，则不能设置结构类型，只需设置这些构件相同的抗震等级或浇捣方法。

练一练

1. 基础中，如果独基采用 C30 混凝土，条基采用 C20 混凝土，在结构说明中应如何设置?

4.2.4　工程特征

点击〖下一步〗按钮，进入“工程特征”设置页面。本页面有三个选项，分别是“工程概况、计算定义和土方定义”，在本页面中对工程一些全局性的计算内容进行设置。填写栏中的内容可以从下拉列表中选择也可直接填写合适的值。在这些属性中，用蓝色标识的属性名为必填的属性值，“工程概况”内的建筑面积项，如果在建模时布置了建筑面积“构件”，则软件会自动将计算的建筑面积值填上。“计算定义”页面中的钢丝网设置项，用于计算钢丝网工程量，如果将“是否计算钢丝网”的属性值设置为“否”，则软件不会计算钢丝网工程量。例子工程没有设计墙体防裂钢丝网，因此该值设置为“否”。进行工程分析统计时，软件会根据“结构特征”、“土壤类型”、“运土距离”等属性值自动生成清单的项目特征，作为统计工程量的归并条件之一。这里需要按工程实际情况进行填写，本教程中没有提供例子工程的施工组织资料，大家可以任意设置，以便练习。

“土方定义”页面内“地下室水位深”的属性值会影响挖土方中挖湿土体积的计算结果。地下水位深的起点是室外地坪，在定义时应注意从 ± 0.000 扣减室内外地坪高差的值。例如地下室水位深为 800，而在楼层设置中室内外地坪高差为 300，则地下室水位的标高为“－1.100m”，如果基础埋置深度在这以下，则在计算挖基础土方时软件会自动计算湿土的体积。工程特征页面如图 4-14 所示：

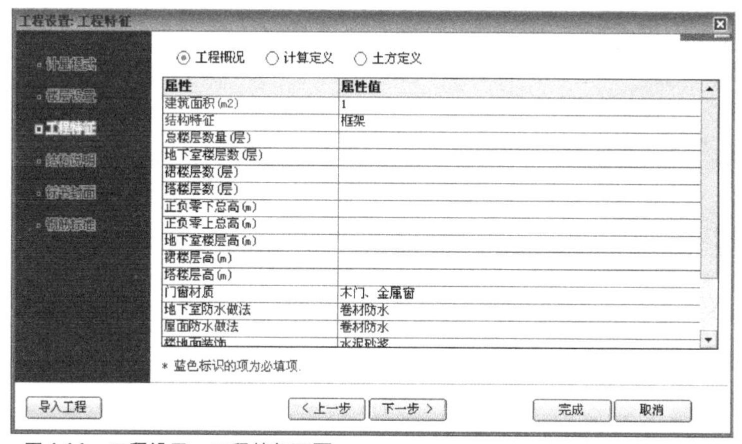

图 4-14　工程设置：工程特征页面

小技巧：

有时可以利用“地下水位深”参数来区分挖坚土和普通土，或是区分挖土和岩石。

练一练

1. 工程设置中哪些设置项会影响基础挖土方工程量的计算？

4.2.5　标书封面与钢筋标准

设置好工程特征后，点击〖下一步〗按钮，进入“标书封面”设置页面。标书封面的设置与工程量计算无关，只是记录工程的一些人事属性，例子工程不作设置。

当在计量模式页面的应用范围中勾选了钢筋计算时，在标书封面页面中点击〖下一步〗会进入钢筋标准的设置页面，选择设计要求的钢筋标准即可。如果在“计量模式”页面中的“应用范围”栏内没有勾选钢筋计算，将不会出现钢筋标准页面。实例钢筋标准按软件默认的选择。

第 5 章　基础与地下室工程量计算

手工算量一般从基础土方开始，根据施工流程自下而上计算工程量，这样的顺序也是与定额的项目章节一致，可以保证不漏算项目。应用软件建模算量并非如此，如果从标准层开始建模，就可以利用楼层拷贝功能快速生成其他楼层的模型，提高工作效率。因此运用软件时，每个人可以根据工程的实际情况来选择最快的建模顺序，没有严格的规定。例子工程按传统方式，从地下室开始建模来进行工程量计算。

本章主要讲解例子工程基础与地下室模型的手工建模方法。

基础与地下室包括的构件见表 5-1：

基础与地下室构件表　　　　表 5-1

楼　　层	基础构件	主体构件	装饰构件	其他构件
基础	独立基础、基础梁	柱、梁、混凝土挡土墙、砌体墙、板、门窗、过梁	勒脚、外墙面、踢脚、内墙裙、内墙面、地面、顶棚	散水、脚手架
地下室		柱、梁、混凝土挡土墙、砌体墙、板、门窗、过梁	勒脚、外墙面、踢脚、内墙裙、内墙面、地面、顶棚	散水、脚手架

其中基础内的垫层、挖土方、填土方等是依附于基础主体的子构件，在软件内不单独作为独立的构件来布置。布置基础构件时，设置好子构件的属性后可随同基础主构件一同布置。

5.1　建立轴网

命令模块：【轴网】→〖绘制轴网〗

参考图纸：结施-02（基础平面布置图）

依据基础平面图来建立轴网。通过分析图纸，得出主体轴网数据（除辅轴外）如表 5-2 所示：

主体轴网数据表　　　　表 5-2

下开间（上开间）	①~②	②~③	③~④	④~⑤
	7500	7500	6000	6000
右进深	A~B	B~C	C~D	D~E
	2100	4500	2400	3000

进入操作界面，将楼层选定为“基础层”。

依据上表的数据，首先录入下开间。从表中数据可以看出，下开间共有四个，且前两个开间距相同，后两个开间距相同，所以在“开间数”中选择2，然后在“轴距”中输入7500，点击〖追加〗按钮，再修改“轴距”为6000，点击〖追加〗按钮，这样四个开间就都设置好了，从预览窗口可以看到下开间的轴线与轴号。开间方向的两根辅助轴线暂不绘制。

切换到“右进深”，右进深中没有相邻且轴距相同的轴线，因此进深数要改成1，然后依次在轴距中录入进深距并点击〖追加〗按钮即可。也可以通过在轴距列表中双击合适的数据来追加进深。在进深方向还有一根1/E辅轴，可以在这里直接录入轴距，点击〖追加〗按钮后软件默认生成的轴号是F，在编号列表中将F改成1/E即可，如图5-1所示。设置好轴网数据后，点击〖确定〗按钮，返回图形界面，在图面上点击插入点，就可以将轴网布置到界面上。

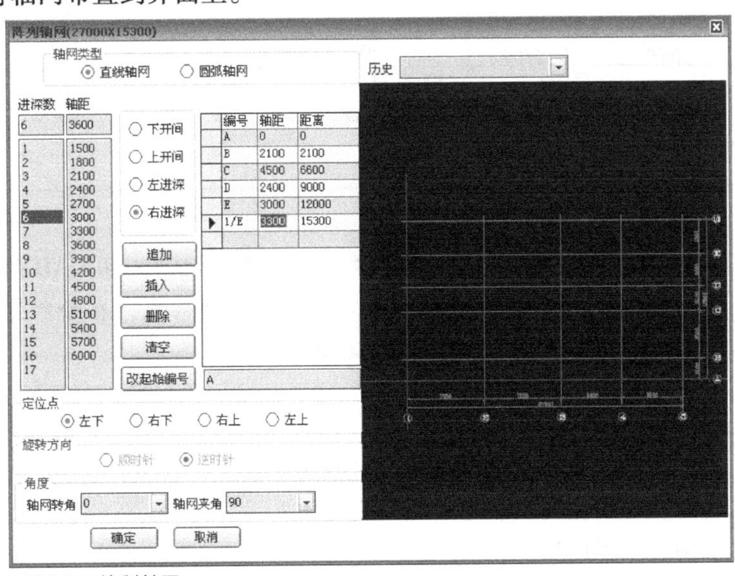

图5-1　绘制轴网

在基础平面布置图的轴网系统中，还有2条辅助轴线需要添加，分别是1/2和1/3辅轴。点击【轴网】菜单下的〖平行辅轴〗按钮，按命令栏提示进行操作：

选择对象：

按提示，光标选择2号轴线；

偏移方向<退出>：

按提示，光标在2号轴线右侧点取一点；

偏移距离<退出>：

按提示，在命令栏输入2号轴与1/2轴的轴距3900；

请输入新的编号（取消为空）<1/2>：

按提示，回车，取默认编号1/2即可；

这样1/2辅轴就绘制好了，用相同的方法绘制出1/3轴。绘制到图上的辅轴与主轴线之间没有轴距标注，可以用〖修改轴网〗命令，选中任意一根轴线，进入“修改轴网”对话框，不作任何修改，直接点击〖确定〗按钮，便可以看到辅轴的标注都已经添加到图上了，如图 5-2 所示：

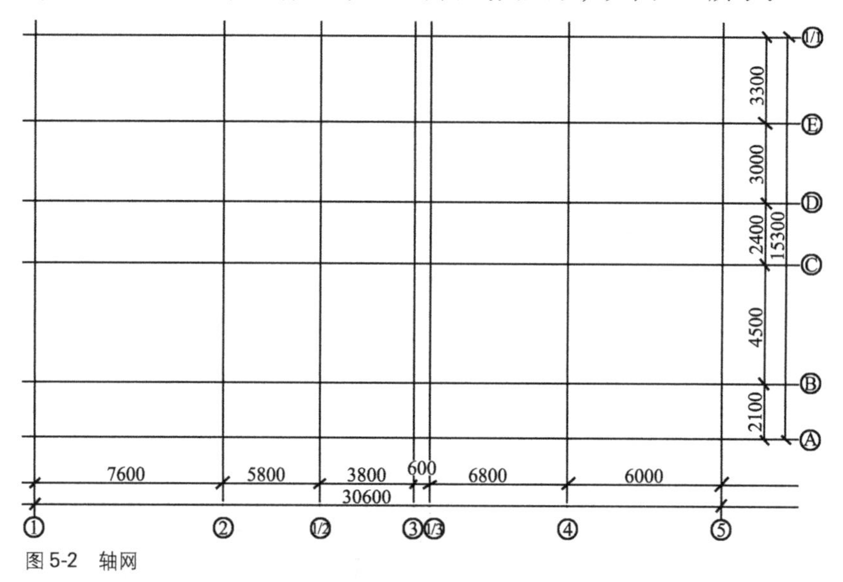

图 5-2　轴网

温馨提示：

辅助轴线用专门的辅轴命令来绘制，也可以用 CAD 的偏移命令来利用原轴线偏移一定距离生成辅助轴线，在绘制完构件后再将辅轴删除。依据需要选择即可。

练一练

1. 轴距相同且位置相邻的多个轴线如何绘制？
2. 录入轴线数据时，轴号是否可以修改？
3. 如何绘制辅助轴线？
4. 请练习圆弧轴网的绘制。
5. 如果轴网绘制错了，该如何修改？

5.2　独立基础

命令模块：【基础】→〖独基布置〗

参考图纸：结施-02（基础平面布置图）

手工建模的操作流程是：定义编号（含做法定义）→布置构件。在软件中，布置构件应首先定义构件编号，只有定义了编号才能进行构件布置。对于做法（清单、定额）的挂接可以在定义编号的同时进行，也可以将构件布置完成后，在（构件查询）内再进行做法挂接。建议手工建模时采用前者，识别建模时采用后者。

5.2.1 定义独立基础编号

命令模块：【基础】→〖独基布置〗

参考图纸：结施-02、03、04（基础布置图、详图）

执行命令后，弹出导航器，在导航器框中，点击[...]按钮，进入“定义编号”界面。依据独基详图，需要定义6个独基编号，J-5与J-8是首层下的基础，可以在地下室楼层中定义。

点击工具栏上的〖新建〗按钮，在独基节点下新建一个编号。每个基础编号下都会带有相关的垫层、砖模与坑槽的定义，例子工程的基础不采用砖胎模，因此可以将砖模节点删除。光标选中“砖模”，点击工具栏的〖删除〗按钮即可将砖模子项删除。其他内容的工程量，例如木模板，已经包含在独基的属性中，无需单独定义（图5-3）。

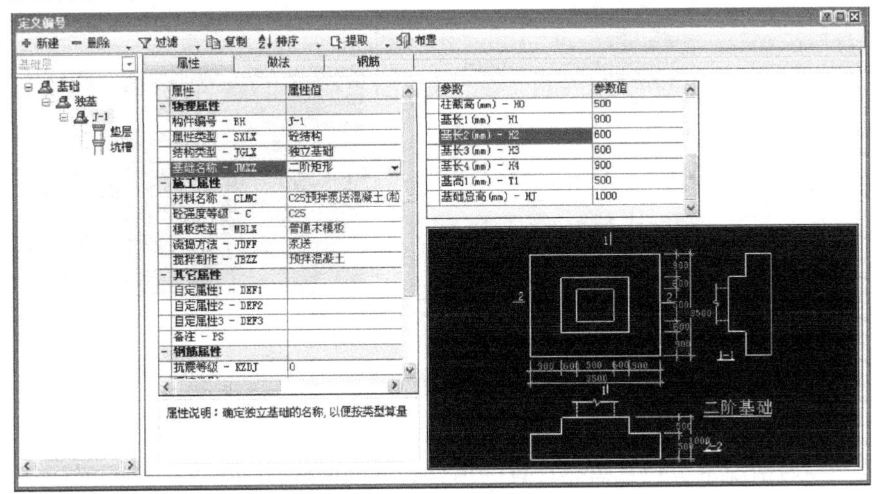

图5-3 独基编号定义

新建好编号后，接着进行属性的定义。首先将软件默认的构件编号改成J-1，然后在“基础名称”中选择“二阶矩形”，在示意图窗口中便可以看到二阶矩形独基的图形，参照示意图与施工图内的基础详图，填写各种尺寸参数值。如图5-4所示：

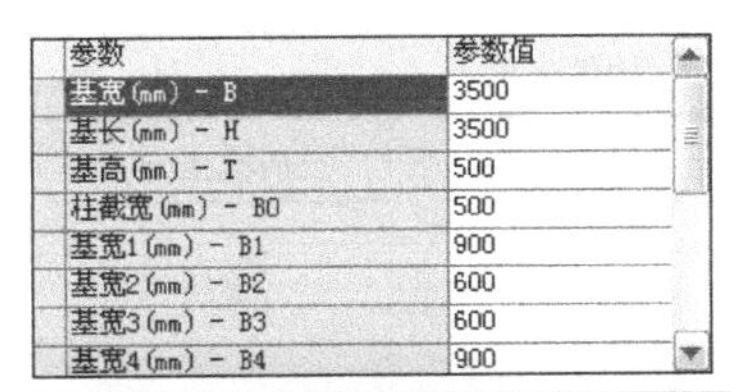

参数	参数值
基宽(mm) - B	3500
基长(mm) - H	3500
基高(mm) - T	500
柱截宽(mm) - B0	500
基宽1(mm) - B1	900
基宽2(mm) - B2	600
基宽3(mm) - B3	600
基宽4(mm) - B4	900

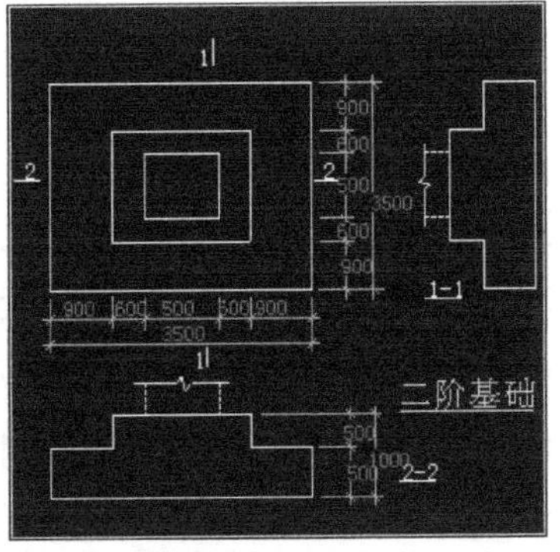

图5-4 基础参数设置

查看施工属性，其中“材料名称”、“混凝土强度等级”、“浇捣方法”、“搅拌制作”是从工程设置的结构说明中自动获取属性值的。这里只需设置“模板类型”。在例子工程中，独立基础都采用木模板，无需每个编号都设置一次，只需在编号树中选择“独基”节点，（如图5-5），然后设置“模板类型”为木模板即可。编号中凡是用蓝色文字显示的属性都是公共属性，可以在其父级节点上设置，子节点自动继承这些属性值。钢筋属性也是如此，保护层厚度、环境类别、锚固长度与搭接长度等设置项都是公共属性，可以在独基节点中设置。设置好后，切换到 J-1 节点，便会看到施工属性和钢筋属性中的属性值与基础节点的是一样的，并且以后所有基础编号的属性都会继承这些公共属性的设置。这便是公共属性在定义编号时的使用技巧。

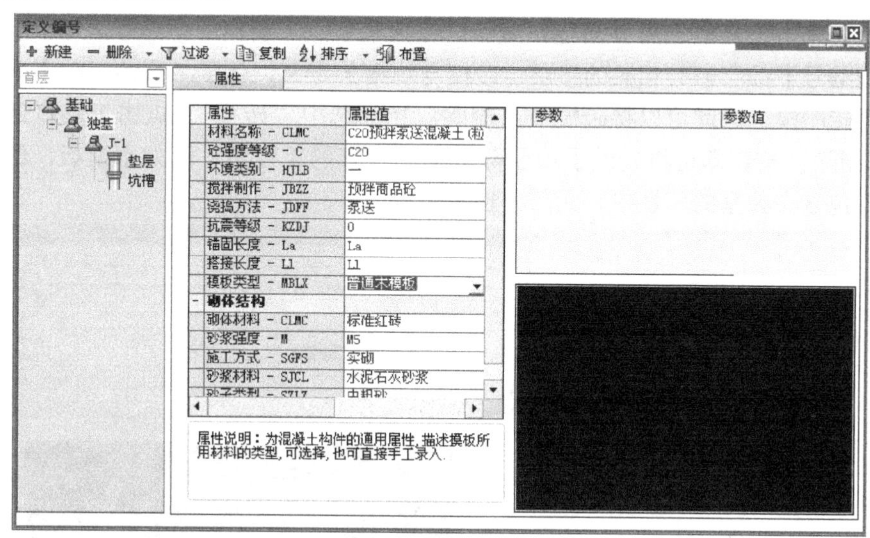

图 5-5　公共属性的设置

5.2.2　定义独立基础做法

一般情况下，独基需要计算的项目有下列内容（表 5-3）：

独基计算项目表　　**表 5-3**

构件名称	计　算　项　目		变量名	计算规则
独基	基坑土方	挖土方体积	KV	依所选择的清单或定额计算规则计算
	垫层	混凝土体积	VDC	
		垫层模板面积	SCDC	
	独基	混凝土体积	V	
		模板面积	S	
	回填土	填土体积	VT	
	土方运输	运土体积	KV	

定义好 J-1 的各类参数后，点击〖做法〗按钮，切换到做法页面（图 5-6）。根据表 5-3 独基的计算项目，对需要输出的计算项挂接做法。表中计算项目，其变量名是软件提供的工程量组合式或属性变量，挂接做法时可以从计算式编辑对话框中选择。例如实际工程中土方需要运输，则应给独基坑槽挂接土方运输的做法子目。

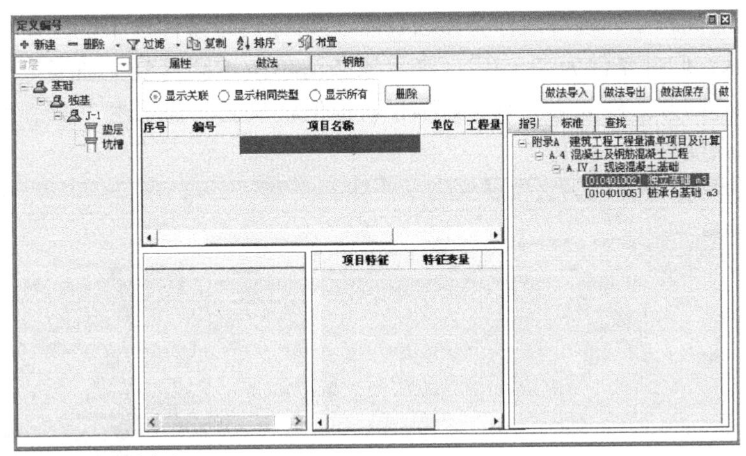

图 5-6 做法定义

在右侧的“清单、定额”列表栏中切换相应页面选择对应的清单、定额章节和子目进行挂接。这里要给混凝土独立基础挂接清单，先找到“混凝土及钢筋混凝土工程”章节下的“现浇混凝土基础”节点，在清单列表中便会列出该节下的所有清单项目。在“010401002 独立基础”的项目编号上双击鼠标左键，该条清单项目就挂接到 J-1 下了，此时清单编码仍然是 9 位编码，经过工程分析后，软件会根据构件的项目特征自动给出清单编码的后 3 位编码。清单的“工程量计算式”由软件自动给出，如果需要编辑计算式，可以点击单元格中的下拉按钮，进入计算式编辑框中编辑（图 5-7），其中蓝色显示的变量是组合式变量，即包含了扣减关系的变量。

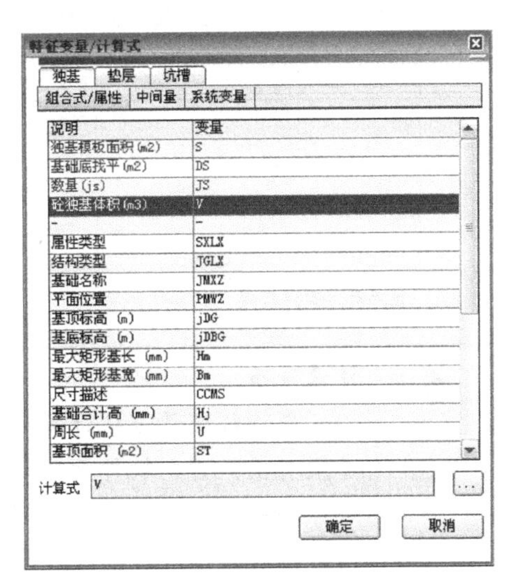

图 5-7 清单计算式编辑

软件默认的计算式即组合式里的混凝土独基体积 V，这个计算式是正确的，不用修改。接着在右下方定额选择栏目中选择对应的基础定额子目，用同样方法挂接到所选清单项目的下面，独基挂接的清单项目如下（图 5-8）。

“项目特征”栏图如 5-8，可以设置当前清单子目的项目特征，软件以清单项目特征为条件归并统计清单工程量。

软件已经给出了一些默认的项目特征。“特征变量”是指特征值，可以手动录入特征值，例如在垫层材料种类中录入“混凝土”；也可以点击单元格中的下拉按钮，从“换算式/计算式”对话框中选择属性变量。“归并条件”是指当特征变量是从“换算式/计算式”中选择的属性变量时，清单工程量按不同属性变量值统计的统计条件。例如“混凝土强度等级”的特征变量选择了独基的属性变量“C”，表示该特征变量自动取编号定义中独基的混凝土强度等级作为项目特征，此时归并条件中不能为空，如图5-8所示，归并条件为“=C”，表示该条清单按不同混凝土强度等级统计工程量。归并条件如果为空，该项目特征值就只能取到描述“C”，而不是独基的强度等级“C30”。

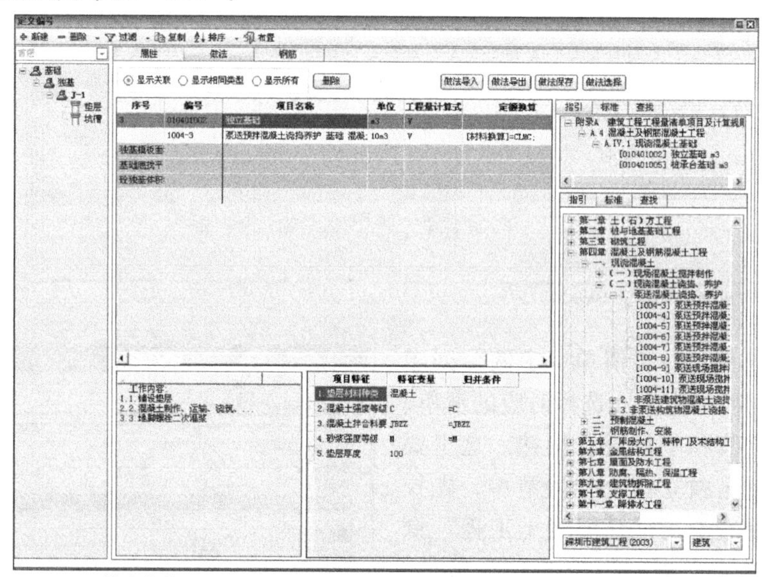

图5-8　做法挂接

注意事项：

当特征变量是从计算式中选择的属性变量时，归并条件中必须有值，否则软件无法取到属性变量值。

而当特征变量是手输的特征描述时（非属性变量），归并条件必须为空，否则软件将认为该特征描述为某一变量，当从构件属性中取不到变量值时，该特征就无法显示了。

点击项目特征栏中的〖增加〗按钮，可以增加一条空白的项目特征项目，通过点击“项目特征”单元格中的下拉按钮，可以调出项目特征选择窗口，双击相应的项目特征条目，就可以添加到清单的项目特征中了，再录入其特征变量及归并条件即可。

根据清单规范2003和2008的清单项目设置方式，清单规范2003的基础垫层是直接挂在基础清单的下面，而清单规范2008的基础垫层是单独列项。所以在软件中给基础垫层挂接清单、定额有两种方式，第一种清单规范2003的挂接方式如下：

将光标定位到“铺设垫层”工作内容节点上，在定额选择栏目中选择垫层定额子目，实例深圳建筑2003定额中没有浇筑垫层的定额子目，应在装饰定额中选择。这里要将定额专业切换到“装饰”定额，切换定额在对话框右下角“定额专业”选择栏内进行（如图5-9）。

建筑
建筑
装饰

图5-9　定额专业切换

选好定额专业，这时定额选择栏中会列出装饰定额的章节，在对应章节内选中垫层子目，双击该子目，垫层定额就挂接到工作内容“铺设垫层”下了。注意！这时软件会默认给出一个体积计算式“V”，但这个“V”不表示是垫层体积，要将这个表达式改为垫层的体积表达式“Vdc”才为正确。点击下“工程量计算式”栏目内的下拉按钮进入“换算式/计算式”对话框（图 5-10）：

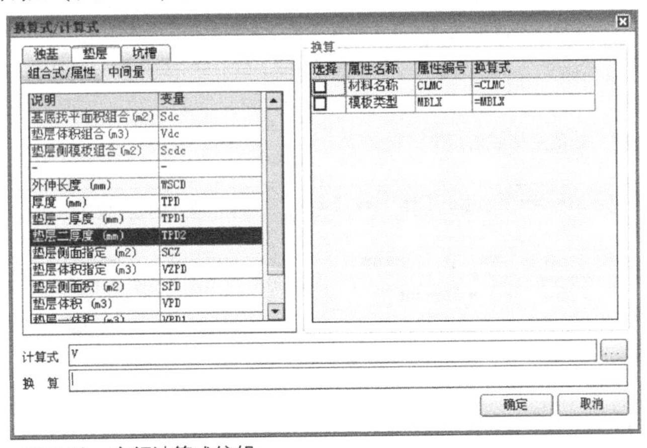

图 5-10 定额计算式编辑

在基础的换算式/计算式编辑框中有三个页面，分别是独基、垫层与坑槽（如果砖模节点没删除则还有砖模页面）。每个页面中分别显示了它们各自的属性变量。前面所讲软件默认垫层的计算式实际是基础主体的体积变量，这是因为在给基础挂接清单定额时，软件无法分辨清单下的定额应取基础的哪些属性作为计算式，因此要修改垫层的计算式。切换到垫层页面，将原“V”计算式删除，选择垫层体积变量“Vdc”，双击鼠标左键，“Vdc”就录入到计算式中了。接着给计算式指定“换算条件”，换算条件是定额工程量的归并条件，只在定额计量模式下起到归并工程量的作用，在清单计量模式下不用设置定额的换算条件，建筑工程量是按照清单的项目特征来归并的。点击〖确定〗按钮，退出计算式编辑框，修改结果会反映到定额子目的工程量计算式栏目中。

第二种方法：根据清单规范 2008 的基础垫层是单独列项这一条件，这时对基础垫层的清单挂接应将垫层作为一个单独的分项看待。挂接方式是直接在基础编号下选择垫层子构件用上述挂接清单、定额方式挂接即可。

对于混凝土构件的模板，按国标清单规范中的分类，其混凝土构件的模板均属于措施项目，此项在国标清单规范内没有专门的项目可选。但根据有些地区的要求，是将模板另外发布了增补项的，根据地方清单的做法，则应将混凝土构件的模板单独挂接专项清单。针对国标清单和地方清单的独立要求，对混凝土构件模板的清单和定额挂接分为两种方式，①对于国标清单，直接将模板定额挂在基础清单的下面，工程量分析统计时，软件会自动将模板项目分开归并到措施项目里面。②对于地方清单，需单独挂接一条模板清单再将模板定额挂在这条清单下面。

再次说明：对于有子构件的构件编号，要注意将工程量表达式选择正确，否则出不了对应的工程量！

独立基础 J-1 主体和垫层的清单、定额的做法定义（图 5-11、图 5-12）。

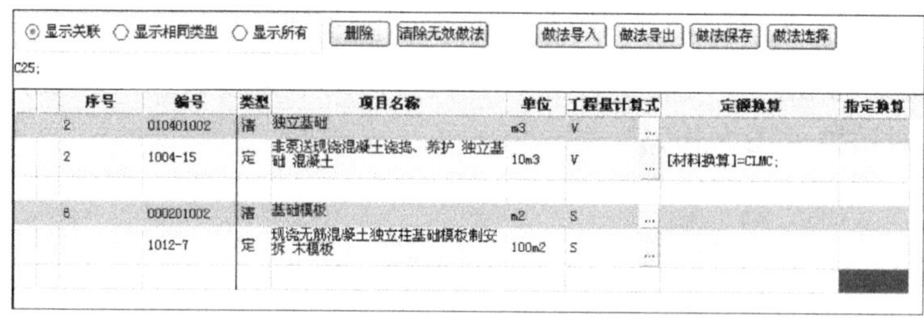

序号	编号	类型	项目名称	单位	工程量计算式	定额换算	指定换算
2	010401002	清	独立基础	m3	V		
2	1004-15	定	非泵送现浇混凝土浇捣、养护 独立基础 混凝土	10m3	V	[材料换算]=CLMC;	
6	000201002	清	基础模板	m2	S		
	1012-7	定	现浇无筋混凝土独立柱基础模板制安拆 木模板	100m2	S		

图 5-11　基础主体做法定义

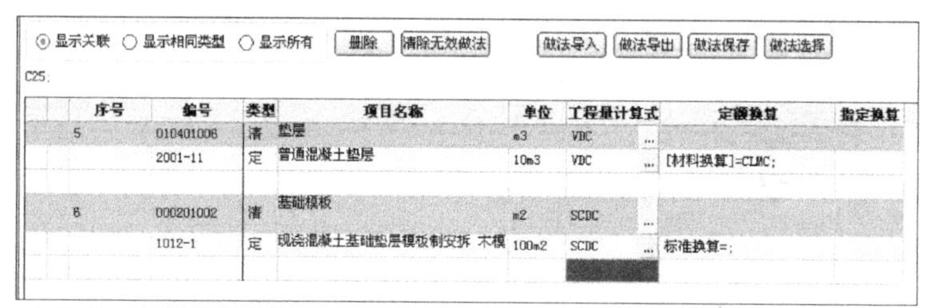

序号	编号	类型	项目名称	单位	工程量计算式	定额换算	指定换算
5	010401006	清	垫层	m3	VDC		
	2001-11	定	普通混凝土垫层	10m3	VDC	[材料换算]=CLMC;	
6	000201002	清	基础模板	m2	SCDC		
	1012-1	定	现浇混凝土基础垫层模板制安拆 木模	100m2	SCDC	标准换算=;	

图 5-12　垫层做法定义

温馨提示：

因为模板在清单中属于措施，有些地区没有将模板作为清单条目，但在软件中可将模板定额可直接挂接在构件的分部分项清单项目下，统计时软件会自动将模板定额统计到措施项目中。

小技巧：

1. “指定换算”列用于自定义归并条件，软件可以按自定义的换算条件归并工程量。

2. 可以通过“做法指引”查询窗口，快速查询到与清单匹配的定额子目，挂接到清单项目下。

3. 挂接好的做法，可以通过〖做法保存〗功能保存成模板，再定义其他编号的基础时，便可以用〖做法选择〗功能快速挂接做法。在定义其他基础编号时，也可以通过〖做法导入〗功能，导入已经定义好的编号上的做法。

注意事项：

如果您在定义编号时看不到“做法”页面，则可能是以下原因引起：

1. 工程设置的计量模式为“构件实物量”模式。该模式下无法给构件挂接做法，必须选择“清单模式”或“定额模式”。

2. 当前的编号树节点非编号节点。即当您在浏览父级节点，例如“独基”或“基础”节点时，只能看到属性页面。只有在浏览编号属性时，才能看到做法页面。

练一练

1. 如何增加清单的项目特征？
2. 是否有必要给工作内容指定工程量计算式？
3. 如何指定垫层体积、模板的工程量计算式？
4. 当软件提供的换算条件不满足算量要求时，该如何增加换算条件？
5. 哪些原因会造成在定义编号对话框看不到做法页面？

5.2.3 定义坑槽

在定义完独立基础 J-1 的属性与做法后，下面还要定义其编号下的垫层与坑槽的属性与做法。点击编号树中的“垫层”节点，首先来看一下垫层的“属性”设置。“外伸长度”为 100，“厚度”是指基础下第一个垫层的厚度，这里为 100。“垫层一厚度”与“垫层二厚度”是指当基础下有多个垫层时，第二个垫层与第三个垫层的厚度。例子工程基础只有一个垫层，因此这两个值设为 0。当使用清单工程量输出模式时，垫层的做法已包含在基础的清单项目中，因此在垫层节点上不用再挂接做法。

关于基础挖土深度定义：基础的挖土方名称在软件内叫做“坑槽”。光标选中一个基础编号下的“坑槽”节点会切换到坑槽的属性定义页面，如图 5-13 所示：

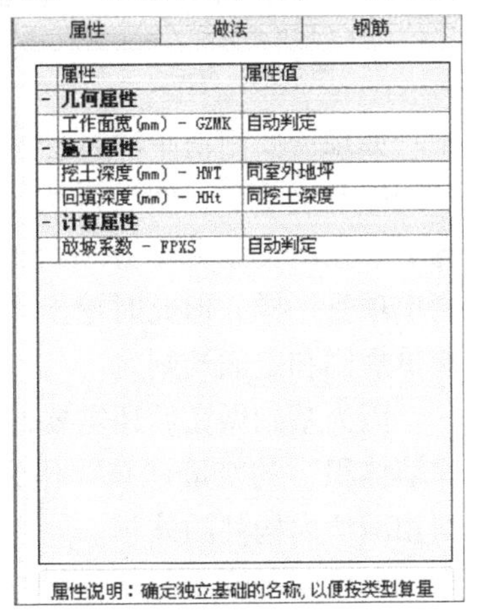

图 5-13 坑槽设置内容

页面中我们看到有“工作面宽、挖土深度、回填深度、放坡系数”四个属性，这四项中最主要的是“挖土深度”，这里看到挖土深度的属性值是“同室外地坪”。例子工程的 ±0.000 是首层地面，室外地坪标高低于正负零 300，也就是 -300。而例子工程从正负零向下还有一个地下室高 4.2m，从地下室的地面向下才是基础，其基础层高在楼层设置内是 2.5m，也就是说当挖土深度同室外地坪时，得挖 4.2［地下室高］+2.5［基础埋深］+0.1［垫层厚］-0.3［室内外地坪高差］=6.5m 深。但是本工程中地下室层是处于地势低的位置，无需挖土。所以这里的挖土深度按照“同室外地坪”来挖就是错的，解决的方法是直接指定挖土深度。查看 J-1 的埋置深度 0.3m - 2.5m［地下室的室内外高差］+0.1［垫层厚］=2.3m，得到编号 J-1 的挖土深度为 2.3m（2300mm）。在“挖土深度”属性值栏内输入“2300”才为正确。至于其余三项内容，软件会根据指定的挖土深度，自动调整进行计算。如图 5-14 所示：

切换到“做法”页面，挂接坑槽的做法。与之前所讲的步骤类似，首先在清单项目中查询到挖基础土方项目，双击项目，挂接到坑槽的做法中，选择“基坑体积”变量“V”作为工程量计算式。这里的基坑体积 KV 按清单计算规则，以基础垫层底面积乘以挖土深度计算。挖基础土方清单的项目特征可设置（如图 5-15）：

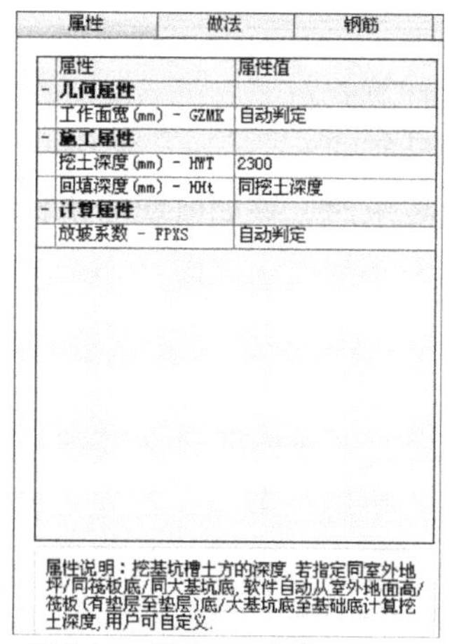

属性 | 做法 | 钢筋

属性	属性值
- 几何属性	
工作面宽 (mm) - GZMK	自动判定
- 施工属性	
挖土深度 (mm) - HWT	2300
回填深度 (mm) - HHt	同挖土深度
- 计算属性	
放坡系数 - FPXS	自动判定

属性说明：挖基坑槽土方的深度，若指定同室外地坪/同筏板底/同大基坑底，软件自动从室外地面高/筏板（有垫层至垫层）底/大基坑底至基础底计算挖土深度，用户可自定义。

图 5-14　指定挖土深度

项目特征	特征变量	归并条件
1. 土壤类别	AT	=AT
2. 基础类型	JMXZ	=JMXZ
3. 垫层底宽、底面		
4. 挖土深度	HWT	›2, 4, 6, 8
5. 弃土运距	YTJL	=YTJL

图 5-15　清单特征栏内容

如果需要给清单项目挂接工作内容，可以先从〖工程内容〗中选择项目挂接到清单下，然后再从〖做法指引〗中查找相应的定额挂接到工作内容下。在给挖基础土方项目的定额指定计算式时，其计算式也是 KV，与清单项目一样，但此时挖土体积是按定额计算规则计算，软件会自动区分清单规则和定额规则。

因为基础做完后还需要回填，所以还应挂接土方回填项目，取“基坑回填体积”的变量“Vt”作为工程量计算式，这个计算式能自动按计算规则扣减坑内构件的体积。

如果要运输土方，挂接方式同上述。

坑槽的做法如图 5-16 所示：

序号	编号	类型	项目名称	单位	工程量计算式	定额换算	指定换算
28	010101003	清	挖基础土方	m3	V		
	1001-18	定	人工挖基坑土方 一、二类土深度在（	100m3	V	HWT:›2,4,6,8;YTJL:=YTJL:.	
29	010103001	清	土（石）方回填	m3	VT		
	1001-253	定	人工填土夯实 槽、坑	100m3	VT		

图 5-16　坑槽做法

至此独立基础 J-1 的属性与做法就都定义好了。这里独基的计算项目并非代表所有情况，如果还有其他的计算项目，只需给对应的编号和编号下的子构件挂接相应的做法即可。

关于项目归并的问题：由于软件的使用对象（用户）不同，其输出条目的归并要求也不同。如深圳定额中对泵送混凝土，构件主要分为三大块，所有基础套一条定额，墙、柱、梁、板合在一起套一条定额，阳台、雨篷等构件合在一起套其他构件定额。要是按人工浇捣输出，则要按构件类型分开套定额，这样就形成了构件出量时需要归并的问题。解决的方法是在挂做法时，将清单“项目特征”中某条特征的变量和归并条件删除，同时也要将清单下挂的定额内的换算选项前面的“√”符号去掉，这样输出工程量时，去掉的选项将不参与归并换算。反之亦然。

其他独立基础编号均参考以上步骤定义。在定义其他基础编号的做法时，如果做法与 J-1 的做法相同，可以点击做法页面的〖做法导入〗按钮，会弹出当前编号树中的独基编号，选择已经挂接了做法的源编号，该编号上的做法就导入到目标编号中了。也可以在挂接了做法的编号中，用〖做法保存〗功能，将当前编号上的做法以一定的名称保存到软件中，再切换到其他编号，通过〖做法选择〗功能提取相应的做法。

> **小技巧：**
>
> 在新建其他独基编号时，如果编号是递增的，且属性类似，则可以在 J-1 编号上点击鼠标右键，选择〖新建〗，软件会自动在编号栏增加一个新的编号 J-2，且 J-2 的属性与做法默认与 J-1 相同，此时只需修改 J-2 的尺寸参数即可。

练一练

1. 当基础下有两个垫层时，应如何设置垫层属性？
2. 如何设置土方回填清单的项目特征？
3. 如果独立基础编号之间做法相同，如何快速给编号挂接做法？

5.2.4 布置独基

定义完所有的基础后，点击工具栏的〖布置〗按钮，回到主界面，依据基础平面布置图，将独基布置到相应的位置上。

前面提过，例子工程是个吊脚楼工程，为了计算方便，这里将基础分成两部分，分别放在基础层和地下室层面创建。因此，在地下室层只需布置地下室下方的基础，即 1 ~ 3 轴、A ~ E 轴轴网区域内的基础，如图 5-17 所示：

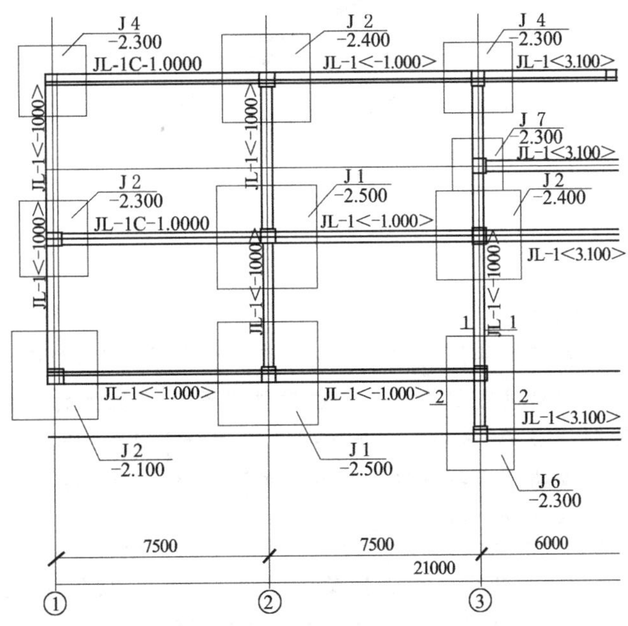

图 5-17 基础平面布置图—地下室部分

例子工程的独基很少，且同编号的基础很少位置相邻，因此使用“点布置”方式即可。这里基础的底标高各不相同，在布置时应依据图纸设计要求随时修改导航器中基础的底标高后再进行布置。规范规定基础的底标高是相对正负零标高来标注的，软件的基底标高遵循这一规则，这里基础的底标高按图设置即可。例如布置 J-1，施工图上 J-1 的底标高是 - 6.7m，则在导航器中将标高值设为-6.7。采用居中布置的方式布置，其余基础按此方式即可。

在布置 3 轴上的 J-6 时，为了准确布置，还需调整定位点位置。可以用 3 轴与 B 轴的交点在 J-6 上的位置作为定位点，在“X 偏移”中输入 1050（1/2 的 A - B 轴距），查看独基预览图，红色线条的交点即定位点的位置。此时还需将 J-6 旋转 90°，其预览图形才能和施工图上一致。在“转角”中输入 90，（图 5-18），然后返回图面，按定位点位置，将 J-6 放到 3 轴与 B 轴的交点上即可。

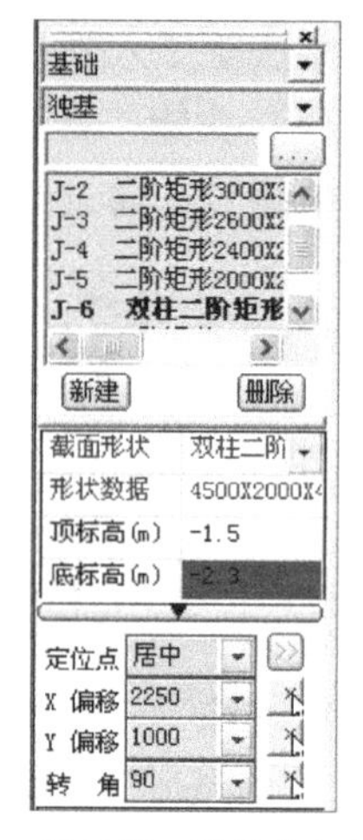

图 5-18 独基 J-6 布置

布置到界面上的基础会默认显示垫层与坑槽，如果觉得不便观察，可以用【视图】菜单下的〖构件显示〗功能隐藏垫层与坑槽。布置完基础后的三维模型如图 5-19 所示：

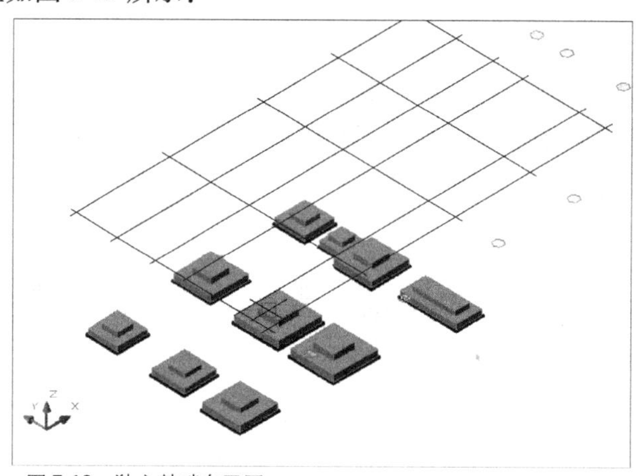

图 5-19 独立基础布置图

温馨提示：

在布置构件之前，建议打开“对象捕捉”（OSNAP）功能，以方便精确定位构件。点击软件界面状态栏上的〖对象捕捉〗按钮（或按 F3 键），命令栏提示“对象捕捉 开”即可。设置捕捉点的方法是执行【工具菜单】下的〖捕捉设置〗命令，在对象捕捉模式中选择捕捉点。

布置完独基后，执行【报表】菜单下的〖分析〗命令分析统计地下室的独基，软件便可以计算出地下室独立基础的工程量了。

练一练

1. 基础的木模板是否需要单独定义？
2. 基础的哪些属性属于公共属性？其作用是什么？
3. 怎样正确确定基础的挖土深度？
4. 例子工程独立基础以什么为依据定位？
5. 如何精确捕捉轴网交点来布置基础？
6. 如果独基中心点偏移轴线一定的距离，该如何布置？

5.3 基础梁

命令模块：【基础】→〖条基布置〗

参考图纸：结施-02（基础平面布置图）

从实例图纸标高数据中我们看到基础梁是与柱体相交的。对于柱体，由于要考虑柱子钢筋布置的整体性，直接将地下室的柱子底标高设为同基础顶来处理，以便嵌固层柱子是楼层内的全高，所以实例基础层不会单独布置柱子。这时在基础层布置基础梁会使梁端头找不到柱支座，从而计算不出钢筋的锚固长度，故此基础梁应布置到地下室的层面。课程讲到此我们先将布置基础梁放一放，可以转到3.4章节进行柱子布置。

现在进行基础梁的布置。

将楼层切换到地下室楼层，先定义基础梁编号，地下室基础梁JL-1使用【基础】菜单下的〖条基布置〗命令来布置，其编号定义方法与独立基础类似，但要强调一点，在定义基础梁编号的属性时，要正确指定结构类型。条基编号的结构类型分为“带形基础”与“基础主梁”、“基础次梁”、“地下框架梁”、“地下普通梁”、“基础连梁”、“承台梁”七种类型。不同的结构类型钢筋构造会不同，且基础梁遇到柱或独立基础、承台会自动断开，而带形基础只有遇到承台才会断开。

考察实例的基础梁，该梁主要与柱体相交，在平法图集内此种形式的梁属于“地下框架梁”，这里给编号指定结构类型为“地下框架梁”。梁的截宽和截高分别为370mm、500mm，其他属性取默认值即可。子节点的定义同独基，注意！要调整梁的挖土方深度，调整计算方法同前独立基础的一样（图5-20）。

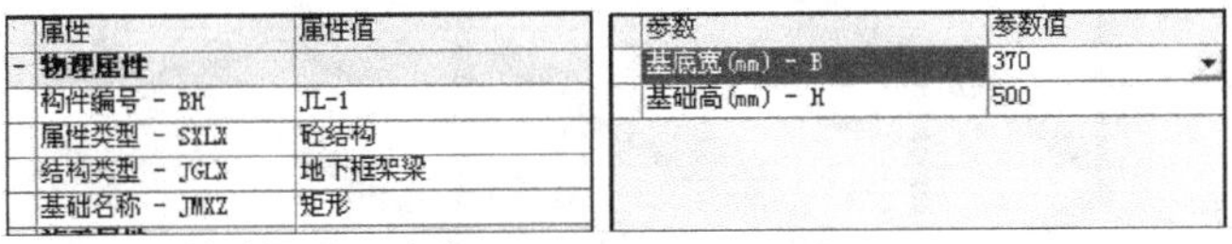

属性	属性值
- 物理属性	
构件编号 - BH	JL-1
属性类型 - SXLX	砼结构
结构类型 - JGLX	地下框架梁
基础名称 - JMXZ	矩形

参数	参数值
基底宽(mm) - B	370
基础高(mm) - H	500

图5-20　基础梁JL-1定义

由于基础梁的顶标高是-5.2扣减4.2m的地下室高后，减去室内外高差300mm另加100mm的垫层厚，实际坑槽挖深只有0.8m，按照定额规定一二类土要挖1.2m深才放坡，但是考虑在施工基础梁时会有坍塌现象，故这里我们人为地将“放坡系数”设置为“0.5”，见图5-21：

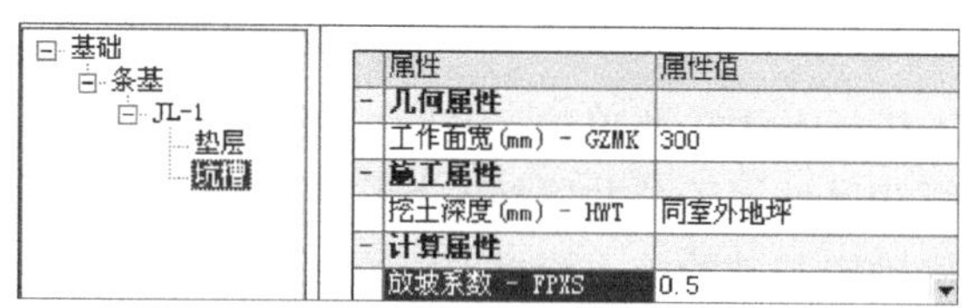

图 5-21　基础梁坑槽定义

做法挂接方法可以参照独基布置章节 5.2.2，地下室基础梁计算项目如下（表 5-4）：

地下室基础梁计算项目　　**表 5-4**

构件名称	计算项目		变量名
基础梁（370×500）	基坑土方	挖土方体积	KV
	垫层	混凝土体积	VDC
		模板面积	SCDC
	基础梁	混凝土体积	V
		模板面积	S
	回填土	填土体积	VT

定义好基础梁后，点击〖布置〗回到主界面。

与地下室独基一样，只需布置 1～3 轴、A～E 轴轴网区域内的基础梁，且梁底标高为 -5.2m。这里采用“手动布置”的方式绘制基础梁。在绘制边梁时，梁的外边要与边柱外边对齐，可以修改定位点为“上边”，遵循一定的顺序，例如从左到右、从下到上来绘制基础梁。选取柱边与轴线的交点作为起点，再选取另一端的柱边与轴线的交点作为终点即可。基础梁会自动在柱边断开。绘制中间梁时将定位点设置为“居中”，选取轴网交点作为起点和终点。绘制好的基础梁与柱、独立基础的楼层组合效果如图 5-22 所示：

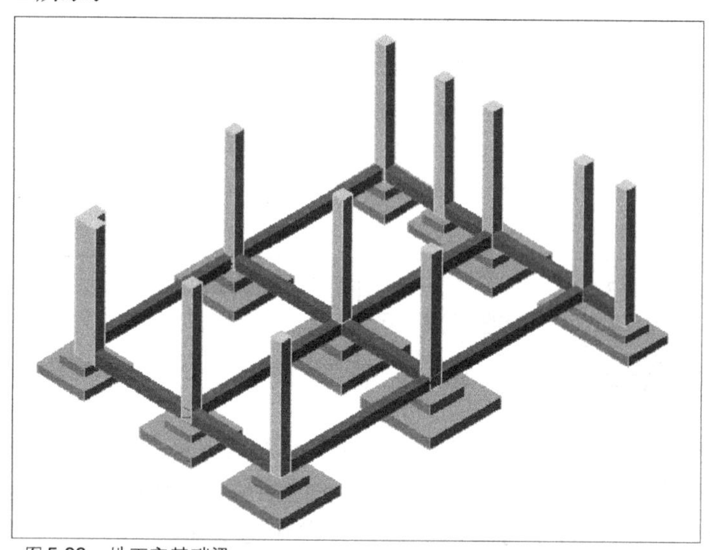
图 5-22　地下室基础梁

地下室基础梁的统计结果如图 5-23 所示：

项目编码	项目名称（包含项目特征）	单位	工程数量
	A.I 1. 土方工程		
010101003001	挖基础土方 土壤类别一、二类土；基础类型：基础主梁； 垫层底宽、底面积：底宽＜3m，底面积＜20m²； 挖土深度：2m以内；	m^3	26.20
	A.I 3. 土石方运输与回填		
010103001001	土（石）方回填 土质要求：密实状态；夯填（碾压）：振动压路机10t内	m^3	12.94
	A.IV 3. 现浇混凝土梁		
010403001001	基础梁 1.梁底标高：−1500； 2.梁截面：0.2m²以内；3. 混凝土强度等级C20； 4.混凝土拌合料要求：现场搅拌机	m^3	12.77

图 5-23　地下室基础梁统计结果

练一练

1. 如何定义基础梁？
2. 如何布置外边与柱外边平齐的基础梁？
3. 条基有什么结构类型，它们之间有何区别，如何应用？

5.4　地下室柱

命令模块：【结构】→〖柱体布置〗

参考图纸：结施-10（地下室梁、柱结构图）

将楼层指定为“地下室”层面。

在布置地下室柱子之前，先定义柱子编号。依据结施-10 施工图，地下室有两个柱编号。点击【结构】菜单下的〖柱体布置〗按钮，在定义编号对话框新建柱编号。在定义柱编号之前，先依据结构设计说明，在结构节点上设置好公共属性。例如将“模板类型”改成木模板，其他的属性取默认值等。之后在柱节点下建立编号。首先新建编号 Z1，结构类型为框架柱，截面形状为矩形。Z1 默认是 500×500 的柱子，与施工图相同。柱高取同层高属性，柱底高设为“同基础顶”，楼层位置设为“底层”，其他属性根据属性说明进行设置。接着新建 Z4，Z4 的截面形状为 L 形，其截面参数分别是总截宽 1000，总截高 1000，截宽 1 与截高 1 均为 500。建立好编号后分别给这两个柱编号挂接做法，柱子的计算项目如表 5-5 所示，在给柱子挂做法时，建议参照下表中的变量名指定做法的工程量计算式。

柱子计算项目表　　**表 5-5**

构件名称	计算项目	变量名
柱	柱混凝土体积	V
	柱模板面积	S
	柱超高模板面积	SCCG

挂接柱的清单项目后，需要分别给柱的体积、模板面积挂接相应的定额子目图5-24。

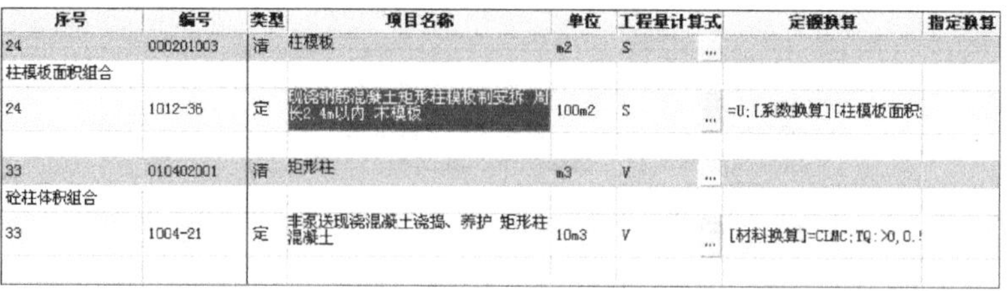

序号	编号	类型	项目名称	单位	工程量计算式	定额换算	指定换算
24	000201003	清	柱模板	m2	S		
柱模板面积组合							
24	1012-36	定	现浇钢筋混凝土矩形柱模板制安拆 周长2.4m以内 木模板	100m2	S	=U;[系数换算][柱模板面积:	
33	010402001	清	矩形柱	m3	V		
砼柱体积组合							
33	1004-21	定	非泵送现浇混凝土浇捣、养护 矩形柱混凝土	10m3	V	[材料换算]=CLMC;TQ:>0,0.!	

图5-24　挂接定额子目

温馨提示：

在挂接柱模板定额时，要正确选择计算式的换算条件，这里以“周长”、“柱高”为柱模板的换算条件。

5.4.1　超高工程量的计算

例子工程中，地下室柱子高度为4.2m（从地面至板顶），而工程设置中柱的标准高度为3.6m，因此柱子超高600mm。不同地区计算超高工程量的方法不同，例如深圳地区，只需对定额子目部分构成进行系数调整即可，无需单独计算超高工程量。而对于要单独计算超高工程量的地区，需要给超高部分的柱模板面积套超高定额。注意！给柱挂接超高定额之前，需要正确指定超高工程量的计算规则。进入【工具】菜单下的〖算量选项〗对话框，在“计算规则”页面中，按清单规则，进入“参数规则”页面，在柱节点中可以看到“超高模板计算方法”、“超高体积计算方法”的设置项，如果计算方法为“不考虑超高”，则软件不会计算柱的超高工程量，如果计算方法为“超高范围的模板另外计算”，则软件会自动按柱超高范围内的模板面积计算超高模板工程量。假设选择“超高范围的模板另外计算”的方法，点击确定按钮完成设置。下面便可以回到定义编号中给柱子挂接超高子目了。应从柱的属性变量中选择“超高侧面积”变量关键字为“SCCG”作为超高子目的工程量表达式。当选择“超高范围的模板另外计算”方法时，超高侧面积取的是超高范围内的模板面积；当选择“超高模板按全部模板计算”时，超高侧面积取的是柱全部模板的面积。对于普通模板子目，可以更改工程量计算式为“S－SCCG”，即用柱模板面积与超高模板面积的差来计算。超高侧面积中包含了超高范围内其他构件相交模板的扣减。

用【报表】菜单下的〖核对构件〗功能，可以查看柱子的超高工程量，如图5-25所示：

定义好柱编号与做法后，进入柱子布置界面。

地下室的柱子比较简单，先布置左上角的L形角柱Z4。展开示意图，此时默认的L形柱的方向与施工图要求不符，点击〖X镜像〗按钮，将L形柱调整成正确的样式，（图5-26）。

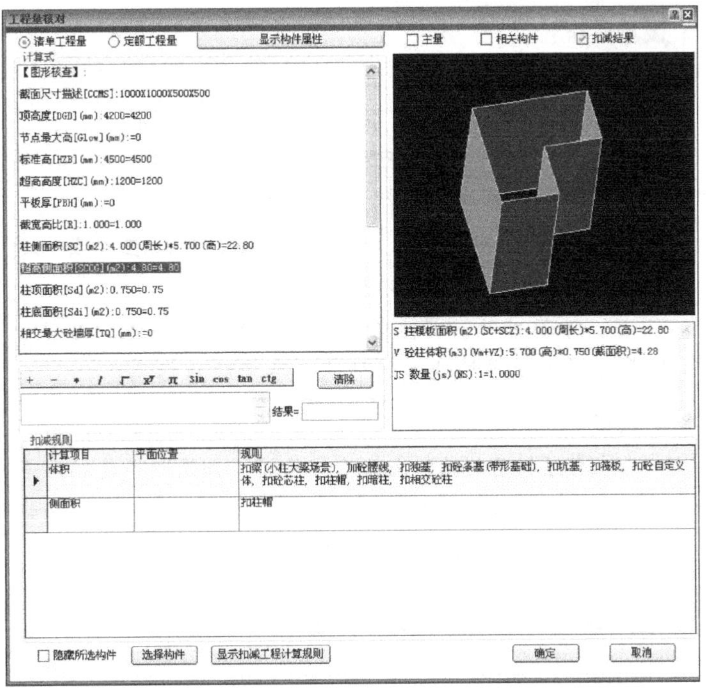

图 5-25　柱超高工程量

关于柱子的高度定义，可以在地下室柱子布置完成之后进行。光标选择要调整的柱子，用“构件查询”功能将柱子的属性栏打开，在栏目中将柱子的底高设为了“同基础顶”，同时要还应将柱子的所在楼层位置设为“底层”，之后软件会将柱子底部的高自动伸向基础顶，布置钢筋时，软件会自动产生插筋并将柱子的箍筋按底层柱构造方式进行加密。

用“点布置”的方式，选取 1 轴和 E 轴的交点，L 形柱就布置好了。切换到编号 Z1，可以使用“选择轴网布置”的方式，框选需要布置柱子的轴网区域即可。布置好的柱子与独立基础组合起来的效果如图 5-27 所示：

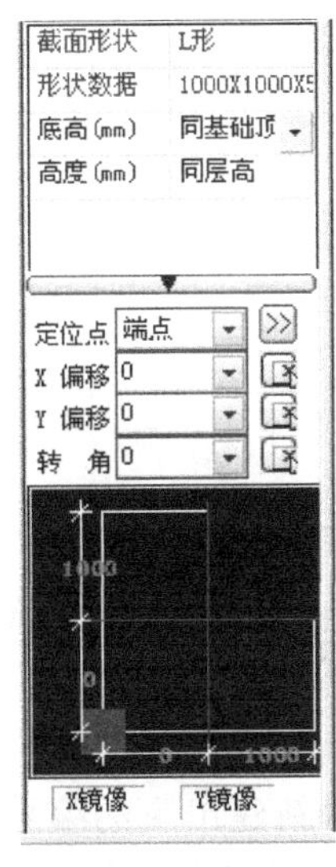

图 5-26　柱布置

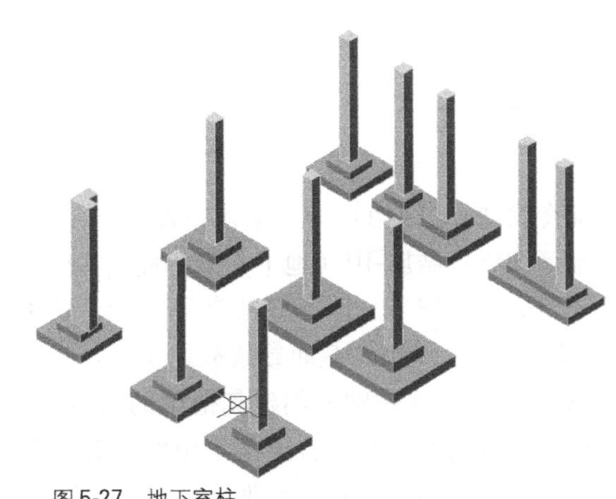

图 5-27　地下室柱

温馨提示：

1. 当柱顶高为“同层高”、“同板底”、“同梁底”或“同梁板底”，且柱底高为“同基础顶”、“同墙顶”、“同梁顶”或“同板顶”时，柱的顶面标高将维持原标高不变，而柱底面标高发生相应的变化，使得柱子总高延长或缩短；反之，当柱顶高为某一确切的数值时，调整柱底高，柱子在立面上的位置将发生变化，而柱子总高不变。

2. 除基础外，其他所有构件布置时所参照的顶高、底高等均是相对当前层楼地面的标高，不是绝对标高。

小技巧：

在有倾斜角的轴网上布置柱子时，如果柱子与轴网是正交的，可使用〖选择轴网布置〗的方式，框选要布置柱子的轴网区域，柱子会自动旋转成轴网一样的角度，布置到轴网交点上。

地下室柱的统计结果如图 5-28 所示：

序号	项目编码	项目名称	项目特征描述	计量单位	工程量
1	000201003001	柱模板	1. 柱截面尺寸：1.8m 以外2.4m 以内；2. 柱截面类型：矩形；3. 柱类型：普通柱；4. 模板材质：普通木模板；5. 支模高度：4.5 m以外6 m以内；	m^2	114.00
2	000201003002	柱模板	1. 柱截面尺寸：2.4m以外；2 柱截面类型：L形；3. 柱类型：普通柱；4. 模板材质：普通木模板；5. 支模高度：4.5m以外6m 以内；	m^2	22.80
3	010402001001	矩形柱	3. 柱高度：4.5m 以外6 m以内；4. 混凝土拌合料要求：预拌混凝土；5. 混凝土强度等级：C30；	m^3	18.58

图 5-28　地下室柱统计结果

练一练

1. 如何对称布置 L 形角柱与 T 形边柱？
2. 如何布置偏心柱？
3. 请练习柱的其他几种布置方法。
4. 如何计算柱的超高工程量？

5.5　地下室梁

命令模块：【结构】→〖梁体布置〗

参考图纸：结施-10（地下室梁、柱结构图）

先定义梁的编号。地下室共有 7 条梁，其中 KL1（2A）、KL2（2A）、KL4（2）、KL5（2）的截面参数都是 300×650。先定义好 KL1（2A），然后在 KL1（2A）的基础上创建其他梁的编号，将光标置于 KL1（2A）编号上单击鼠标右键，选择右键菜单中的“新建”，这时新建出来的编号会拷贝上一个编号参数，只需修改编号和有差异的内容即可生成一个新的梁编号。依次创建好所有梁编号，做法挂接的方法参照5.2.2章节独立基础做法挂接，其计算项目如下（表5-6）。

地下室梁计算项目表 **表5-6**

构件名称	计算项目	变量名
梁	梁混凝土体积	V
	梁模板面积	S

按照清单计算规则，有梁板的体积为梁、板体积之和，因此将梁挂接有梁板清单做法（图5-29）。

序号	编号	类型	项目名称	单位	工程量计算式	定额换算
10	010405001		有梁板	m3	V	
梁项架						
梁模板面积						
	1012-50	定	现浇钢筋混凝土单梁、连续梁模板制安拆 梦	100m2	S	Ha:>0.5,1.0;PMXZ:=P
梁体积组合						
	1004-35	定	非泵送现浇混凝土浇捣、养护 平板、肋板、	10m3	V	[材料换算]=CLMC;PMX

图5-29 梁做法挂接

有些定额计算规则规定，与板相接的梁高只算至板底，梁上板厚部分的体积并入板内。软件能自动分析出梁与板相接部分体积，称为“平板厚体积”。只要在计算规则中给梁的混凝土体积加上“扣除平板厚体积”规则，相应的在板内加上“加梁平板厚体积”，其梁上平板厚部分的体积就会自动在梁内扣减并加到版内。计算规则的设置方法参见三维算量操作手册。

下面布置梁。

在导航器中，默认梁顶高为“同层高”。

与基础梁的布置方法类似，边梁可以采用“上边”或“下边”这两种定位法来手动布置，例如A轴上的梁KL4（2）。中间梁用居中法布置即可。对于带悬挑端的两条梁KL1（2A）与KL2（2A），先用“手动布置”的方法布置好这两条梁的非悬挑梁跨，接着切换“选择梁布置悬挑梁”方式，这里需要录入悬挑长。在软件中，悬挑长为支座边缘往外挑出的长度。按命令栏提示选择连续梁，分别在KL1和KL2的梁边线上选取一点，这两个悬挑端就布置好了。悬挑端的跨号为“-100”。

布置好悬挑梁后再绘制梁KL6（2）。地下室梁最终的效果如图5-30所示：

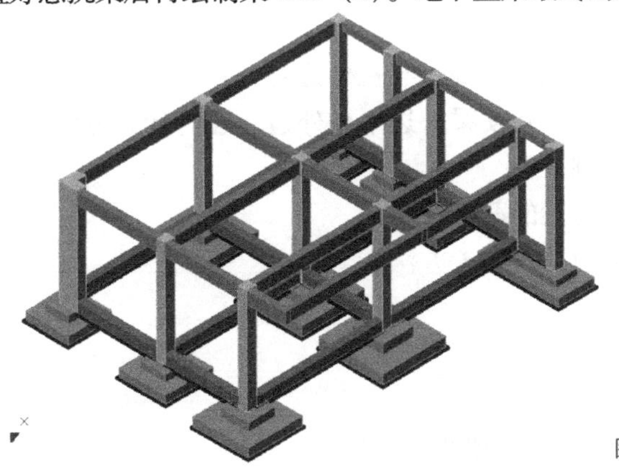

图5-30 地下室梁

地下室梁的统计结果如图 5-31 所示：

序号	项目编码	项目名称	项目特征描述	计量单位	工程量
1	000201004001	梁模板	2.模板材质：普通木模板；3.梁类型：框架梁；4.支模高度：5以内；；	m²	85.39
2	000201004002	梁模板	2.模板材质：普通木模板；3.梁类型：框架梁；4.支模高度：5以内；；	m²	20.56
3	000201004003	梁模板	2.模板材质：普通木模板；3.梁类型：普通梁；4.支模高度：5以内；；	m²	21.60
4	010405001001	有梁板	2.混凝土拌合料要求：预拌混凝土；3.板厚度：0.1以外；4.混凝土强度等级：C30；	m³	15.14

图 5-31　地下室梁统计结果

温馨提示：

如果连续梁的悬挑端与其他梁跨截面尺寸不同，则可以在梁导航器中修改好截宽截高参数与挑长后，再布置悬挑梁；或者是先沿用连续梁截面尺寸布置，再用【构件】菜单下的〖构件编辑〗命令修改悬挑端的截面尺寸。对于根部与端部截面不同的变截面悬挑梁，目前只能取平均截面布置。

其他场景：

本例子工程的梁没有超高，对于梁超高的工程，如何计算梁的超高工程量呢？

例如梁顶高为6000，梁截高为650，则梁的支模高度为5350，而梁的超高标准高度是5000，因此梁需要计算超高工程量。这里分为两种情况：

1. 当前楼层中所有的梁都超高：此时只需在定义梁编号时给梁挂接超高项目即可，也可以在布置好梁之后，再用〖构件查询〗功能选中全部的梁，在构件查询对话框中给梁挂接超高项目。例如挂接梁的超高模板项目，工程量计算式为梁模板面积S。

2. 当前楼层中只有部分梁超高：此时可以用〖构件筛选〗功能，选择梁的梁顶标高作为查找条件，将符合条件的梁查找出来后，再用〖构件查询〗功能给其挂接超高项目。

练一练

1. 边梁如何布置才能使梁外边与柱外边对齐？
2. 除了用定位点的方式使梁外边平柱外边，还有什么方法可以对齐？
3. 如何布置纯悬挑梁？
4. 如何编辑某一跨梁的截面尺寸？
5. 请练习梁的其他几种布置方法。

5.6　地下室墙

命令模块：【结构】→〖墙体布置〗

参考图纸：建施-06（建筑地下室平面图、1-1 剖面图）

依据建筑说明，地下室的外墙厚度为 300，且为砌体墙。但 E 轴和 3 轴上有两堵 250 厚的混凝土挡土墙，因此地下室墙需要分开定义两个编号。在定义编号对话框新建一个墙编号 Q1 的混凝土挡土墙对应的图纸为（结施-2 基础平面图）。首先布置挡土墙，进入编号定义对话框，软件默认的属性类型为“混凝土结构”，用这个属性来定义挡土墙的属性。修改墙厚为 250，混凝土强度等级为 C30，高度选择“同梁底”，其他属性取默认值。再新建一个编号，在属性类型中选择“砌体结构”，软件会默认修改墙编号为 QT1，设置墙厚为 300，材料设置为“空心石渣（水泥）砖”，砂浆强度为 M5。例子工程中墙的计算项目如表 5-7 所示，参照这些计算项目挂接做法即可。

墙计算项目表 **表 5-7**

构件名称	计算项目	变量名
砌体墙 QT1	砌筑体积	V
混凝土墙 Q1	墙模板面积	S
	墙混凝土体积	V
	墙超高模板面积	SCCG

混凝土墙的做法挂接（图 5-32）：

序号	编号	类型	项目名称	单位	工程量计算式	定额换算
12	010404001	清	直形墙	m^3	V	
墙模板面积						
	1012-62	定	现浇钢筋混凝土墙模板制安拆 直形 墙厚50	$100m^2$	S	[系数换算][墙模板面
砼墙体积组						
	1004-31	定	非泵送现浇混凝土浇捣、养护 直形墙混凝:	$10m^3$	V	[材料换算]=CLMC;PMX

图 5-32 混凝土墙的做法挂接

如果挡土墙的模板只计一面模板面积，则挡土墙模板面积的工程量应为原模板面积的一半，用“S/2”作为模板定额的工程量计算式即可。墙模板定额一般选择“高度”、“厚度”以及“模板类型”作为换算条件。

砌体墙的做法挂接（图 5-33）：

序号	编号	类型	项目名称	单位	工程量计算式	定额换算
12	010302001	清	实心砖墙	m^3	V	
内墙钢丝网						
砌体墙体积						
	1003-7	定	实心砖墙 外墙 1又1/4砖	$10m^3$	V	T:=T;[材料换算]=SJC
外墙外侧钢						

图 5-33 砌体墙的做法挂接

关闭，下面看一下地下室墙的布置。

“墙位置”用于设置当前布置的墙是内墙还是外墙，根据实际情况进行选择。由于墙下有基础，因此墙底要伸到基础顶，设置底高为“同基础顶”。

先布置砌体墙 QT1。之前已经布置了梁，利用梁的位置信息，可以快速布置墙。用“选梁布置”方法，框选相应位置上的梁跨，点击鼠标右键确认即可。下面切换到混凝土墙 Q1，用同样的方法，将混凝土墙布置到梁下。

温馨提示：

当墙高设置为“同梁底”时，墙高会随着梁底高的变化而变化。

地下室墙的统计结果如图5-34所示：

项目编码	项目名称（包含项目特征）	单位	工程数量
	A.III.2砖砌体		
010302001001	实心砖墙 1. 砖品种：材料为标准红砖：强度等级=H5；2. 墙体类型：砌体墙；3. 墙体厚度：0.24以外0.3以内；4.墙体高度：4.5以外6以内；6.砂浆强度等级：H5；	m^3	19.61
	A.IV.4现浇混凝土墙		
010404001001	直形墙 1. 墙类型：混凝土墙；2. 墙厚度：0.2以外0.4以外；3. 混凝土强度等级：C30；4. 混凝土拌合料要求：预拌商品混凝土；	m^3	27.35

图5-34　地下室墙统计结果

练一练

1. 对于只计算一面模板的挡土墙，其计算式该如何指定？
2. 请练习墙的其他几种布置方法。

5.7　地下室门窗

命令模块：【建筑一】→〖门窗布置〗

参考图纸：建施-10（门窗详图及门窗表）、建施-06（建筑地下室平面图、1-1剖面图）、建施-08（2-2剖面图）

依据施工图，地下室的门编号为SM1833，窗编号为SC1524、SC1824与SC2124。再依据门窗表，便可以定义门窗编号。

点击【建筑】菜单下的〖门窗布置〗按钮，进入定义编号界面。先新建门编号SM1833，接着指定该门的材料类型。依据门窗表，SM1833的“材料类型”为铝合金门蓝色玻璃，在单元格中直接录入材料名称。“名称”选择双开有亮。“框材厚”与门扇的面积计算有关。“框材宽”的设置会影响到装饰工程量中洞口侧边的装饰量计算，假设例子工程取100为框材宽。“开启方式”的设定是为了与定额一致，便于计价，SM1833是平开门。“后塞缝宽”的设置是为了满足有些地区计算门窗面积的规则需要，如果按洞口面积计算，就无需设置后塞缝宽；如果墙面扣减洞口时，按门窗外围面积计算（可以在计算规则中设置），则需正确设置后塞缝宽。“立樘边离外侧距”关系到装饰工程洞口侧边的取值，在例子工程的建筑说明中，标明所有门窗均按墙中线定位，结合墙厚与框材宽，得出立樘边离外侧距为100。最后按门窗表，设置门宽为1800，门高为3300，这样门编号SM1833的属性就定义好了（图5-35）。

属性	属性值
- 物理属性	
构件编号 - BH	SM-1833
材料类型 - CL	铝合金门蓝色玻璃
名称 - MC	双开有亮
截面形状 - JMXZ	矩形
- 几何属性	
框材厚(mm) - BK	55
框材宽(mm) - T	100
门扇高(mm) - HMS	2100
- 施工属性	
开启方式 - KQ	平开
后塞缝宽(mm) - FK	10
立樘边离外侧距(mm) -	100
- 其他属性	
自定属性1 - DEF1	0
自定属性2 - DEF2	
自定属性3 - DEF3	

图5-35　门窗定义

按照前面所讲的操作方法，依次定义好其他的门窗编号。门窗的计算项目如表 5-8 所示，参照这些计算项目挂接做法即可。

门窗计算项目表 **表 5-8**

构件名称	计算项目	变量名
门窗	门窗面积	S
	数量（樘）	JS

SM-1833 的做法挂接如下（图 5-36）：

序号	编号	类型	项目名称	单位	工程量计算式	定额换算
13	020402001	清	金属平开门	樘	JS	
门框周长						
门樘面积组						
	2004-96	定	铝合金门窗(成品)安装平开门	100m2	S	[材料换算]=CL;MC:=M
	2004-204	定	铝合金门五金配件 双扇地弹门	樘	JS	[材料换算]=CL;MC:=M

图 5-36 门窗做法挂接

对于门窗内还有其他的量要挂做法，可以直接利用门窗的相关属性值来组合计算表达式，如门窗贴脸、门窗套、窗台板、窗帘盒、筒子板等。

定义好编号与属性，下面布置门窗。

用“轴线交点距离布置”的方法，通过设置门窗边沿到轴网交点的距离来布置门窗。以窗 SM-1833 为例。门边离轴线的距离是 250，根据这个值设置端头距，底高为 0。将光标移动到墙上，软件会自动以离光标最近的轴线交点为基准，在墙上显示门的图形，当光标向墙左右两侧移动时，门的开启方向会随之改变，且门图形上的箭头也随着开启方向改变，该箭头所指方向是门外装饰面的方向，因此布置时要注意正确选择箭头方向。在墙上选取一点，门就布置到墙上了。如图 5-37 所示，箭头所指方向为外装饰面方向，软件便是根据这个方向判断立樘离外侧距离。如果需要修改门的外侧方向或者是门扇的开启方向，可以选中门，此时图上会显示出两个夹点（如图所示），通过拖动夹点位置便可以改变方向。

通过修改端头距与底高，依次布置好其他的门窗，布置后的效果如图 5-38 所示：

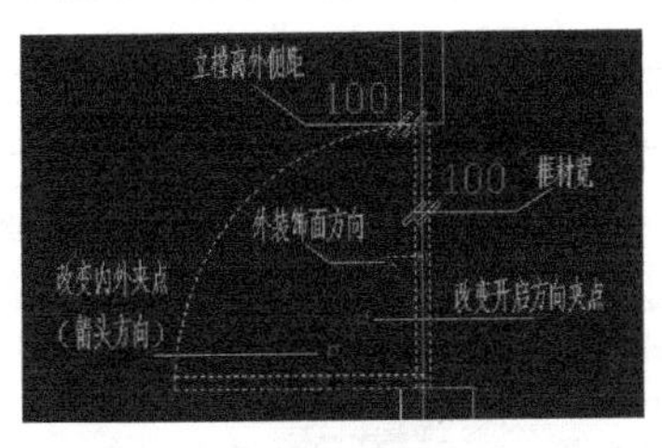

图 5-37 门窗布置（一）

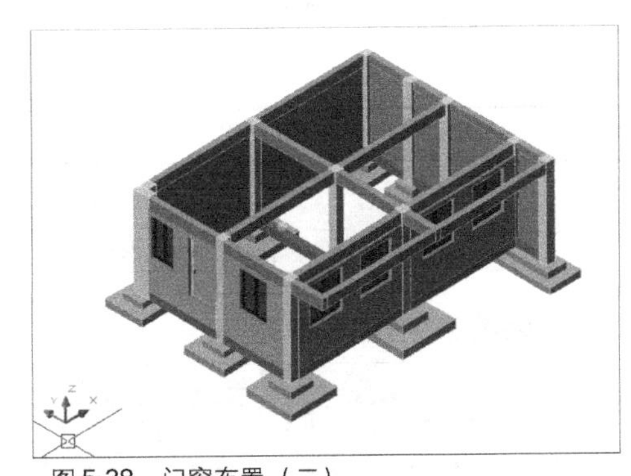

图 5-38 门窗布置（二）

地下室门窗的统计结果如图 5-39 所示：

序号	项目编码	项目名称(包含项目特征)	单位	工程数量
		B.IV.2 金属门		
1	020402001001	金属平开门 1.门类型:平开;4.玻璃品种、厚度、五金材料品处:铝合金门茶色玻璃;	樘	1.00
		B.IV.6 金属窗		
1	020406002001	金属平开窗 1.窗类型:平开;4.玻璃品种、厚度、五金材料，品:铝合金窗茶色玻璃;	樘	6.00

图 5-39　地下室门窗统计结果

温馨提示：

在定义门窗编号时，可以在新建编号后，在构件编号单元格中点击下拉按钮，进入“选择预制门窗”对话框，软件默认提供了中南、西南、华北等三个地区的预制门窗库，通过〖加载定额库〗功能加载预制门窗库后，便可以从库中选择需要的门窗型号了。预制构件的定义与此操作类似。

练一练

1. 在定义门窗的属性时，有哪些属性值会影响到装饰工程量的计算？
2. 请练习门窗的其他几种布置方法。
3. 如果门窗的外侧箭头指向错了，应如何修改？

5.8　地下室过梁

命令模块：【建筑一】→〖过梁布置〗

参考图纸：结施-06（三层及屋面结构平面图）、结施-01（结构设计说明）

依据结施-06 施工图中的过梁详图，定义过梁编号。梁的截宽取同墙宽即可，根据洞宽 1500mm 时过梁高为 120mm，洞宽大于 1500mm 时过梁高为 180mm 的要求，定义好过梁编号，进行过梁布置。

过梁的计算项目如表 5-9 所示，参照下表的计算项目挂接做法即可。

过梁计算项目表　　**表 5-9**

构件名称	计算项目	变量名
过梁	混凝土体积	V
	模板面积	S

过梁做法（图 5-40）：

序号	编号	类型	项目名称	单位	工程量计算式	定额换算
14	010410003	清	过梁	m3(根)	JS	
过梁模板面						
	1012-57	定	现浇钢筋混凝土独立过梁模板制安拆 木模	100m2	S	
过梁体积组						
	1004-28	定	非泵送现浇混凝土浇捣、养护 独立过梁混	10m3	V	[材料换算]=CLMC;

图 5-40　过梁做法

过梁布置。结构说明中标明了过梁两端各伸出洞口250mm，因此在导航器中，左、右挑长都得设置成250。梁底高为“同洞口顶”。按照详图要求，小于或等于1500宽的门窗布置GL-1，大于1500宽的门窗布置过梁GL-2，这里可以用自动布置的方法快速布置过梁。点击布置工具栏内的〖表格钢筋〗按钮，在命令栏中选择“过梁表”，软件会弹出过梁表（图5-41），过梁表用于保存过梁的自动布置条件。首先录入过梁编号GL-1，在“洞宽 >”中录入500，然后在“洞宽 <”中录入1500，这就表示洞宽大于等于500小于1500的门窗洞口需要布置GL-1。继续录入GL-2的布置条件，在“洞宽 > =”中录入1500，在“洞宽 <”中录入4000，同时将钢筋的内容也进行录入，之后点击〖布置过梁〗按钮，地下室门窗洞口上的过梁就会依据设置的条件一次性进行布置。

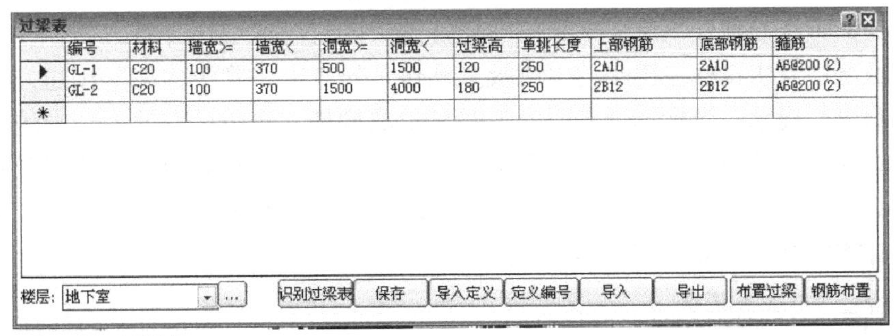

编号	材料	墙宽>=	墙宽<	洞宽>=	洞宽<	过梁高	单挑长度	上部钢筋	底部钢筋	箍筋
GL-1	C20	100	370	500	1500	120	250	2A10	2A10	A6@200 (2)
GL-2	C20	100	370	1500	4000	180	250	2B12	2B12	A6@200 (2)

图5-41　过梁表

地下室过梁的统计结果如图5-42所示：

序号	项目编码	项目名称	项目特征描述	计量单位	工程量
1	000201004001	梁模板	2. 模板材质：普通木模板； 3. 梁类型：过梁；	m^2	9.98
2	010410003001	过梁	1. 单件体积：0.5以内；2. 安装高度：0.3混凝土强度等级：C20；4. 砂浆强度等级：0；	m^3	0.88

图5-42　地下室过梁统计结果

练一练

1. 请练习过梁的其他几种布置方法。

5.9　地下室楼板

命令模块：【结构】→〖板体布置〗

参考图纸：结施-05（地下室、一层结构平面图）

创建板编号。在例子工程中，板为有梁板，因此要在结构类型中选择有梁板，板顶高与板厚在导航器中可以修改，不一定要在编号中定义。可以按不同的板厚定义不同的板编号。

板的计算项目如表5-10所示，可以参照这些计算项目给板挂接做法。

板计算项目表　　表 5-10

构件名称	计算项目	变量名
楼板（有梁板）	混凝土体积	V
	模板面积	S

板的做法（图 5-43）：

序号	编号	类型	项目名称	单位	工程量计算式	定额换算
15	010405001	清	有梁板	m3	V	
板顶架						
板模板面积						
	1012-72	定	现浇钢筋混凝土平板、肋板、井式板模板制	100m2	S	T:=T;Hm:>4.5,6,8,10
板体积组合						
	1004-35	定	非泵送现浇混凝土浇捣、养护 平板、肋板、	10m3	V	[材料换算]=CLMC;[系

图 5-43　板的做法

回到主界面，进入板布置命令，板顶高默认同层高，依据施工图，地下室 B 轴到 E 轴之间的板厚为 150，这里使用“智能布置”的方式布置板。其方法是软件以墙、梁和柱等构件围成的封闭区域作为板边界，在这个区域中点击鼠标左键自动生成板。操作是先点击“隐藏构件”按钮，根据命令栏提示，光标选择界面中不要显示的构件，选中后右键，选中的构件就会临时隐藏起来，之后在需布置板的区域内点击布置板，板就布置到界面上了。布置完 B 轴到 E 轴之间的板后，再选择编号为 110mm 板，用同样方法布置 A 轴到 B 轴间的板。

温馨提示：

为了不影响板的布置，建议只在图面上显示板的边界构件，其他无关构件一律隐藏。

地下室板的统计结果如图 5-44 所示：

序号	项目编码	项目名称	项目特征描述	计量单位	工程量
1	000201006001	板摸板	1. 板厚度：0.11；2. 模板材质：普通木模板；3. 板类型：有梁板；4.支模高度：4.5以内；	m^2	31.93
2	000201006002	板摸板	1. 板厚度：0.15；2. 模板材质：普通木模板；3. 板类型：有梁板；4. 支模高度：4.5以内；	m^2	151.41
3	010405001001	有梁板	2. 混凝土拌合料要求：预拌混凝土；4. 混凝土强度等级：C30；	m^3	23.57

图 5-44　地下室板统计结果

温馨提示：

三维算量的板编号对于板厚不是一一对应的，可以用一个编号布置不同厚度的板。如地下室中，板虽然有两种厚度，但板编号可以相同，可以在布置时和布置后对选中的板进行板厚修改调整。在挂接板的模板定额时，只要选择“板厚”作为换算条件，在统计工程量时，软件会自动按板厚区分统计模板定额的工程量，且加上组合换算标志，这样在将算量结果导入清单计价软件时，便能自动完成组合换算工作了。板模板的换算条件一般还包括“支模高度”、“模板类型”等。

练一练

1. 不同板厚的板是否必须定义不同编号?

5.10 散水

命令模块:【建筑二】→〖散水布置〗

参考图纸: 建施-06(地下室平面图、1-1 剖面图)

散水的布置是用【建筑二】菜单中的〖散水布置〗功能来实现。首先在定义编号对话框新建一个散水编号,这里要定义的是砖散水,因此属性类型应指定成“砌体结构”。

散水的计算项目如表 5-11 所示,可以参照这些计算项目挂接做法。

散水计算项目表 **表 5-11**

构件名称	计算项目	变量名
散水(砖散水)	砌筑体积	V
	投影面积	SD

散水的做法(图 5-45):

序号	编号	类型	项目名称	单位	工程量计算式	定额换算
17	010306001		砖散水、地坪	m²	STY	
散水垫层体积						
散水靠墙边线长						
散水水平投影面						
	1003-127	定	砖散水 平铺	100m²	STY	
散水填土体积						
散水外边线长						

图 5-45 散水做法布置

如果要计算散水的贴墙伸缩缝长度,可以用在此挂接定额,提取工程量计算式即可。

散水布置效果如图 5-46 所示。

图 5-46 散水布置效果

练一练

1. 如何布置散水?
2. 使用自定义体还可以布置什么构件?请练习其他自定义构件的布置。

5.11 地下室内装饰

命令模块：【装饰】→〖房间布置〗

参考图纸：建施-01（建筑设计说明）

在软件中，房间内装饰的计算采用装饰构件的布置来实现，例如装饰菜单下的〖地面布置〗、〖侧壁布置〗和〖顶棚布置〗[①]。其中侧壁构件包含了踢脚、墙裙和墙面这三种装饰构件。为了方便布置，软件还提供了〖房间布置〗功能，可以同时布置一个房间内的地面、侧壁和顶棚。

进入房间的定义编号界面，可以看到左边的构件树中除了有房间外，还有楼地面、侧壁和顶棚，在这个界面里可以同时定义这四种构件的编号。房间实际上是由地面、侧壁和顶棚这三类构件组成的，它本身不是一个构件。因此在定义房间编号之前，必须首先定义地面、侧壁和顶棚的编号。

5.11.1 地下室地面

首先定义地面的编号。在楼地面节点下新建一个地面编号，依据建筑说明，将编号改成“地1”，依据建筑设计说明，地下室地面的属性定义（图5-47）。

属性	属性值
- **物理属性**	
构件编号 - BH	地1
- **几何属性**	
垫层厚(mm) - TD	80
找平层厚(mm) - TZ	25
卷边高(mm) - Ht	100
面层厚(mm) - TM	10
- **施工属性**	
装饰材料类别 - ZC	块料面
装饰材料 - CLM	水泥砂浆

图5-47 地面属性定义

材料类别不同，地面的计算规则会不一样，应正确设置。地下室楼地面的计算项目如表5-12所示，可以参照这些计算项目挂接做法：

地下室楼地面计算项目表 **表5-12**

构件名称	计算项目	变量名
地下室地面	房芯回填土体积	S×0.3
	混凝土垫层体积	VM
	找平层面积	S
	防水层面积	S+SC
	地砖面积	S

注：①“天棚”为软件中名称，正文中恢复用正规名称“顶棚”。

房芯回填土不属于地面的工程量，只是利用地面面积乘以室内外地坪高差来得到回填土工程量，因此房芯回填土的工程量计算式为“S×0.3”。

地面的做法（图5-48）：

序号	编号	类型	项目名称	单位	工程量计算式	定额换算
17	020102002	清	块料楼地面	m²	S	
楼地面面积组合						
	2001-11	定	普通混凝土垫层	10m³	S	
	2001-17	定	楼地面水泥砂浆找平层（在混凝土基层上）[	100m²	S	FJM:=FJM;BH:=BH;
	2001-108	定	陶瓷地砖楼地面 块料周长1600mm以内	100m²	S	FJM:=FJM;BH:=BH;
18	010103001	清	土（石）方回填	m³	S*0.3	
楼地面面积组合						
	1001-202	定	静力爆破岩石 普坚石	100m³	S*0.3	

图5-48 地面做法

在软件中，防水层面积等于地面面积S与卷边面积SC之和。

5.11.2 地下室踢脚、墙裙、墙面

命令模块：【装饰】→〖踢脚〗、〖墙裙〗、〖墙面〗

参考图纸：建施-01（建筑设计说明）

建筑装饰一般都是在建筑设计说明或装修表中统一设计的，在软件中也遵循这一方式进行统一定义，所以实例的装饰我们也统一定义。首先分别对踢脚、墙裙、墙面这些装饰面按照建筑设计说明，将各自的编号和属性定义好。对这些构件可以单独布置，也可以在房间功能内对它们进行房间组合后同时一次性的进行布置。

这里首先定义踢脚的属性。依据建筑设计说明，踢脚节点的属性设置如图5-49所示：

属性	属性值
- **物理属性**	
构件编号 - BH	踢1
内外面描述 - NWMS	内墙面
饰面厚度(mm) - TsTj	20
- **几何属性**	
装饰面高(mm) - Ht	150
装饰面起点高度(mm) -	同层底
- **施工属性**	
装饰材料类别 - ZC	块料面
装饰材料 - CLM	瓷板

图5-49 踢脚属性定义

踢脚的计算项目如表5-13所示，可以参照这些计算项目挂接做法。

踢脚计算项目表 **表5-13**

构件名称	计算项目	变量名
踢脚	踢脚长度	LL
	踢脚抹灰面积	S
	踢脚块料面积	S

踢脚的做法（图5-50）：

序号	编号	类型	项目名称	单位	工程量计算式	定额换算
19	020105003		块料踢脚线	m²	S	
踢脚面积组合						
	2001-113	定	陶瓷地砖 踢脚线	100m²	S	FJM:=FJM;BH:=BH;

图5-50 踢脚做法

接着定义墙裙的属性。依据建筑设计说明，墙裙节点的属性设置如图5-51所示：

	属性	属性值
-	**物理属性**	
	构件编号 - BH	裙1
	内外面描述 - NWMS	内墙面
	饰面厚度(mm) - Tsqur	20
-	**几何属性**	
	装饰面高(mm) - Hqun	1500
	装饰面起点高度(mm) -	同层底
-	**施工属性**	
	装饰材料类别 - ZC	块料面
	装饰材料 - CLM	瓷板

图 5-51　墙裙属性定义

墙裙的计算项目如表 5-14 所示，可以参照这些计算项目挂接做法。

墙裙计算项目表　　**表 5-14**

构件名称	计算项目	变量名
墙裙	墙裙长度	LL
	墙裙抹灰面积	S
	墙裙块料面积	S

墙裙的做法（图 5-52）：

序号	编号	类型	项目名称	单位	工程量计算式	定额换算
86	020204003	清	块料墙裙	m²	S	
	2002-140	定	墙面墙裙 镶贴瓷砖密缝水泥砂浆粘贴 块料周长800mm以内	100m²	S	FJM:=FJM;BH:=BH;

图 5-52　墙裙做法

下面定义墙面的属性。依据建筑设计说明，地下室墙面的属性设置如图 5-53 所示：

	属性	属性值
-	**物理属性**	
	构件编号 - BH	墙1
	内外面描述 - NWMS	内墙面
	饰面厚度(mm) - TsQm	20
-	**几何属性**	
	装饰面高(mm) - HQm	同层高
	装饰面起点高度(mm) -	同层底
-	**施工属性**	
	装饰材料类别 - ZC	抹灰面
	装饰材料 - CLM	水泥砂浆

图 5-53　墙面属性定义

软件设置有墙面扣减墙裙、踢脚、墙裙扣减踢脚的规则，可以在相应的对话框中对扣减项进行指定。按照深圳建筑工程（2003）计算规则，内墙面抹灰不扣除踢脚线，因此墙面起点高度为“同层底”；如果有局部特殊部位要扣减对应的内容，而统一设置又不能改时，可以在布置装饰时将构件的起点高作单独的设置。

墙面的计算项目如表 5-15 所示，可以参照这些计算项目挂接做法。

墙面计算项目表 　　　　**表 5-15**

构件名称	计算项目	变量名
墙面	墙面抹灰面积	S
	混凝土墙面抹灰面积	ST
	非混凝土墙面抹灰面积	SFT

墙面的做法（图 5-54）：

序号	编号	类型	项目名称	单位	工程量计算式	定额换算
20	020201001		墙面一般抹灰	m^2	S	
墙面面积组合						
	2002-2	定	墙面一般抹灰 水泥石灰砂浆底 水泥砂浆面	$100m^2$	S	FJM:=FJM;BH:=BH;

图 5-54　墙面做法

温馨提示：

在挂接墙面定额时需要注意，墙面基层装饰做法常区分混凝土面和非混凝土面，因此给做法指定工程量计算式时，应取相应的混凝土墙面面积变量与非混凝土墙面面积变量。软件将装饰范围内混凝土构件的面积之和作为“混凝土墙面面积 ST”，将非混凝土构件的面积之和作为“非混凝土墙面面积 SFT”，并非单纯的墙面面积。

5.11.3　地下室顶棚

例子工程的顶棚有两种，在定义顶棚装饰时可以同时将两个编号都定义好，后面选用即可。

在顶棚节点下新建一个顶棚编号，依据建筑设计说明，顶棚 1 的属性设置如图 5-55 所示：

顶棚 2 的属性设置如图 5-56 所示：

属性	属性值
- 物理属性	
构件编号 - BH	顶1
做法描述 - ZFMS	抹灰面
- 施工属性	
装饰材料 - CLM	水泥砂浆

图 5-55　顶棚 1 属性定义

属性	属性值
- 物理属性	
构件编号 - BH	顶2
做法描述 - ZFMS	吊顶
面层规格 - MCGG	600*600
- 施工属性	
装饰材料 - CLM	普通吊顶

图 5-56　顶棚 2 属性定义

在做法描述中，软件提供了“抹灰面”与“吊顶”这两种类型，分别对应不同的计算规则，必须依据建筑说明正确指定。例子工程地下室顶棚是抹灰面。

顶棚的计算项目如表 5-16 所示，可以参照这些计算项目挂接做法。

顶棚计算项目表 　　　　**表 5-16**

构件名称	计算项目	变量名
顶棚	抹灰面积	S

顶棚的做法（图 5-57）：

序号	编号	类型	项目名称	单位	工程量计算式	定额换算
21	020301001		天棚抹灰	m^2	S	
顶棚面积组合						
	2003-2	定	混凝土天棚抹灰面层水泥石灰砂浆底 水泥	$100m^2$	S	FJM:=FJM;BH:=BH;

图 5-57　顶棚做法

5.11.4　房间布置

在定义好地面、踢脚、墙裙、墙面和顶棚的编号后，下面就可以组合房间编号了。进入“装饰”菜单下的房间布置，在定义编号对话框内的房间节点下新建一个编号，编号直接按建筑设计总说明的房间名称即可。如将地下室的构件编号就设为“地下室”，在房间编号下的各属性值单元格内点击〖▾〗下拉按钮，会展开前面定义好的装饰编号，如在“墙面编号”属性值栏中点击〖▾〗下拉按钮，展开的就是已定义好的“墙 1”，当然定义了多少就会展开多少。在展开的内容中选择一个对应的编号，依次将一个房间的楼地面、顶棚、踢脚、墙裙、墙面编号选择定义好。地下室的房间定义，如图 5-58 所示：

房间的做法已经包含在它的各个分项构件的定义中，因此房间无需再挂接做法。

定义好房间编号后，便可以布置房间了。在房间布置导航器中，不仅可以选择需要布置的构件类型，还可以对每一类构件的尺寸参数进行修改。例如将侧壁和顶棚前面的钩去掉，便只可以布置房间中的地面，在右边的“值”栏目中可以修改地面的装饰面高。

用“智能布置”的方法，根据命令栏提示，光标在房间区域内点击，就将组成房间的各编号构件布置到房间内了。

可以将房间的组成内容如地面、顶棚、侧壁（墙面、墙裙、踢脚）分开来进行布置，要将房间元素分开，只需将图 5-59 中“布置地面、布置侧壁、布置顶棚”对应的钩点击去掉，在布置时就不会产生这个构件。单独布置地面、顶棚稍有区别，因为它们的边界轮廓不同。分开布置时，为了布置方便，只需在图面上显示墙和柱，其他构件全部隐藏起来。布置地面、顶棚的方法与板类似。

属性	属性值
- **物理属性**	
构件编号 - BH	地下室
踢脚编号 - TJBH	踢1
墙裙编号 - QQBH	
墙面编号 - QMBH	墙1
其他面编号 - QTBH	
楼地面编号 - DMBH	地1
顶棚编号 - TPBH	顶1

图 5-58　房间属性定义

布置地面	✓
布置顶棚	✓
布置侧壁	✓
分解侧壁	
踢脚装饰面高 (mm)	
踢脚起点高 (mm)	
墙面装饰面高 (mm)	
墙面起点高 (mm)	
地面高 (mm)	0
顶棚高 (mm)	同层高
绕柱垛	
延长误差	60
封闭误差	0

图 5-59　房间布置

布置好的房间装饰如图 5-60 所示，显示为土黄色的便是装饰构件：

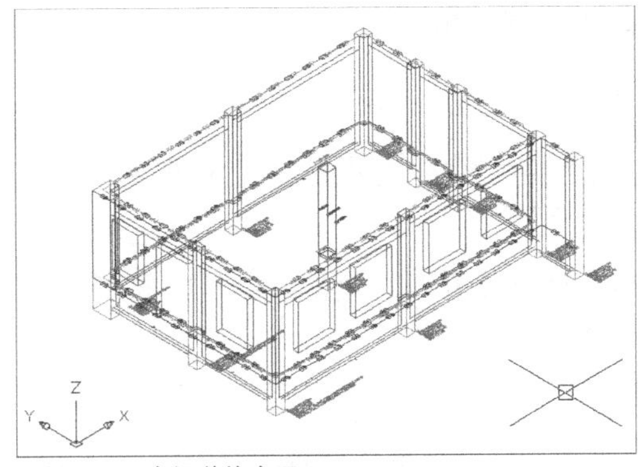

图 5-60　房间装饰布置

注意事项：

当出现侧壁工程量分析为 0 或者偏小时，可能由以下原因引起：

侧壁没有贴紧墙面，与墙面之间有一定的距离。布置侧壁时，如果在房间中显示了比墙宽的梁，使用“CAD 搜索布置或智能布置”方法布置的侧壁便会沿着梁边界绘制，而不是贴着墙面，这样软件便无法分析出墙面面积。

温馨提示：

1. 通过定义房间编号来布置房间装饰的方法不适用于房间内装饰做法较复杂的情况，例如例子工程首层中餐厅走道的地面做法分为两种，就不能在房间布置时统一布置地面，需要单独用地面布置处理。

2. 当装饰做法较复杂时，可以用地面、侧壁、顶棚各自的布置命令来布置房间装饰，然后在这些装饰构件的属性中指定所属房间名称，便可以用房间名称来作换算条件，按房间输出工程量了。

3. 布置侧壁时，可以勾选导航器中的“分解侧壁”选项，这样布置到房间内的侧壁会依据所依附的构件分解成不同的侧壁段，来挂接不同的做法。

5.11.5　地下室独立柱装饰

命令模块：【装饰】→〖侧壁布置〗

参考图纸：建施-01（建筑设计说明）

独立柱的装饰可能要套专门的清单和定额条目，如果笼统地用房间墙面来布置会区分不出独立柱的装饰工程量，所以独立柱的装饰应该另外定义一个编号单独布置。可以在房间定义时设置一个专门的“独立柱”编号，再将踢脚、墙裙、墙面进行组合，布置时只布置侧壁即可。

独立柱抹灰做法（图5-61）：

	编号	项目名称	单位	工程量计算式
⊟	020202001	柱面一般抹灰	m²	S
	⊟ 抹面层			
	2002-7	柱梁面一般抹灰 水泥石灰砂浆底 水泥砂浆面	100m²	S

图5-61 独立柱抹灰做法

定义好编号后，回到主界面，在独立的柱子轮廓内部点击，侧壁就沿着柱子边沿轮廓布置上了。

温馨提示：

也可直接利用柱子的模板面积挂接独立柱装饰的做法，不需要另外布置柱子侧壁。

地下室内装饰的统计结果如图5-62所示：

序号	项目编码	项目名称（包含项目特征）	单位	工程教量
		AⅠ.3 土石方运输与回填		
1	010103001001	房芯回填土	m³	44.10
		B.Ⅰ.2 块料面层		
1	020102002001	块料楼地面 1. 垫层材料种类，厚度：80；2. 找平层厚度、砂浆配合比；	m²	147.02
		B.Ⅰ.5 踢脚线		
1	020105003001	块斜踢脚线 踢脚线高度：150；底层厚度、砂浆配合比：20；粘贴层厚度、材料种类：块料面；面层材料品种、规格、品牌、颜色：黑色面砖150×200；	m²	7.84
		B.Ⅱ.1 墙面抹灰		
1	020201001001	墙面一般抹灰 墙体类型：外墙；底层厚度、砂浆配合比：5mm，1:2；面层厚度、砂浆配合比：5mm，1:3；装饰面材料种类：水泥砂浆	m²	176.41
		B.Ⅱ.2 柱面抹灰		
1	020202001001	柱面一般抹灰　柱体类型：混凝土柱；	m²	8.28
		B.Ⅲ.1 顶棚抹灰		
1	020301001001	顶棚抹灰 2. 抹灰厚度、材料种类:12mm，水泥砂浆；4. 砂浆配合比:5mm1:5,7mm1:7;	m²	167.85

图5-62 地下室内装饰统计结果

练一练

1. 如何定义房间装饰？
2. 如何分开计算混凝土墙面抹灰与非混凝土墙面抹灰？
3. 如何布置地面？
4. 如何计算独立柱装饰？
5. 如何设置装饰计算规则？
6. 如何计算房芯回填土？

5.12 地下室外装饰

命令模块：【装饰】→〖侧壁布置〗

参考图纸：建施-01（建筑设计说明）、建施-07（建筑立面图）

外墙装饰也是采用墙面、墙裙来布置的。首先在“定义编号”对话框中新建一个墙面编号，将其编号改成“外墙 1”，内外面描述指定为“外墙面”。属性定义如图 5-63：

在地下室和一层外墙的底部有一圈 400 高的花岗石勒脚，在墙裙内定义一个编号为“勒脚”的装饰面。属性定义如图 5-64 所示：

属性	属性值
- 物理属性	
构件编号 - BH	外墙1
内外面描述 - NWMS	外墙面
饰面厚度(mm) - TsQm	25
- 几何属性	
装饰面高(mm) - HQm	同层高
装饰面起点高度(mm) -	同层底
- 施工属性	
装饰材料类别 - ZC	块料面
装饰材料 - CLM	瓷板

图 5-63　外墙瓷砖面属性定义

属性	属性值
- 物理属性	
构件编号 - BH	勒脚
内外面描述 - NWMS	外墙面
饰面厚度(mm) - Tsqur	25
- 几何属性	
装饰面高(mm) - Hqun	400
装饰面起点高度(mm) -	同层底
- 施工属性	
装饰材料类别 - ZC	块料面
装饰材料 - CLM	花岗石

图 5-64　外墙勒脚面属性定义

墙面、勒脚的计算项目如表 5-17 所示，可以参照这些计算项目来挂接做法：

墙面、勒脚计算项目表　　**表 5-17**

构件名称	计算项目	变量名
外墙花岗石	块料面积	S
外墙瓷板	块料面积	S

地下室外墙勒脚花岗石的做法（图 5-65）：

序号	编号	类型	项目名称	单位	工程量计算式	定额换算
23	020204001		石材墙面	m²	S	
墙面面积组合						
	2002-109	定	零星项目 粘贴花岗岩水泥砂浆粘贴	100m²	S	FJM:=FJM;BH:=BH;

图 5-65　花岗石做法

地下室外墙瓷板面的做法（图 5-66）：

序号	编号	类型	项目名称	单位	工程量计算式	定额换算	指定换算
89	020204003	清	块料墙面	m2	S ...		
89	2002-163	定	墙面墙裙 镶贴瓷砖疏缝水泥砂浆粘贴 灰缝宽10mm以内 块料周长450mm以内	100m2	S ...	FJM:=FJM;BH:=BH;	

图 5-66　外墙瓷板面做法

布置外墙面的方式有两种，如果整层楼的外墙面都是一种材料装饰，可以直接在墙面定义导航器内选择一个编号沿外墙布置即可。如果像本例子所述地下室外墙底部还有勒脚，就得预先在“房间”组合内组合一个编号为“带勒脚外墙面”的装饰编号，注意组合时不要组合楼地面和顶棚的编号。组合完后布置到外墙面上即可。地下室只有两面外墙需要做外装饰，3 轴和 E 轴上的墙是挡土墙，与土壤相接无需做外装饰。这里用〖手动布置〗的方式，沿着外墙外边沿画出两面外墙的侧壁轮廓，点击右键确认即可生成外墙装饰面。

温馨提示：

手动绘制侧壁时，应将对象捕捉打开，这样能让所绘制的侧壁线与构件的轮廓线充分吻合。

对于墙面、墙裙组在一块布置的装饰面，其墙面会有扣减墙裙的要求，如果不能扣减，可以用“构件查询”的功能，进入对话框中将墙面的底高度设置成“底同墙裙顶”，来指定计算范围。对于墙面扣踢脚也同样设置即可。

地下室外墙面装饰统计结果如图 5-67 所示：

序号	项目编码	项目名称（包含项目特征）	单位	工程数量
		B.Ⅱ4 墙面镶贴块料		
1	020204001001	石材墙面 墙体类型：外墙。面层材料品种、规格、品牌、颜色：灰白色磨光花岗石	m^2	17.60
2	020204003001	块料墙面　墙体染型：外墙；	m^2	137.44

图 5-67　地下室外墙面装饰统计结果

练一练

1. 该地下室挡土墙是否需要做外装饰？
2. 如果建筑物外围都计算外装饰，用什么方法布置外装饰最方便？

5.13　地下室脚手架

命令模块：【建筑一】→〖脚手架〗

参考图纸：无

在软件中，脚手架工程量的计算是利用脚手架构件来计算的。地下室的脚手架类型应有三种：综合脚手架、里脚手架以及满堂脚手架。首先建立综合脚手架编号。其属性定义如图 5-68 所示：由于是外脚手架，故脚手架的“底高度”设置成“同层底后再向下 -300mm”。

属性	属性值
- **物理属性**	
构件编号 - BH	外脚手架
脚手架名称 - MC	综合脚手架
材料类型 - CL	钢管
- **几何属性**	
搭设高度(mm) - HD	同层高
- **计算属性**	
底高度(mm) - HZDI	同层底-300
- **其他属性**	
自定属性1 - DEF1	
自定属性2 - DEF2	
自定属性3 - DEF3	
备注 - PS	

图 5-68　综合脚手架属性定义

综合脚手架的计算项目如表 5-18 所示：

综合脚手架计算项目表　　　　**表 5-18**

构件名称	计算项目	变量名
地下室综合脚手架	搭设面积（立面积）	SL

在清单计量模式下，给脚手架挂接软件提供的“措施清单”才能出量，然后在措施清单下挂接相应的脚手架定额即可。脚手架定额会自动统计到措施项目中。

按照深圳市建筑工程（2003）定额计算规则，里脚手架按建筑面积计算，可利用建筑面积直接套挂里脚手架的定额出量。而综合脚手架的搭设是沿建筑物外围的垂直面积，即综合脚手架应围地下室外围（构件最外侧）绘制一圈，软件会将周长线乘以设置高度得出综合脚手架的面积：

在综合脚手架编号的做法中挂接综合脚手架做法（图5-69）。

序号	编号	类型	项目名称	单位	工程量计算式	定额换算	指定换算
64	019901002	清	脚手架	项	SL ...		
立面脚手架面积							
64	1013-2	定	建筑综合脚手架搭拆（建筑物高度12.5m以内）	100m2	SLM ...	[材料换算]=CL;ZG:>4.5,12	

图5-69 综合脚手架编号做法挂接

由于地下室层高是4.2米，且需要做顶棚装饰，按深圳定额规定需要搭设满堂脚手架，满堂脚手架的计算方式是按主墙间的水平净空面积计算的，故满堂脚手架应单独布置。属性定义图5-70：

属性	属性值
- 物理属性	
构件编号 - BH	装饰用满堂脚手架
脚手架名称 - MC	满堂脚手架
材料类型 - CL	钢管
- 几何属性	
搭设高度(mm) - HD	同层高
- 计算属性	
底高度(mm) - HZDI	0
- 其他属性	
自定属性1 - DEF1	
自定属性2 - DEF2	
自定属性3 - DEF3	
备注 - PS	

图5-70 满堂脚手架属性定义

满堂脚手架计算项目如表5-19所示：

满堂脚手架计算项目表 **表5-19**

构件名称	计算项目	变量名
地下室满堂脚手架	搭设面积（主墙间水平净面积）	SPM

布置满堂脚手架做法挂接如下（图5-71）：

编号	类型	项目名称	单位	工程量计算式	定额换算	指定换算
019901002	清	脚手架	项	SL ...		
1013-59	定	满堂脚手架 基本层5.2m	$100m^2$	SPM ...	[材料换算]=CL;MC:=MC;标准	

图5-71 满堂脚手架做法挂接

按深圳定额规定，满堂脚手架只能用于装饰，对于建筑物内部的构件部分还应搭设里脚手架施工。由于定额规定其里脚手架是按建筑面积计算的，故直接在建筑面积内挂接里脚手架做法就可以了。按深圳定额里脚手架取定高是3.6m，而地下室层高是4.2m，已经超高，故挂里脚手架时还应挂一条里脚手架超高的定额。注意！定额还规定搭设了满堂脚手架的里脚手架只能按0.5倍面积计算，故应将工程量计算式乘以0.5倍（图5-72）。

序号	编号	类型	项目名称	单位	工程量计算式
66	019901002	清	脚手架	项	1
面积组合					
66	1013-56	定	里脚手架 民用建筑 每增加1.2m	100m2	S*0.5
66	1013-55	定	里脚手架 民用建筑 基本层3.6m	100m2	S*0.5

图5-72 里脚手架工程量计算

里脚手架计算项目如表5-20所示：

里脚手架计算项目表 **表5-20**

构件名称	计算项目	变量名
地下室里脚手架	搭设面积（建筑面积）	S

小技巧：

综合脚手架可以分层布置，使用“立面面积”作为工程量计算式；也可以在最底层布置，然后用“边周长U×搭设高度（实际值）”来计算整栋建筑物的综合脚手架工程量。例如建筑物高20m，综合脚手架边周长变量为U，则用“U*20”来作为做法的工程量计算式即可，其他楼层就不用再布置综合脚手架了。

下面来布置脚手架。在布置之前，用〖构件显示〗功能在图面上只显示柱和梁。进入脚手架导航器，首先是综合脚手架的布置，要沿着建筑外围结构搭设，因此选择“实体外围”的方法，用多义线画出一个线框，使地下室被包围在线框之内，点击鼠标右键使多义线闭合的同时，脚手架就沿着建筑外围布置上去了。

接下来布置满堂脚手架，按深圳市建筑工程（2003）定额计算规则，满堂脚手架按主墙间净空面积计算，因此切换到“智能布置”的方法，先使用“隐藏构件”功能，将房间内部的梁和柱隐藏起来，然后在房间内部点取一点，满堂脚手架就布置到房间里了。

里脚手架布置“建筑面积”布置方法，建筑面积的布置方法与上述满堂脚手架布置方法一样。

地下室脚手架统计结果如图5-73所示：

序号	项目名称	项目名称（含特征）	工作内容或定额子目	计量单位	工程数量		定额换算（含指定换算）
					定额量	清单量	
1	019901002001	里脚手架		项		1	
	1013-55		里脚手架 民用建筑 基本层3.6m	100m²	0.8847		
	1013-56		里脚手架 民用建筑 每增加1.2m	100m²	0.8847		
2	019901002002	满堂脚手架		项		1	
	1013-59		满堂脚手架 基本层5.2m	100m²	1.7566		脚手架名称=满堂脚手架；
3	019901002003	外综合脚手架		项		1	
	1013-2		建筑综合脚手架搭拆（建筑物高度12.5m以内）	100m²	2.52		立面脚手架总高（m）<=12.5 脚手架名称=综合脚手架；

图5-73 地下室脚手架统计结果

练一练

1. 里脚手架一定要以构件的形式布置到图上才能计算吗？
2. 综合脚手架的计算式如何指定？

5.14 其他项目

命令模块：【其他】→〖自定义面〗

参考图纸：无

前面的章节已经基本上讲解完地下室建筑和装饰部分模型的建立以及计算方法。下面看一下如何计算平整场地与建筑面积。

平整场地与建筑面积都是计算面积的，在软件中没有平整场地这种构件，这里用自定义面来计算所有与面积有关的项目。执行【其他】菜单中的〖自定义面〗命令。

在定义编号对话框新建一个自定义面编号，编号的属性对要计算的项目没有作用，可以不用修改。

在例子工程中，自定义面的计算项目如表5-21所示，可以参照这些计算项目挂接做法。

自定义面计算项目表 **表5-21**

构件名称	计算项目	变量名
自定义面	平整场地（面积）	SM
	建筑面积	SM

给自定义面的做法指定工程量计算式时，可以用自定义面的原始面积SM作为计算式。平面面积组合变量SP是包含了扣减关系的，不适用于计算平整场地和建筑面积。

平整场地的做法（图5-74）：

	编号	项目名称	单位	工程量计算式
⊟	010101001	平整场地	m²	SM
⊟	1. 土方挖填			
	1001-248	人工平整场地	100m²	SM

图5-74 平整场地做法

布置平整场地面构件。在导航器中设置顶高为0。按照清单计算规则，平整场地工程量按建筑物首层面积计算，用“实体外围”的方法框选建筑即可布置成功。查看面的属性，可以看到面积已经计算出来。

建筑面积可以执行【建筑二】菜单中的〖建筑面积〗命令布置操作。

其他场景

如果平整场地需按系数计算，则可以在挂接做法时，工程量计算式指定为“SM×系数”即可。

如果平整场地需按建筑轮廓每边扩大2m计算，则可以沿建筑轮廓布置了自定义面后，用【修改】菜单下的〖偏移〗功能，将面轮廓向外偏移2000mm得到平整场地的面积。

	**温馨提示：** 例子工程的平整场地计算应在首层完成，以首层的面积计算。每个楼层的建筑面积用建筑面积构件计算，方法同本节所述。最后统计该做法的总工程量，即可得出例子工程的总面积。

练一练

1. 如果平整场地是沿建筑轮廓每边外扩 2m，该怎样用自定义面来计算？

2. 自定义面还可用于计算什么构件？

第 6 章　首层工程量计算

本章讲解首层建筑模型的建立以及计算方法。通过对第 5 章的学习，已经将地下室的模型建立好了，建立首层模型便可以利用地下室建好的内容，对首层进行快速建模，而不用从头开始。

6.1　拷贝楼层

命令模块:【构件】→〖拷贝楼层〗

用〖楼层显示〗功能切换到首层图形文件，开始首层模型的创建。首层轴网和部分柱子与地下室的相同，可以用拷贝楼层功能将地下室的轴网与柱子拷贝到首层。

执行〖拷贝楼层〗命令，在“源楼层”中选择地下室，在“目标楼层”中选择“首层”，（如果点击目标楼层选项后的“...”按钮，会弹出楼层选择对话框，可以在框中选择多个目标楼层将源楼层内所选构件拷贝到这些楼层。）然后在右边的构件类型窗口中选择要拷贝的构件，打钩的即需要拷贝的构件。先将软件默认的选项钩全部清除，然后勾选“柱”、“轴线”，在“复制”栏中勾选做法，将柱的做法一起拷贝过来。“编号冲突”选项用于处理跨层拷贝构件时，出现编号冲突的情况；“位置重复处理”选项用于处理目标楼层相同位置上存在相同构件的情况（图 6-1）。其各选项的作用可参见操作手册。

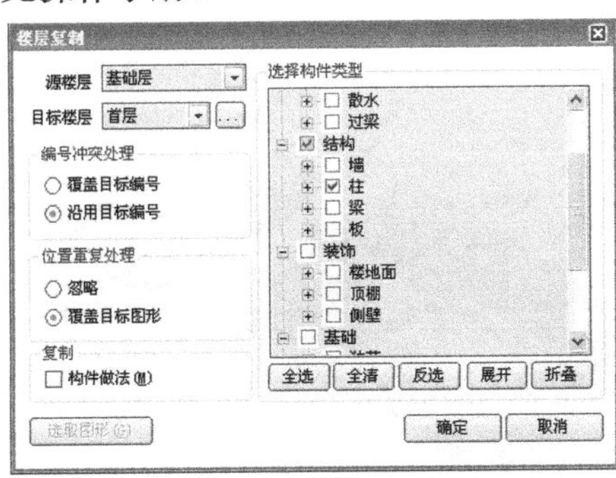

图 6-1　楼层拷贝

最后点击〖确定〗按钮，地下室的轴线和柱子就拷贝到首层了，如图 6-2 所示：

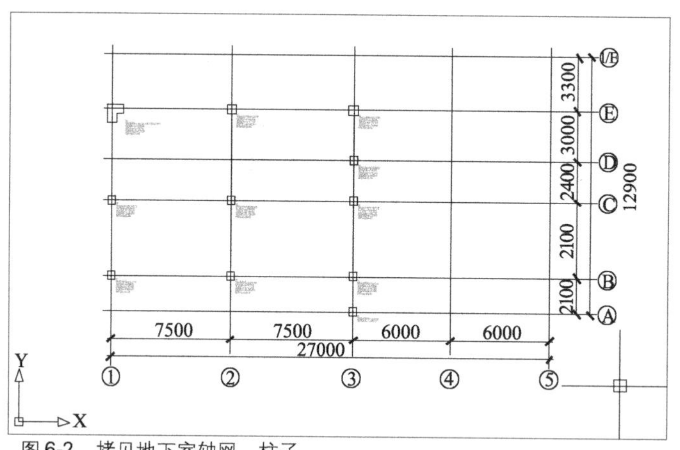

图 6-2 拷贝地下室轴网、柱子

练一练

1. 拷贝楼层中的编号冲突选项有何作用？
2. 能否同时将地下室的构件拷贝到多个楼层中？

6.2 首层独立基础

命令模块：【基础】→〖独基布置〗

参考图纸：结施-02（基础平面布置图）

因为本例子工程的基础（地下室的和首层的）都设计在结施-02 图纸内，可以在基础层将结施-02 图纸中所有的基础都布置好，之后将属于首层的基础拷贝到地下室楼层，同时将基础层属于首层的基础删除。现在需要做的是将属于首层的基础，基础平面布置图上 4 轴 ~5 轴与 1/2、1/3 辅轴上的基础拷贝到地下室层面。

注意！在从基础层拷贝的独立基础，基底标高还是沿用的基础层的标高，是不对的，应依据设计图重新调整基底标高，之后将坑槽的挖土深度设置为“同室外地坪”。

布置之后的效果如图 6-3 所示：

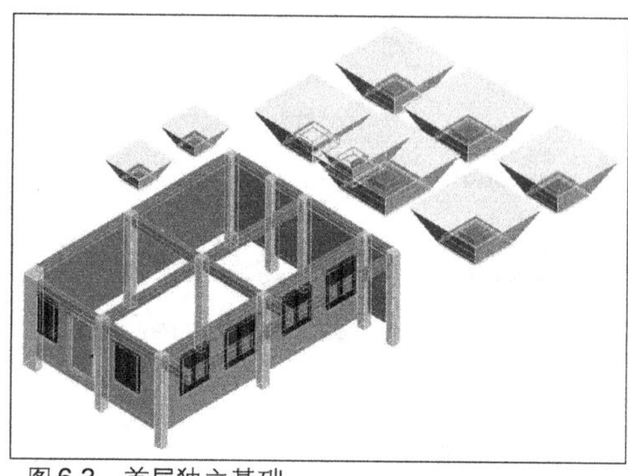
图 6-3 首层独立基础

说明：至本节开始为节约教程篇幅，后面各章节除必须的构件外，将不再给出所讲授构件的做法挂接图和计算结果图片，请学习者参看教程所讲章节。

6.3 首层基础梁

命令模块:【基础】→〖条基布置〗

参考图纸：结施-02（基础平面布置图）

定义和布置同3.3节说明，注意！③－⑤轴基础梁也是要布置在首层，要与柱子相接才能正确计算钢筋，布置好的图形如图6-4所示：

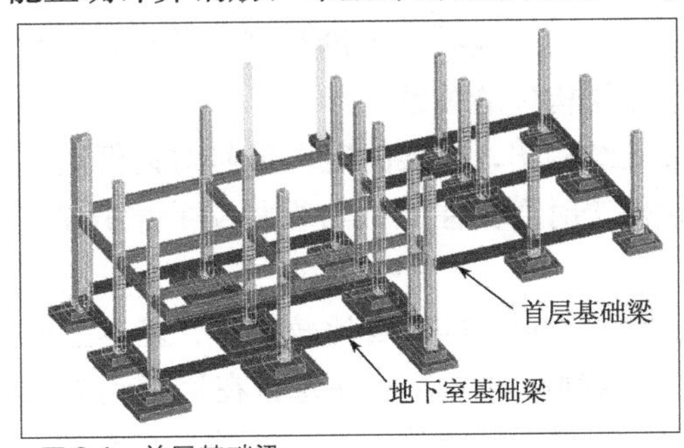

图6-4　首层基础梁

6.4 首层柱子

命令模块:【结构】→〖柱体布置〗

参考图纸：结施-12（一层柱平面结构图）

在4.1节中已经通过拷贝楼层功能建立了首层的部分柱子，下面依据一层柱平面结构图，定义柱编号Z2与Z3，并分别给其挂接做法。定义好后进入导航器，调整“底高”为“同基础顶”，按施工图布置到轴网交点上即可。需要注意的是，从地下室拷贝的柱子的属性中，柱底高仍然保留地下室的柱子属性“同基础顶”，所以此时这部分柱子高度是不对的。可以用〖构件查询〗命令，框选这部分柱子，在构件查询对话框汇总将底高调整为0。调整后的效果如图6-5所示：

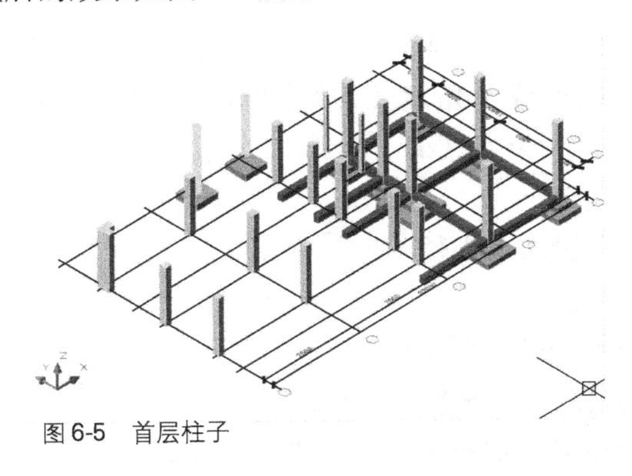

图6-5　首层柱子

6.5 首层梁

命令模块：【结构】→〖梁体布置〗

参考图纸：结施-08（二层楼面梁结构图）

专业上在结构设计图纸中是将支撑本层楼面的构件（也就是踩在脚下楼层的梁、板构件）作为当前层。由于三维算量软件是算量软件，其构件接触部分有扣减要求，同时也为与建施图保持一致，在软件中要求将结构中的梁板构件降低一个楼层序号来进行布置，所以在进行一层梁板布置时，我们应该用二层的梁、板图。不论是例子图还是今后的实际工程，学员都应该这样处理楼层构件的关系。

依据二层楼面梁结构图，在梁的定义编号对话框定义好首层所有的梁编号与做法。挂接做法时需要注意，与板相交的梁其清单应按“有梁板”挂接。

下面布置首层梁。直形梁的布置比较简单，基本上使用“手动布置”、“点选轴网布置”这两种布置方法。注意！在用手动方式布置时，为保持边梁与柱外边平齐，应使用“上边”或“下边”定位法。而悬挑梁的布置采用“选择梁布悬挑梁”的方式，按一定的悬挑长布置连续梁的悬挑端。其中梁 KL1（2A）和 KL2（2A）的悬挑端长为 2350mm（参见地下室梁布置），而 L2（1A）的悬挑端长为 905mm。弧形梁的布置方法如下：

在绘制弧形梁之前，先要作几条辅助线。依据施工图，弧形梁中心线左端与 2 轴的距离是 1300mm，右端与 4 轴的距离是 2800mm，可以按这些数据作两条辅助轴线。选择【轴网】菜单下的〖平行辅轴〗功能，先选择 2 轴为参考轴线，选择 2 轴右侧为偏移方向，再输入偏移距离 1300，右键确认后按 ESC 键退出即可。再用相同的方法，画出右边的辅轴。然后使用〖绘制辅轴〗功能，根据命令栏提示操作：

指定起点：

此时选择右边辅轴与 E 轴的交点作为起点；

指定下一个点或 [圆弧（A）][半宽（H）][长度（L）][放弃（U）][宽度（W）]：

此时点击命令栏的 [圆弧（A）] 按钮，进入圆弧绘制状态；

指定圆弧的端点或 [角度（A）][圆心（CE）][方向（D）][半宽（H）][直线（L）][半径（R）][第二个点（S）][放弃（U）][宽度（W）]：

此时点击命令栏的 [半径（R）] 按钮；

指定圆弧的半径：

在命令栏输入 4700，回车；

指定圆弧的端点或 [角度（A）]：

选择左边辅轴与 E 轴的交点作为端点，回车；

命令：输入编号!

不需要编号，直接回车结束命令，圆弧辅轴就绘制好了。

绘制好辅轴后，便可以布置弧形梁了。执行梁体布置命令，选择编号L3，用“手动布置”的方法，按下面的命令交互步骤操作：

输入起点：

选择圆弧辅轴左端点为起点；

[圆弧（A）] 或请输入下一点 <退出>：

点击命令栏的 [圆弧（A）] 按钮，进入绘制圆弧梁状态；

请输入终点 <退出>：

选择圆弧辅轴右端点为弧形梁终点；

请输入弧线上的点 <退出>：

此时在圆弧辅轴上任意选择一点即可，回车结束命令。

绘制好弧形梁后，辅助轴线已没有作用，可以删除掉。首层梁效果图如图6-6所示：

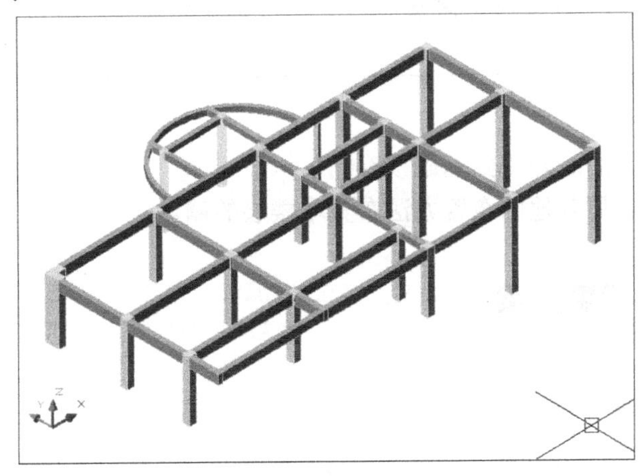

图6-6 首层梁

练一练

1. 如何绘制辅轴?
2. 如何绘制弧形梁?

6.6 首层墙

命令模块：【结构】→〖墙体布置〗

参考图纸：建施-02（建筑一层平面图）

首先依据施工图，在墙定义编号对话框定义墙体编号。从施工图可以看出，一层的墙体共有3种厚度：120、180、300，均为砌体墙。按这三种墙厚，分别定义三个砌体墙编号，材料为“空心砖”，可以参照地下室墙的计算项目给编号挂接做法。

下面来布置墙体。首先布置300厚的外墙。使用“手动布置”的方式，选择“上边”为定位点，墙位置设置为“外墙”，底高为“0”，高度设置为“同梁底”，然后以轴线交点为参照点，画出所有的外墙。注意！在手动绘制墙时，软件默认为连续画墙的形式，如果下一段墙体与之前绘制的墙体不是连续的，则需先点击鼠标右键取消连续画墙，再重新选取下一段墙的起点绘制。接下来布置墙厚为180的内墙，可以用“选梁布置”的方式，将C轴和3轴、D轴上在梁下的内墙快速地绘制出来。然后还是用“手动布置”的方式，将高度改成“同板底”，绘制出其他直接到板底的墙段。用同样的方法，布置120厚的墙，这样首层的墙体就布置好了。

由于首层③-⑤轴部分墙体需要延伸到基础顶，因此需要调整墙体底高。用〖构件查询〗功能，选中要修改的墙段，在构件查询对话框中将底高调整为“同基础顶”即可。

温馨提示：

由于本楼层还未布置楼板，因此在布置完到板底的墙后，墙的高度暂时是同层高的。但在布置楼板后，墙的高度会自动调整到板底。

练一练

1. 如何使墙底延伸到基础顶？
2. 请练习用其他的布置方法布置本楼层的墙。

6.7 首层门窗过梁

6.7.1 普通门窗

命令模块：【建筑一】→〖门窗布置〗

参考图纸：建施-10（门窗详图及门窗表）、建施-02（建筑一层平面图）

首层的普通门窗是指除了飘窗之外的门窗布置。依据门窗表便可以定义门窗编号，其定义方法及布置方法请参照地下室门窗章节，这里就不再介绍了。

温馨提示：

用“轴线交点距离布置”的方法布置门窗时，辅轴可能会影响门窗的精确定位，因此在布置门窗之前，可以先将无用的辅助轴网删除或隐藏起来。

6.7.2 飘窗布置

命令模块：【建筑一】→〖飘窗布置〗

参考图纸：建施-10（门窗详图及门窗表）、建施-02（建筑一层平面图）

在1轴上有两个飘窗，首先要定义飘窗编号。在中新建一个飘窗编号，然后依据门窗图中的飘窗详图，设置飘窗的各项属性参数（图6-7）。在几何属性中，不是所有的参数都需要设置，其中洞口宽2、外悬宽2、梯形斜边角度等参数都是针对其他样式的飘窗的，在设置飘窗参数时应参照构件编号定义窗口示意图上的参数代号来设置，就不容易出错。

例子工程中的飘窗没有左右栏板，因此“左板厚”、“右板厚”应设为“0”。“左边离洞口距离”、“右边离洞口距离”指的是飘窗左侧板、右侧板内侧离所依附洞口的距离。当飘窗没有左右板时，也可理解为水平板左右外边沿离洞口的距离。该值会影响窗扇面积的计算。飘窗的“立樘离外侧距”为60mm。

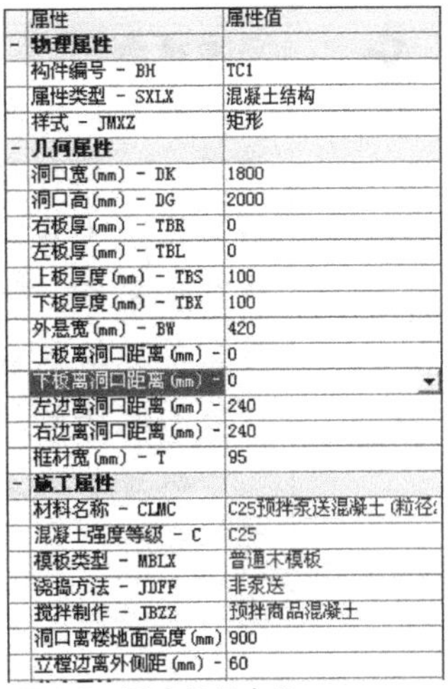

属性	属性值
- 物理属性	
构件编号 - BH	TC1
属性类型 - SXLX	混凝土结构
样式 - JMXZ	矩形
- 几何属性	
洞口宽(mm) - DK	1800
洞口高(mm) - DG	2000
右板厚(mm) - TBR	0
左板厚(mm) - TBL	0
上板厚度(mm) - TBS	100
下板厚度(mm) - TBX	100
外悬宽(mm) - BW	420
上板离洞口距离(mm) -	0
下板离洞口距离(mm) -	0
左边离洞口距离(mm) -	240
右边离洞口距离(mm) -	240
框材宽(mm) - T	95
- 施工属性	
材料名称 - CLMC	C25预拌泵送混凝土(粒径:
混凝土强度等级 - C	C25
模板类型 - MBLX	普通木模板
浇捣方法 - JDFF	非泵送
搅拌制作 - JBZZ	预拌商品混凝土
洞口离楼地面高度(mm)	900
立樘边离外侧距(mm) -	60

图6-7　飘窗编号定义

飘窗常用的计算项目如表6-1所示，参照这些计算项目可以挂接做法。如果还有其他的计算项目，可以从飘窗属性中选择相应的变量来组成计算式。

飘窗计算项目表　　**表6-1**

构件名称	计算项目	变量名
首层飘窗	飘窗板体积	V
	上下挑板模板	SMT
	左右竖板模板	S
	窗扇面积	SB
	数量（樘）	JS
	窗外装饰面积	SWS

例子工程的飘窗没有左右板，因此无需挂接竖板的做法。飘窗的做法如图6-8所示：

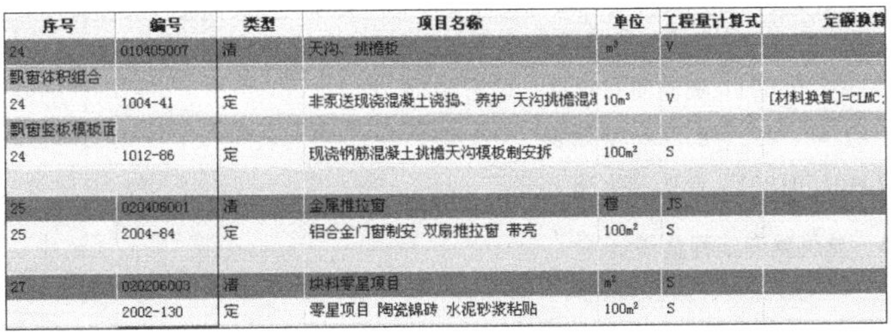

序号	编号	类型	项目名称	单位	工程量计算式	定额换算
24	010405007	清	天沟、挑檐板	m^3	V	
飘窗体积组合						
24	1004-41	定	非泵送现浇混凝土浇捣、养护 天沟挑檐混	$10m^3$	V	[材料换算]=CLMC:
飘窗竖板模板面						
24	1012-66	定	现浇钢筋混凝土挑檐天沟模板制安拆	$100m^2$	S	
25	020406001	清	金属推拉窗	樘	JS	
25	2004-84	定	铝合金门窗制安 双扇推拉窗 带亮	$100m^2$	S	
27	020206003	清	块料零星项目	m^2	S	
	2002-130	定	零星项目 陶瓷锦砖 水泥砂浆粘贴	$100m^2$	S	

图6-8　飘窗做法

注意！这里的窗扇面积是指窗扇的展开面积，而不是墙上的结构洞口面积。

定义好编号与做法后，下面来布置飘窗。飘窗的布置方法与普通门窗一样。门窗布置后的效果图如图 6-9 所示：

	**温馨提示：** 布置到图面上的飘窗是一个整体，可以用【构件】菜单下的〖构件分解〗功能来分解飘窗，使其分解成独立的板与轮廓（窗扇面积用轮廓来计算），并自动生成相应的飘窗水平板、飘窗竖板、飘窗窗扇轮廓等编号。注意分解后需单独给飘窗的板与窗扇轮廓挂接做法，在飘窗编号上挂接的做法无效。 飘窗分解主要用于处理飘窗的钢筋，如不计算钢筋，可不分解飘窗。

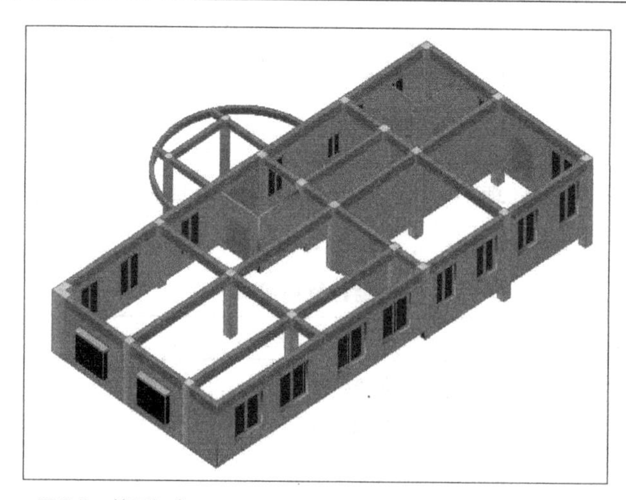

图 6-9　首层门窗

首层飘窗的工程量统计结果如图 6-10 所示：

序号	项目编码	项目名称(包含项目特征)	单位	工程数量
		A.Ⅳ.5 现浇混凝土板		
1	010405007001	飘窗挑板	m^3	0.38
		B.Ⅱ.6零星镶贴块料		
1	020206003001	块斜零星项目：飘窗装饰	m^2	8.00
		B.Ⅳ.6 金属窗		
1	020406001001	金属推拉窗	樘	2.00

图 6-10　首层飘窗工程量统计

6.7.3　过梁布置

首层的过梁与地下室的过梁一样，将地下室的过梁编号复制过来即可。布置方法参照地下室过梁。

根据结施 G－07 飘窗详图表示，其飘窗的顶板和底板的根部有梁压在墙体内，其定义方法同前述过梁定义。布置方法：将过梁的编号定义好后，点击“布置”按钮，回到主界面，光标选择飘窗之后点右键，在弹出的菜单中，选择“构件分解”命令，将飘窗进行分解。在导航器标号栏中选择好布置的梁编号，执行“选洞口布置”方式，布置飘窗顶梁时，将梁底标高设为“梁底同洞口顶”，光标选择分解后的飘窗洞口，顶梁就布置上了；布置飘窗底梁可以先将梁也布置成顶梁的高，之后进入“构件查询”对话框直接将梁顶高设为窗的“离楼地面高度”值即可。飘窗的顶和底过梁布置后如图 6-11 所示：

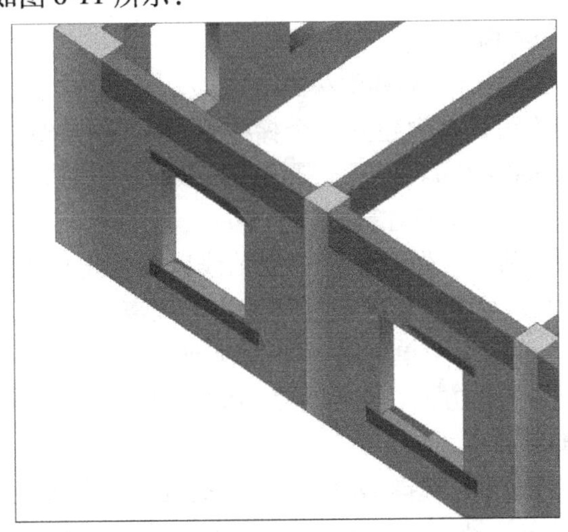

图 6-11　飘窗的顶和底过梁布置

练一练

1. 如何定义与布置飘窗？
2. 飘窗的工程量如何计算？

6.8　首层板

命令模块：【结构】→〖板体布置〗

参考图纸：结施－05（地下室、一层结构平面图）

在布置板之前，先将图面上不需要显示的构件和轴网隐藏起来，只留下柱和梁。依据二层结构平面图，分别建立板厚为 150、120、110 的三个板编号。在定义完属性与做法后，进入导航器。板的布置方法见 5.9 章节“地下室楼板”所述。

小技巧：

布置板时，可以将中间构件如柱、梁等隐藏起来布置一块大板，板中的梁、墙、柱等构件，软件会自动扣减。特别是异形板，更应该用大板布置，方便双层双向、单层双向钢筋的布置。

6.9 首层楼梯与相关构件

例子工程中的楼梯是整体二跑式楼梯，它所包含的构件有：梯柱、楼梯平台板、楼梯梁、梯段以及栏杆扶手。下面详细讲解如何将这些构件组合成楼梯。

6.9.1 楼梯柱

命令模块:【结构】→〖柱体布置〗

参考图纸：结施-15（楼梯结构图）

依据楼梯结构图，在中建立两个梯柱编号 TZ-1 与 TZ-2，截面参数分别为 210×300，300×180。混凝土强度等级按说明设置，其他属性及做法定义请参见 5.4 章节地下室柱部分。

在布置梯柱之前，首先要绘制辅助轴线以确定定位点。依据施工图，梯柱与楼梯梁 TL-2 对中布置，而楼梯梁中心线离 4 轴的距离可以算出为 1455mm。选择【轴网】菜单下的〖平行辅轴〗功能，选择 4 轴为参考轴线，用 4 轴左侧为偏移方向，在命令栏内输入偏移距离 1455，回车确认后按 ESC 键退出即可。

执行柱体布置命令，选择 TZ-1，设置柱高度为“同梁底”，施工图中说明 TZ-1 应该布置在 E 轴上，选择 E 轴与刚才绘制的辅轴的交点作为插入点，TZ-1 就布置好了。切换到编号 TZ-2，用相同的方法将它布置到图面上。

6.9.2 楼梯梯段

命令模块:【建筑二】→〖组合楼梯〗

参考图纸：建施-11（楼梯详图）

首先依据施工图定义梯段编号。在定义编号对话框中新建一个梯段编号，软件提供了多种梯段类型，在属性的结构类型中可以选择，并且每一种梯段类型都有对应的示意图。这里选择不带平台板的 A 型梯段。其他的参数设置如图 6-12 所示。

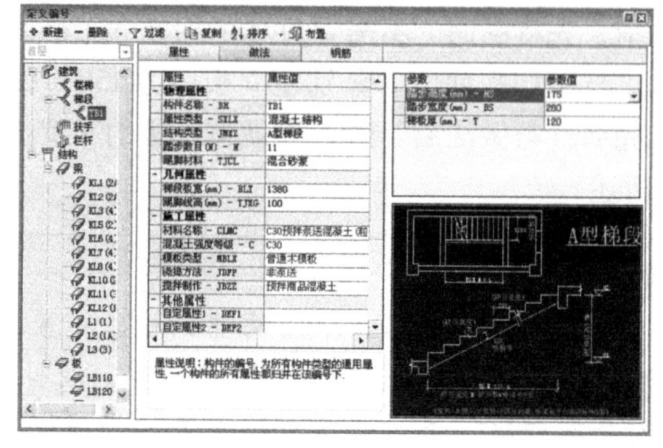

图 6-12 梯段编号定义

在物理属性中，“踏步数目”指的是纯踏面数，不包含楼梯梁，软件按踏步数目计算梯段高度。“下段踏步数”与“上段踏步数”只在选择E型梯段时需要设置，这里不用修改。

梯段的计算项目如表6-2所示，可以参照这些计算项目挂接做法。

梯段计算项目表 **表6-2**

构件名称	计算项目	变量名
首层楼梯	投影面积（清单）	S
	混凝土体积	V
	模板面积（水平投影面积）	S

楼梯的做法（图6-13）：

编号	项目名称	单位	工程量计算式
010406001	直形楼梯	m²	S
混凝土制作、			
1004-38	非泵送现浇混凝土浇捣、养护 钢筋混凝土整体楼梯 普通	10m³	V
1012-81	现浇钢筋混凝土整体楼梯模板制安拆 普通型 木模板	100m²	S

图6-13　楼梯做法

在软件中，楼梯的模板面积S取的是梯段的水平投影面积，与例子工程所依据的计算规则相符合。如果要取斜面积计算模板工程量，可取软件提供的斜面积变量“SX”作为工程量计算式。

6.9.3　楼梯梁

命令模块：【建筑二】→〖组合楼梯〗

参考图纸：结施-15（楼梯结构图）

首先依据施工图定义楼梯梁编号TL－1与TL－2。将梯梁的结构类型设为楼梯梁，截面参数为210×350，混凝土强度等级按图纸说明（图6-14）。

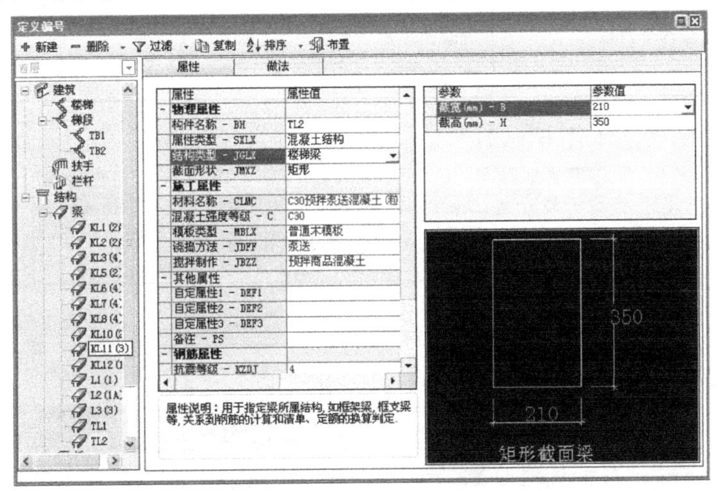

图6-14　楼梯梁编号定义

楼梯梁的计算项目如表 6-3 所示：

楼梯梁计算项目 **表 6-3**

构件名称	计算项目	变量名
首层楼梯梁	投影面积（清单）	SDI（梁底面积）
	混凝土体积	V
	模板面积	SDI

楼梯梁的做法（图 6-15）：

编号	项目名称	单位	工程量计算式
010406001	直形楼梯	m²	SDI
混凝土制作、			
1004-38	非泵送现浇混凝土浇捣、养护 钢筋混凝土整体楼梯 普通	10m³	V
1012-81	现浇钢筋混凝土整体楼梯模板制安拆 普通型 木模板	100m²	SDI

图 6-15 楼梯梁做法

注意！按照清单计算规则，楼梯工程量按施工图示尺寸以水平投影面积计算，其中包括楼梯梁、平台板的面积。因此在给楼梯梁挂接清单时，应挂接楼梯清单，并取梁底面积为工程量计算式。楼梯梁的模板也是按楼梯模板以水平投影面积计算。

6.9.4 平台板

命令模块：【建筑二】→〖组合楼梯〗

参考图纸：结施-15（楼梯结构图）

平台板板厚为 120，结构类型为楼梯平台板。按照施工图定义好平台板的编号。平台板的计算项目如表 6-4 所示：

平台板计算项目表 **表 6-4**

构件名称	计算项目	变量名
楼梯平台板	投影面积（清单）	SD（板底面积）
	混凝土体积	V
	模板面积	SD

TB2 的做法（图 6-16）：

编号	项目名称	单位	工程量计算
010406001	直形楼梯	m²	SD
混凝土制作、			
1004-38	非泵送现浇混凝土浇捣、养护 钢筋混凝土整体楼梯 普通	10m³	V
1012-81	现浇钢筋混凝土整体楼梯模板制安拆 普通型 木模板	100m²	SD

图 6-16 TB2 做法

TB3 的做法（图 6-17）：

编号	项目名称	单位	工程量计算式
010405001	有梁板	m²	V
混凝土制作			
1004-35	非泵送现浇混凝土浇捣、养护 平板、肋板、井式板混凝土	10m³	V
1012-72	现浇钢筋混凝土平板、肋板、井式板模板制安拆（板厚10cm）	100m²	S

图 6-17 TB3 做法

按照计算规则，楼梯工程量应包含中间平台板的投影面积，但不包含与楼板相接的平台板面积，因此在给平台板挂接清单时应注意！TB2 应挂接楼梯清单，且取板底面积作为工程量计算式。而与楼板相接的 TB3 仍按楼板清单计算。楼梯平台板的模板也是按楼梯模板以水平投影面积计算。

6.9.5　楼梯栏杆

命令模块:【建筑二】→〖组合楼梯〗

参考图纸：建施-11（楼梯详图）、建施-01（建筑设计说明）、图集 98ZJ401

首先根据 98ZJ401 图集第 6 页 W 图，在栏杆的定义编号对话框新建一个栏杆编号，定义其属性如图 6-18 所示：

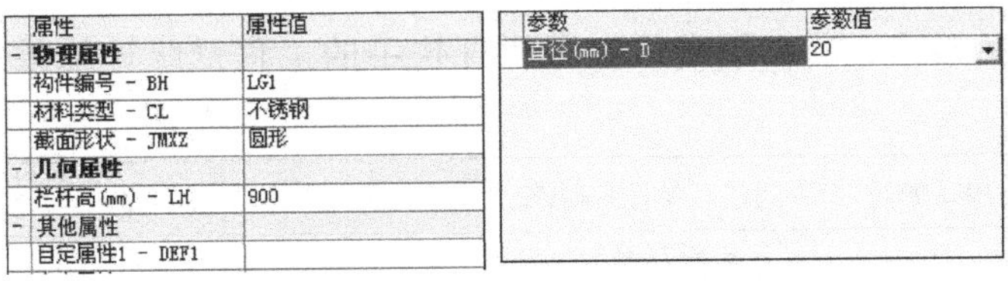

属性	属性值
- 物理属性	
构件编号 - BH	LG1
材料类型 - CL	不锈钢
截面形状 - JMXZ	圆形
- 几何属性	
栏杆高(mm) - LH	900
- 其他属性	
自定属性1 - DEF1	

参数	参数值
直径(mm) - D	20

图 6-18　栏杆属性定义

栏杆的计算项目如表 6-5 所示，可以参照这些计算项目挂接做法。

栏杆计算项目表　　**表 6-5**

构件名称	计算项目	变量名
楼梯栏杆	栏杆长度	L

按照清单计算规则，扶手、栏杆的工程量以扶手中心线长度计算，这里在栏杆编号上可以不用挂接做法，将栏杆的做法挂接到扶手编号中。

6.9.6　楼梯扶手

命令模块:【建筑二】→〖组合楼梯〗

参考图纸：建施-11（楼梯详图）、建施-01（建筑设计说明）、图集 98ZJ401

用【建筑】菜单下的〖扶手布置〗命令来布置楼梯扶手。在扶手定义编号对话框新建编号，其属性定义如图 6-19 所示：

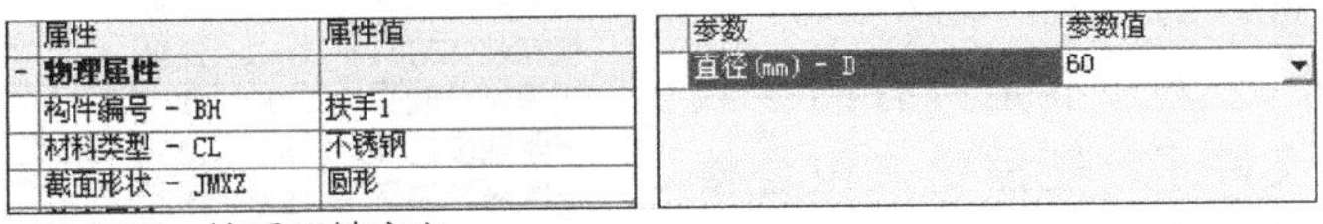

属性	属性值
- 物理属性	
构件编号 - BH	扶手1
材料类型 - CL	不锈钢
截面形状 - JMXZ	圆形

参数	参数值
直径(mm) - D	60

图 6-19　扶手属性定义

扶手的计算项目如表 6-6 所示，可以参照这些计算项目挂接做法。

扶手计算项目表　　**表 6-6**

构件名称	计算项目	变量名
楼梯扶手	扶手长度	L

按照清单计算规则，扶手、栏杆的工程量以扶手中心线长度计算，因此将栏杆的做法也挂到扶手编号中（图 6-20）：

编号	类型	项目名称	单位	工程量计算式	定额换算
020107001	清	金属扶手带栏杆	m	Lc	
2001-282	定	不锈钢Φ60弯头制作安装	10个	2	标准换算=;
2001-255	定	不锈钢扶手 直形Φ60	100m	L	[材料换算]=CL;
2001-234	定	不锈钢栏杆 直型	100m	L	[材料换算]=CL;

图 6-20 扶手做法

说明：注意楼梯的扶手在每个转弯的地方都有弯头的，而有些地区的扶手定额内不带弯头的造价，是将弯头令列定额，所以我们在挂定额时不要忘记挂弯头的定额，并且在每一段扶手的两端都有所以我们在给扶手挂定额时应指定一段扶手是两个弯头。

首层的楼梯、楼梯平台板以及栏杆扶手的工程量统计结果如图 6-21 所示：

序号	项目编码	项目名称（包含项目特征）	单位	工程数量
		A.Ⅳ.6 现浇混凝土楼梯		
1	010406001001	直形楼梯 混凝土强度等级：C30；混凝土拌和料要求：预拌商品混凝土；	m^2	14.38
		B.Ⅰ.7 扶手、栏杆、栏板装饰		
1	020107002001	硬木扶手带栏杆、栏板	m	7.26

图 6-21 首层楼梯等工程量统计结果

6.9.7 组合楼梯

命令模块：【建筑二】→〖组合楼梯〗

参考图纸：建施-11（楼梯详图）、建施-02（一层平面图）

新建一个楼梯编号 LT1，楼梯参数设置窗口如图 6-22 所示：

这里，我们将楼梯类型设置成“下 A 上 A 型”，即一个双跑楼梯的两个梯段都是软件设置的楼梯类型中的 A 型梯段。然后选择下跑梯段的编号选择 TL1，上跑梯段编号选择为 TL1，梯口梁编号选择 TL－1，平台梁编号为 TL－2。平台板编号为 PTB1，设置好的效果（图 6-23）：

属性	属性值
－ 物理属性	
构件编号 － BH	首层楼梯
属性类型 － SXLX	混凝土结构
楼梯类型 － LX	下A上A型
踢脚的材料 － TJCL	瓷板
楼梯装饰材料 － TMCI	瓷板
下跑梯段编号 － BBH	TB1
下跑踏步数(N) － BN	10
上跑梯段编号 － TBH	TB2
上跑踏步数(N) － N	10
梯口梁编号 － TKL	TL1
平台梁编号 － PTL	TL2
平台口梁编号 － PTKL	
平台板编号 － PTBBH	PTB1
栏杆编号 － LGBH	LG1
扶手编号 － FSBH	扶手1
扶手距边距(mm) － FSI	50

图 6-22 楼梯属性定义

当然，这里并不是所有的参数就已经定义好了，还需定义组合楼梯的平台板宽和指定踢脚宽两个参数。定义完后退出“定义编号”窗口，在导航器框中，选择楼梯类型为：标准双跑逆时针，外侧布置栏杆和外侧布置扶手的选项，都去掉勾选。设置转角为 270°，确定布置插入点，在界面上点击需要布置楼梯的对应插入点，就将整个楼梯布置完成了图6-24。

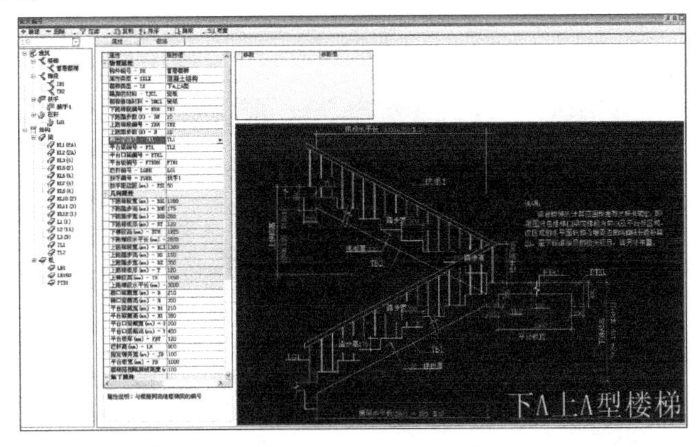

图6-23 楼梯设置

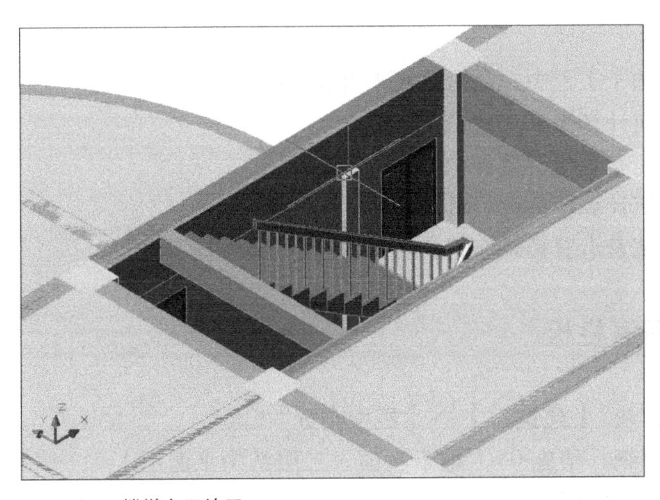

图6-24 楼梯布置效果

不难发现，模型中还漏有一块休息平台板没有布置上去，可以定义一个PTB3编号的平台板补充绘制上去即可。布置方法与板的布置方式相同。

小技巧：

楼梯段按实体布置是为了布置钢筋和计算混凝土体积，如果有的计算规则只按投影面积计算，且不需要计算钢筋工程量的话，可直接用自定义面进行布置之后套楼梯做法即可。

对于另一种楼梯做法的挂接：

软件对组合楼梯中的梯段、梯梁、平台板，经过布置后会自动生成一个水平投影面积，如图6-25所示：

可以直接利用该水平投影面积图形挂接楼梯的组合做法，操作方法同选构件挂做法一样，而不需要像前面所述对楼梯的单个构件进行做法挂接，这样可以提高工作效率并减少差错。

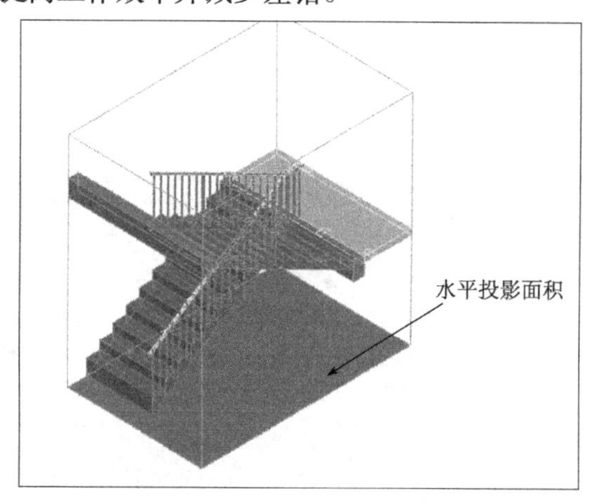

图 6-25　楼梯水平面积投影图

练一练

1. 在例子工程中，楼梯由哪些相关构件组成？
2. 如何计算楼梯工程量？
3. 如何布置螺旋楼梯？
4. 如何计算楼梯的栏杆与扶手？
5. 请试着沿着楼梯布置栏板。

6.10　雨篷栏板

命令模块：【建筑一】→〖栏板布置〗

参考图纸：结施-05（地下室顶、二层结构平面图）

例子首层前门弧形雨篷下的吊挂板，用软件内的栏板构件来布置。首先按照雨篷详图定义栏板编号。在定义编号对话框中新建一个栏板编号，栏板厚度为 120，高度为 800。其计算项目如表 6-7 所示，可以参照这些计算项目挂接做法。

雨篷吊挂板计算项目表　　　　**表 6-7**

构件名称	计算项目	变量名
雨篷吊挂板	混凝土体积	V
	模板面积	S

雨篷吊挂板的做法（图 6-26）：

	编号	项目名称	单位	工程量计算式
−	010405006	栏板(弧形)	m^3	V
	− 混凝土制作			
	1004-43	非泵送现浇混凝土浇捣、养护 栏板混凝土	$10m^3$	V
	1012-87	现浇钢筋混凝土栏板模板制安拆	$100m^2$	S

图 6-26　雨篷吊挂板做法

定义好编号与做法后，开始布置栏板，进入栏板导航器。

按照施工图，栏板的顶高应与弧形梁底相接，由此计算出栏板的底高应该是2970（4170－800－400、层高－栏板高－梁高），录入到底高中。为了能沿着弧形梁外边绘制栏板，定位点要切换成“下边”，用手动布置的方式，按以下命令交互步骤操作：

［轴网布置（X）］［点选布置（D）］请输入起点<退出>：

选取弧形梁外边的端点作为起点；

［圆弧（A）］或请输入下一点<退出>：

点击命令栏的〖圆弧（A）〗按钮，切换到绘制圆弧状态；

请输入终点<退出>：

选取弧形梁另外一端的端点作为终点；

请输入弧形上的点<退出>：

此时在弧形梁外边上选取一点，便完成了栏板的绘制。

栏板布置后的效果如图6-27所示：

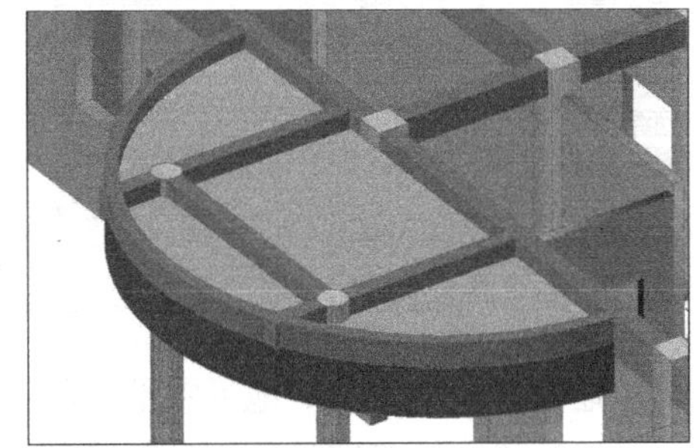

图6-27　雨篷吊挂板布置

练一练

1. 如何布置例子工程的雨篷？它由哪些构件组成？
2. 如何计算例子工程的雨篷工程量？

6.11　散水

命令模块：【建筑二】→〖散水布置〗

参考图纸：建施-02（建筑一层平面图）

在首层的室外还有两段散水需要布置，参照地下室散水的布置方法，用〖散水布置〗命令将这两段散水分别布置到图面上即可。注意！绘制散水布置路径时要注意绘制方向。

6.12　首层内装饰

命令模块：【装饰】→〖房间布置〗

参考图纸：建施-01（建筑设计说明）、建施-02（建筑一层平面图）

从一层平面图可以看出，首层的房间有餐厅、厨房、楼梯间和卫生间。需要分别布置这四个房间的装饰。由于例子工程是一个吊脚楼，因此首层的地面做法比较特殊，以3轴为界，3轴左边的地面在混凝土楼板上，而右边的地面在地坪上，因此在定义和布置地面时，应有所区分。首先进入房间布置的定义编号界面，在定义房间编号之前，先定义侧壁、地面和顶棚编号。

依据建筑说明的装饰做法说明建立地面编号，首层的餐厅以及楼梯间中3轴左边的部分地面做法是“楼1”，在地面节点中建立一个“楼1”编号，其编号属性定义如图6-28所示：

走道、厨房、卫生间以及楼梯间内3轴右边的地面做法都是“地1”，其编号属性定义如图6-29所示：

属性	属性值
- 物理属性	
构件编号 - BH	楼1
- 几何属性	
垫层厚(mm) - TD	0
找平层厚(mm) - TZ	25
卷边高(mm) - Ht	0
波打线宽(mm) - BDK	0
面层厚(mm) - TM	10
- 施工属性	
装饰材料类别 - ZC	块料面
装饰材料 - CLM	瓷板
波打线材料 - BCL	瓷板

图6-28　地面“楼1”属性

属性	属性值
- 物理属性	
构件编号 - BH	地1
- 几何属性	
垫层厚(mm) - TD	100
找平层厚(mm) - TZ	20
卷边高(mm) - Ht	0
波打线宽(mm) - BDK	0
面层厚(mm) - TM	10
- 施工属性	
装饰材料类别 - ZC	块料面
装饰材料 - CLM	瓷板
波打线材料 - BCL	瓷板

图6-29　地面“地1”属性

地面的做法请参照地下室地面的计算项目来定义。

然后建立侧壁编号。首先新建“餐厅走道侧壁”编号。其中踢脚的定义如图6-30所示：

而墙裙的定义如图6-31所示：

属性	属性值
- 物理属性	
饰面厚度(mm) - TsTj	20
- 几何属性	
装饰面高(mm) - Ht	150
装饰面起点高度(mm) -	0
- 施工属性	
装饰材料类别 - ZC	块料面
装饰材料 - CLM	水泥砂浆

图6-30　餐厅踢脚属性定义

属性	属性值
- 物理属性	
饰面厚度(mm) - Tsqur	20
- 几何属性	
装饰面高(mm) - Hqun	900
装饰面起点高度(mm) -	同踢脚顶
- 施工属性	
装饰材料类别 - ZC	块料面
装饰材料 - CLM	水泥砂浆

图6-31　餐厅墙裙属性定义

墙裙的计算项目如表6-8所示，可以参照这些计算项目给墙裙挂接做法。

墙裙计算项目表　　**表6-8**

构件名称	计算项目	变量名
首层餐厅墙裙	墙裙面积	S
	混凝土墙面墙裙面积	ST
	非混凝土墙面墙裙面积	SFT

墙面的定义如图6-32所示：

用类似的方法，将厨房侧壁、卫生间侧壁、楼梯间侧壁分别定义出来。其各项目的做法挂接请参照地下室章节。

下面再完成顶棚的定义。按照建筑说明，餐厅走道和卫生间都是“顶2”做法，而楼梯间和厨房都是顶棚“顶1”，其编号定义如图6-33、图6-34所示：

在建立完地面、侧壁和顶棚编号后，下面就可以建立房间编号了。在房间节点下新建房间编号，这里以餐厅走道房间为例，其编号属性定义如图 6-35 所示：

属性	属性值
- 物理属性	
饰面厚度(mm) - TsQm	10
- 几何属性	
装饰面高(mm) - HQm	同层高
装饰面起点高度(mm) -	同墙裙顶
- 施工属性	
装饰材料类别 - ZC	抹灰面
装饰材料 - CLM	水泥砂浆

图 6-32　餐厅墙面属性定义

属性	属性值
- 物理属性	
构件编号 - BH	顶2
做法描述 - ZFMS	吊顶
- 施工属性	
装饰材料 - CLM	水泥砂浆

图 6-33　顶棚“顶 2”属性

属性	属性值
- 物理属性	
构件编号 - BH	顶1
做法描述 - ZFMS	抹灰面
- 施工属性	
装饰材料 - CLM	水泥砂浆

图 6-34　顶棚“顶 1”属性

属性	属性值
- 物理属性	
构件编号 - BH	餐厅走道
侧壁编号 - CBBH	餐厅走道侧壁
楼地面编号 - DMBH	
顶棚编号 - TPBH	顶2

图 6-35　餐厅走道房间编号定义

由于餐厅走道的地面做法有两种，且不能与房间中的其他装饰统一布置，需要分开处理，因此这里暂时不选择楼地面编号，需要单独布置餐厅走道楼地面。同理，楼梯间也需这样处理。用类似的方法，建立厨房、卫生间以及楼梯间的房间编号（图 6-36 ~ 图 6-38）。

属性	属性值
- 物理属性	
构件编号 - BH	厨房
侧壁编号 - CBBH	厨房侧壁
楼地面编号 - DMBH	地1
顶棚编号 - TPBH	顶2

图 6-36　厨房房间编号定义

属性	属性值
- 物理属性	
构件编号 - BH	卫生间
侧壁编号 - CBBH	卫生间侧壁
楼地面编号 - DMBH	地1
顶棚编号 - TPBH	顶2

图 6-37　卫生间房间编号定义

属性	属性值
- 物理属性	
构件编号 - BH	楼梯间
侧壁编号 - CBBH	楼梯间侧壁
楼地面编号 - DMBH	
顶棚编号 - TPBH	顶1

图 6-38　楼梯间房间编号定义

定义好后各类装饰编号后，就可以布置房间装饰了。在布置之前可以用〖构件显示〗功能只显示柱、墙、门窗和轴网，然后进入〖房间布置〗功能，分别在房间的封闭区域内布置上相应的房间装饰。注意！在布置完餐厅走道和楼梯间的房间装饰后，还需要单独布置这两个房间的地面。进入〖地面布置〗功能，选择“楼1”编号，用〖智能布置〗的方式布置，首先用〖隐藏构件〗功能将餐厅内部的轴网以及边柱隐藏，只留下3号轴，增大延长误差到1000，然后将地面“楼1”布置到餐厅中。下面切换到“地1”编号，同样将走道中的4号轴线和柱子隐藏起来，以3号轴为界，将“地1”布置到走道中。按同样的步骤，布置完楼梯间的两种地面。可以进入地面的构件查询对话框中，指定当前地面所属的房间名称，方便统计归并。

最后单独在侧壁布置中定义一个独立柱装饰的编号，用〖侧壁布置〗功能，将独立柱装饰布置到柱面上。这样，首层的内装饰就布置好了。

温馨提示：

如果想按房间输出装饰工程量，则：

在清单计量模式下，可以在清单的项目特征中加上房间名称，让清单项目按房间名称归并汇总即可（如下图所示）。

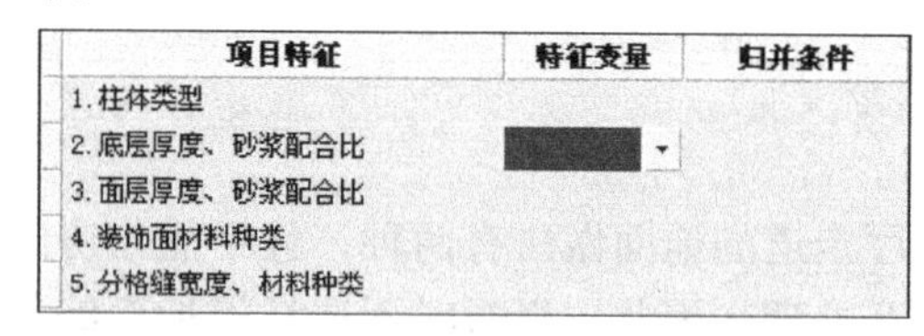

项目特征	特征变量	归并条件
1. 柱体类型		
2. 底层厚度、砂浆配合比		
3. 面层厚度、砂浆配合比		
4. 装饰面材料种类		
5. 分格缝宽度、材料种类		

在定额计量模式下，可以进入算量选项的工程量输出页面，在定额模式下，在装饰构件各工程量的基本换算条件中增加“房间名称”（从属性中拖动到换算栏即可）。这样在挂接定额时，便可以选择“房间名称”作为定额工程量的归并条件。

基本换算

	序号	变量	名称	类型	换算式
☑	1	CLM	装饰材料		=CLM
☑	2	CLJ	基层材料		=CLJ
▶ ☑	3	FJM	房间名称		=FJM

练一练

1. 例子工程首层有哪些房间？其各部分的做法是什么？
2. 如何布置餐厅和楼梯间的地面？
3. 在定额计量模式下，如何才能按房间输出装饰工程量？

6.13 首层外墙装饰

命令模块：【装饰】→〖侧壁布置〗

参考图纸：建施-01（建筑设计说明）、建施-07（建筑立面图）

首层外墙装饰的计算方法与地下室外装饰类似，也是通过侧壁来计算。其编号定义及计算项目请参照地下室外装饰章节。在布置首层外装饰时，用“实体外围”的方法，用多义线围着首层建筑绘制一个线框，在线框闭合的同时，外墙装饰也就布置好了。

温馨提示：

布置外墙装饰时，应该将外墙上的所有外悬构件都隐藏起来再进行布置。所有外悬构件的装饰面积应该另外套挂定额。

对于前门处的圆形雨篷的装饰，其房间可用上面所述定义方式定义一个“雨篷顶棚”的顶棚装饰编号，一个“台阶平台”的地面编号，再用“雨篷下”这个房间编号组一个房间，注意！侧壁要用“外墙装饰”这个编号，用手动布置方式布置即可。其外墙装饰重叠部分软件会自动扣减。

6.14 首层脚手架

命令模块：【建筑一】→〖脚手架〗

参考图纸：无

首层脚手架与地下室脚手架一样，分为综合脚手架、里脚手架和满堂脚手架，可以直接将地下室的脚手架编号复制过来，用于布置首层的脚手架。

练一练

1. 请练习布置首层脚手架。

6.15 首层台阶

命令模块：【构件】→〖构件管理〗→〖零星管理〗

参考图纸：建施-01（建筑总说明）等

首层圆形大雨篷底下是一条台阶，执行“建筑二”内的台阶布置命令。在弹出的编号对话框中根据定义好台阶的相关参数，台阶参数如下（图 6-39）：

由于台阶是沿着圆形雨篷投影布置的，是圆形的，则布置台阶的方法可以参看第 4.10 章节的“雨篷栏板”布置方法。台阶工程量按照清单和定额的要求，应按水平投影面积计算，可以在做法内选择台阶的水平投影面积挂接做法。台阶布置完成的效果如图 6-40 所示：

由于台阶是一个单独的构件，与其他构件不会产生扣减关系，鉴于此条件，我们可以直接利用软件内的零星算量来直接编辑公式进行台阶的工程量计算。在使用零星算量之前，先用绘图菜单下的〖多段线〗命令，沿着雨篷梁外边沿绘制出雨篷轮廓，最后使多义线闭合，绘制好后用构件显示命令将梁、板以及栏板隐藏起来，显示出绘制好的多义线，如图 6-41 所示：

属性	属性值
- 物理属性	
构件编号 - BH	台阶
属性类型 - SXLX	混凝土结构
- 几何属性	
台阶踏步宽(mm) - BK	300
台阶踏步高(mm) - HS	150
台阶踏步数(N) - N	2
台阶最上部增加宽度(m	300
踏步底厚(mm) - T	60
垫层一厚(mm) - TPD	100
垫层二厚(mm) - TPD1	100
- 施工属性	
材料名称 - CLMC	C15混凝土(D=20mm)
混凝土强度等级 - C	C15
模板类型 - MBLX	普通木模板
浇捣方法 - JDFF	非泵送
搅拌制作 - JBZZ	预拌商品混凝土
台阶材料 - TJCL	混凝土踏步
装饰材料 - ZSCL	地板砖面
垫层一材料 - CLMC1	混凝土
垫层二材料 - CLMC2	三合土
填土材料 - TTCL	素土

图 6-39　台阶编号定义

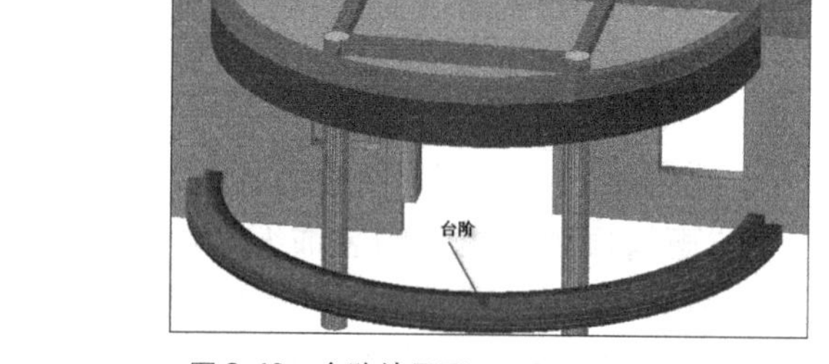

图 6-40　台阶效果图

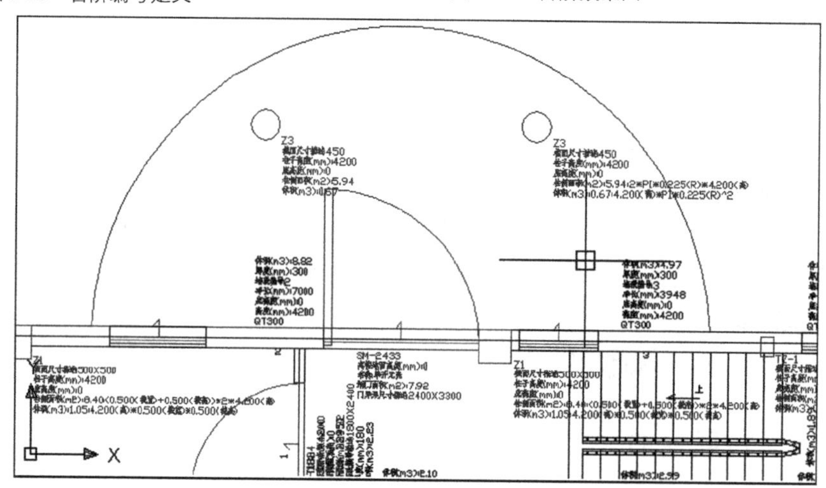

图 6-41　多义线绘制的雨篷轮廓

可以先用【工具】菜单中的〖查询距离〗功能，捕捉圆弧的端点，测量出多义线水平段的距离为9588，将这个数值记录下来，在计算台阶工程量时使用。

然后运行构件菜单下的〖零星管理〗功能，弹出零星量计算对话框，如图 6-42 所示：

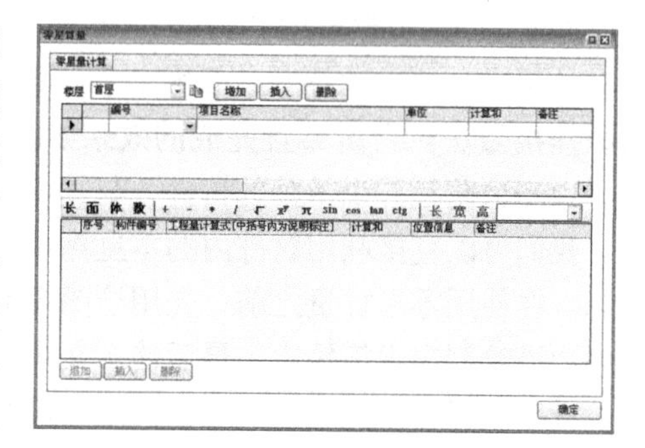

图 6-42　零星量计算对话框

在软件中，零星量计算是通过录入清单项目，并指定清单项目对应的构件编号及工程量计算式，得出清单项目的工程量。因此要先录入清单项目。点击编号列中的下拉按钮，调出清单定额查询窗口，从清单中选择对应的清单项目。选择完清单后关闭查询窗口。

下面计算台阶的工程量。先录入清单“混凝土台阶”项目，将单位改成“M2”，在构件编号中输入“台阶”，台阶的工程量可以利用前面绘制的圆弧的弧线长与台阶踏步总宽的乘积计算得出。因此在工程量计算式中，先用长度提取按钮〖长〗，从图面上提取多义线的长度，在长度数据后减去之前测量出来的直线长，再乘以踏步总宽即可得出台阶的水平投影面积，台阶的工程量也就计算出来了。

<table>
<tr><td></td><td>温馨提示：
能用构件计算的工程量，就尽量用布置构件的方法来计算，以适应变更需要。利用软件提供的自定义点、线、面、体构件便可以定义各种构件。</td></tr>
</table>

练一练

1. 如何计算台阶工程量?
2. 零星算量还可用于计算哪些建筑工程量?

6.16 首层构造柱

命令模块:【建筑一】→〖构造柱〗

参考图纸：结施-01（结构总说明）

根据结构总说明，首层砌体墙需要布置构造柱。进入“建筑一”菜单，执行“构造柱”布置命令，在弹出的编号定义对话框中，定义好构造柱编号，回到主界面。这里采用“自动布置”方式，当点击“自动布置”按钮后，弹出“自动布置”条件设置对话框，如图6-43所示：

根据结构总说明，在对话框中将自动布置的条件设置好。在总说明中没有对门窗侧边有布置构造柱的说明，可以将门窗宽的条件设置到足够大，这样在软件进行条件搜索时就会认为不符合该条件，就不会在门窗侧边布置构造柱了。设置完成经检查无误，点击〖确定〗按钮，构造柱就布置到符合条件的墙体中了。如图6-44所示：

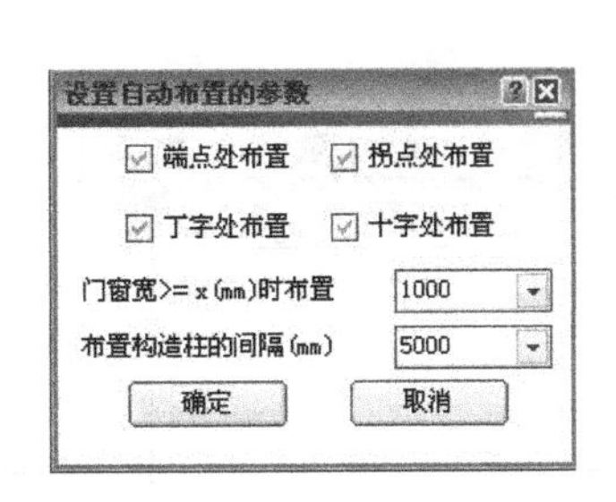

图6-43　构造柱自动布置参数设置

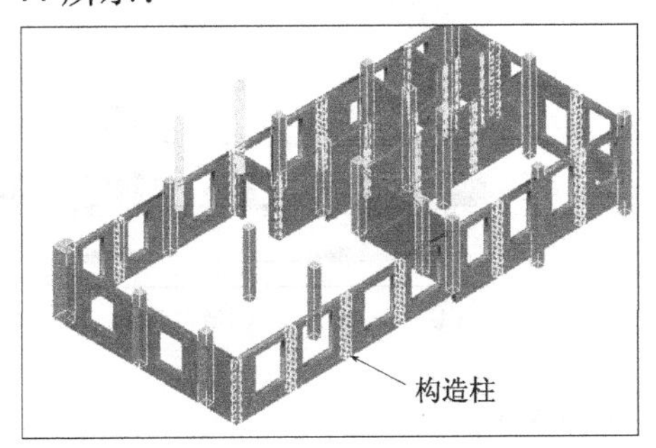

图6-44　构造柱自动布置效果

第 7 章 二、三层工程量

在首层模型的基础上可以快速建立二、三层的建筑模型。三层的模型与二层的完全相同，因此可以先建立二层的建筑模型，再将二层的模型拷贝到三层。

7.1 二层建筑模型

7.1.1 拷贝楼层

命令模块：【构件】→〖拷贝楼层〗

参考图纸：建施-03（建筑二、三层平面图）

先用〖楼层显示〗功能切换到二层图形文件，开始二层模型的建立工作。然后执行〖拷贝楼层〗命令，选择首层为“源楼层”，选择第二层为“目标楼层”，然后在右边的构件类型窗口中选择轴网、柱、梁、墙和板，勾选复制做法，点击〖确定〗按钮，首层的模型就拷贝过来了，如图7-1所示：

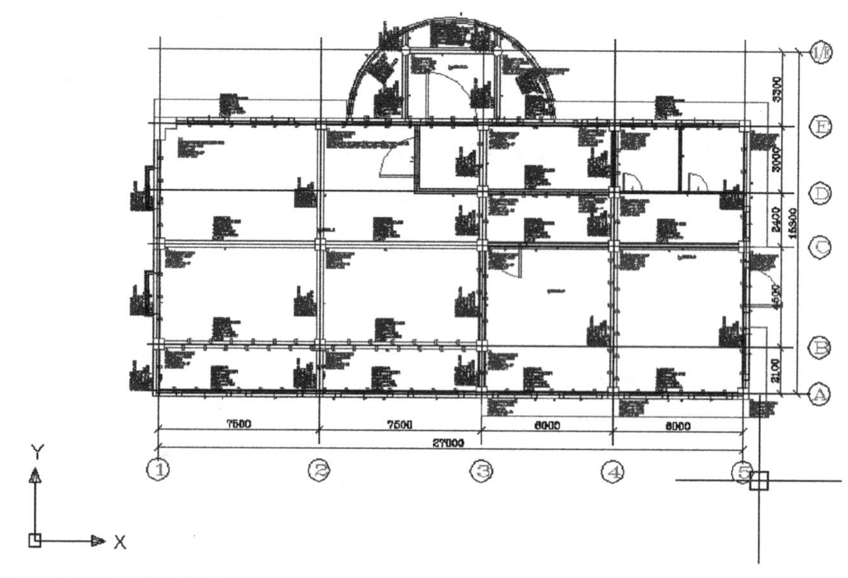

图 7-1　二层拷贝模型

将拷贝过来的雨篷删除，再删除与施工图不符的内墙和楼梯梁。虽然二层与三层的层高不同，但由于柱、梁、板等构件的顶高都默认为“同层高”，因此软件会根据楼层表中的层高自动更新构件的楼层顶高，如果刚拷贝上来时发现构件高度没有调整，可以使用【视图】菜单下的〖高度自调〗功能调整构件高度。需要注意的是，首层有部分柱子和墙的底面伸到基础顶，而拷贝到二层后，这部分柱子和墙下就没有基础了，但属性中底高会仍然保留“同基础顶”，因此要单独修改这部分构件的底高属性。用〖构件查询〗功能，批量选择构件后，将底高调整为“0”即可。

	**注意事项：** 批量选择构件只能选择同类构件进行查询。您可以在执行〖构件查询〗后，用命令栏的〖过滤设置〗功能，在过滤条件中勾选您要查询的构件类型，设置好后在图面上框选构件时，就只会选中您设置的构件类型了。

7.1.2 二层其他构件

通过前面拷贝楼层操作，完成了二层柱、梁、板、外墙和部分内墙的建立，第二步便是用各种构件布置命令，继续将二层的墙、门窗、过梁、楼梯、内外装饰和脚手架绘制出来。请大家参照前面的章节独自完成二层模型的建立，这里就不再重复介绍操作方法了。

二层建筑模型如图 7-2 所示：

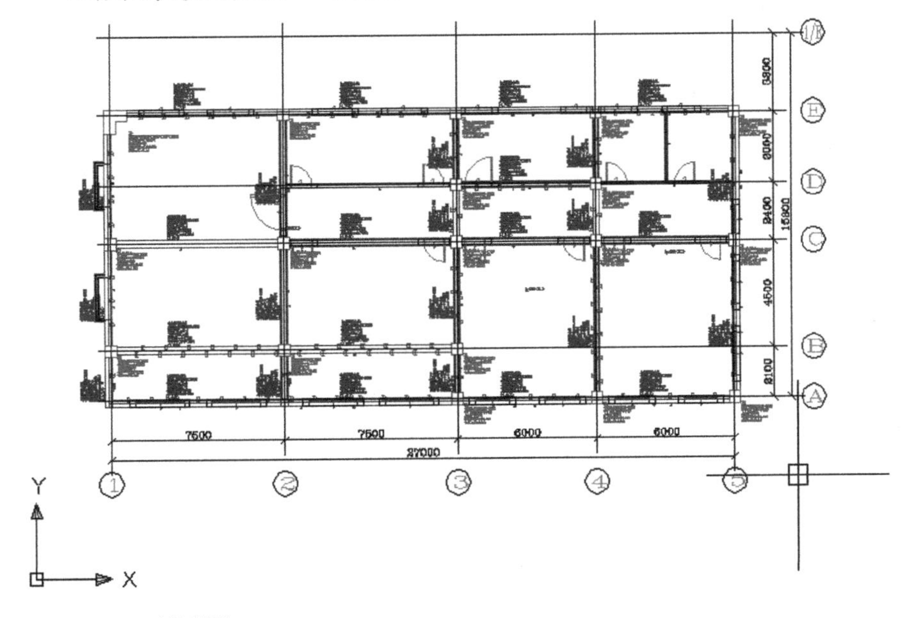

图 7-2 二层建筑模型

练一练

1. 从首层拷贝到二层的构件还需要如何调整？

2. 请完成二层建筑模型的建立。

3. 请参照附录中建筑图纸完成二层装饰工程量的计算。

7.2 三层建筑模型

命令模块:【构件】→〖拷贝楼层〗

三层的模型与二层的完全相同，属于标准层，因此可以用拷贝楼层功能，将二层所有的模型都拷贝过来，快速完成三层建筑模型的建立。

温馨提示:

对于建筑、钢筋都完全相同的标准层，可以在工程设置的楼层表中设置标准层的"标准层数"，这样只需建立一个标准层的建筑模型，软件会以单个标准层的工程量与标准层数的乘积计算工程量。例子工程中二层与三层的建筑模型虽然相同，但三层的柱筋有特殊构造，因此需要分别建立这两层的建筑模型。

第 8 章　出屋顶楼层工程量

本章将讲解出屋顶楼层建筑模型的建立，其中包括女儿墙、压顶、坡屋顶、老虎窗以及檐沟的布置。

8.1　拷贝楼层

命令模块:【构件】→〖编号修改〗

参考图纸：结施-14（出屋顶楼层柱结构平面图）

用〖拷贝楼层〗功能，将三层的轴网和柱子拷贝到顶层，然后按照出屋顶楼层柱结构平面图进行修改，例如将多余的柱子删除，编辑后如图 8-1 所示：

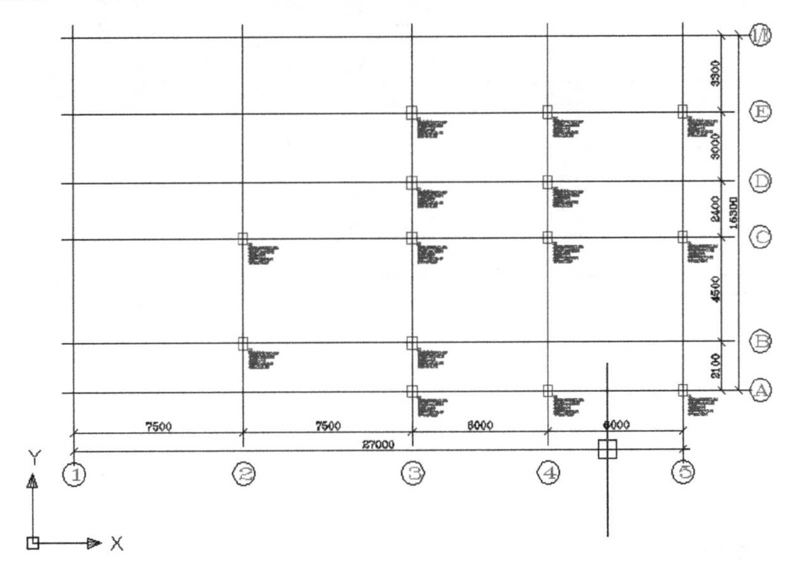

图 8-1　顶层拷贝模型

注意！按照施工图要求，顶层的柱子截面尺寸为 400×500，而拷贝过来的柱子都是 500×500 的截面，此时可使用构件菜单下的〖编号修改〗功能，选中任意一个柱子，软件会自动进入定义编号界面。将 Z1 和 Z2 的截面尺寸都改成 400×500，然后点击〖关闭〗按钮，返回图形界面，柱子的截面便改好了。

温馨提示：

在软件中，每个楼层的构件编号都是独立的，不同楼层间相同编号的属性可以不同。

软件中除了梁、条基等构件具有特殊性外，大多数构件都遵循“同编号原则”，编号上的截面参数等属性变了，则该编号的所有构件都会随之改变。

8.2 顶层梁

命令模块：【结构】→〖梁体布置〗

参考图纸：结施-11（坡屋面梁结构图）

依据施工图定义梁的编号，然后用手动布置的方式绘制到图上，注意边梁要与柱外边平齐。具体操作方法请参见地下室梁，顶层梁布置完后如图 8-2 所示：

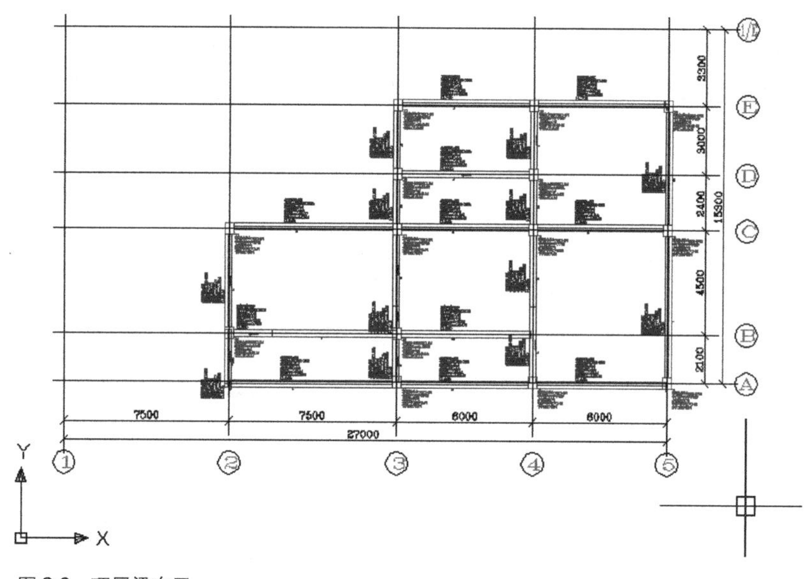

图 8-2　顶层梁布置

8.3 顶层墙

命令模块：【结构】→〖墙体布置〗

参考图纸：建施-04（出屋顶楼层平面图）

顶层墙的厚度与其他楼层一样，分为 300 厚、180 厚和 120 厚，在定义编号时，可以将其他楼层的墙编号复制过来。布置时注意外墙外边与柱外边平齐。

8.4　顶层门窗及过梁

命令模块:【建筑一】→〖门窗布置〗

参考图纸：建施-10（门窗详图及门窗表）、建施-04（出屋顶楼层平面图）

依据门窗表便可以定义门窗编号，其定义方法及布置方法请参照地下室门窗章节。过梁采用自动布置的方法布置到门窗上即可，其操作方法请参照地下室过梁布置。

说明：布置过梁无论是手动布置还是自动布置，当执行布置过梁命令时，软件会对图面上洞口顶与梁、圈梁之间的距离关系进行计算比对，如当洞口顶与上面梁的空隙不够过梁高时，软件会弹出设置对话框来询问，如图 8-3 所示：

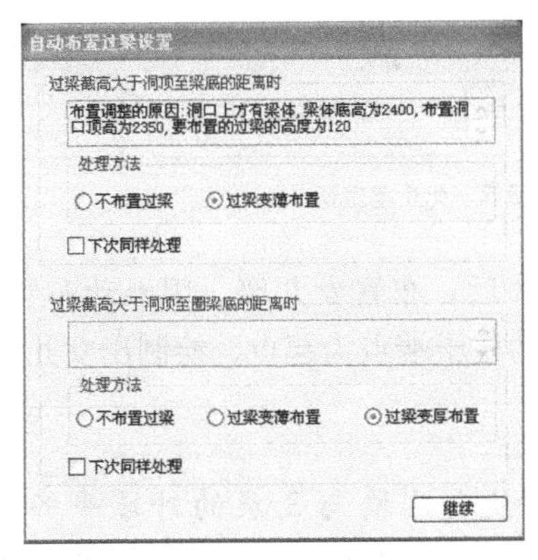

图 8-3　布置过梁条件设置

在对话框中，可以根据设计要求设置当洞口顶与梁、圈梁之间的距离小于过梁高时将怎样布置过梁。

布置上门窗的顶层模型如图 8-4 所示：

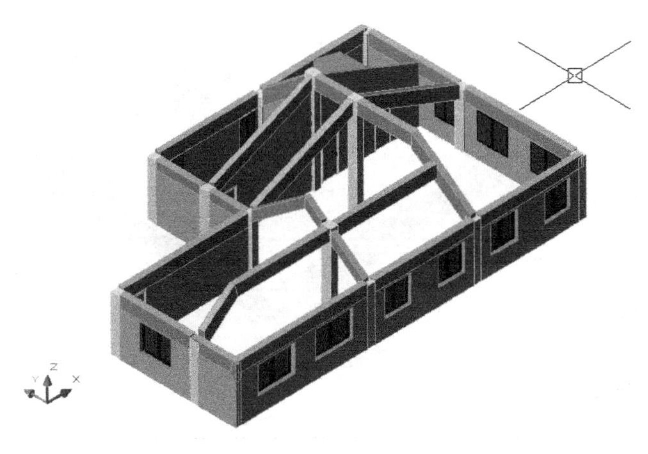
图 8-4　顶层门窗布置

8.5 女儿墙

命令模块：【结构】→〖墙体布置〗

参考图纸：建施-04（出屋顶楼层平面图）

依据施工图，女儿墙厚为240，高度为1120，为砌体墙。在墙的定义编号对话框新建一个墙编号，将其定义为女儿墙，女儿墙的计算项目如表8-1所示：

女儿墙计算项目表 **表8-1**

构件名称	计算项目	变量名
女儿墙	砌筑体积	V

女儿墙做法（图8-5）：

	编号	项目名称	单位	工程量计算式
⊟	010302001	女儿墙	m^3	V
	⊟2.砌砖			
	1003-6	实心砖墙 外墙 1砖	$10m^3$	V

图8-5　女儿墙做法

定义好编号与做法后，布置女儿墙。用手动布置的方法，用“下边”为定位点，以3轴上的柱子端点为起点，绘制出女儿墙。如图8-6所示。

温馨提示：

为了使女儿墙与3层的外墙平齐，在绘制女儿墙之前，建议先分别绘制出偏移1轴200和偏移A轴250的两条辅助轴线。

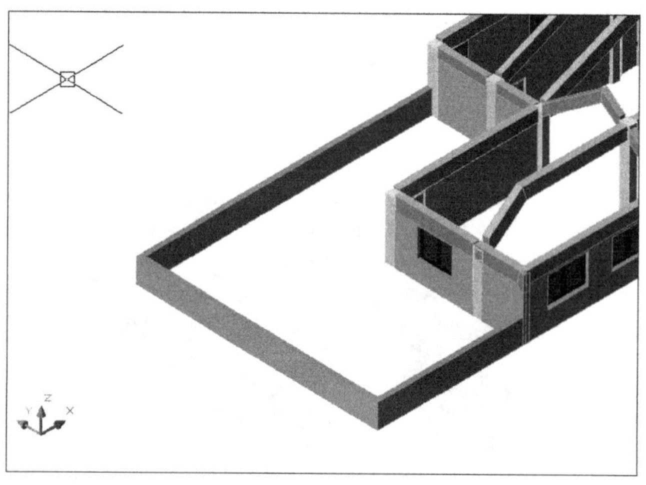

图8-6　女儿墙布置效果

8.6 女儿墙压顶

命令模块:【建筑一】→〖压顶布置〗

参考图纸: 建施-04(出屋顶楼层平面图)

在女儿墙上设计有截宽 * 截高 = 墙宽 * 80mm 的混凝土压顶,用【建筑】菜单下的〖压顶布置〗功能来布置。先在压顶定义编号对话框中新建一个压顶编号,修改截面尺寸为截宽 240,截高 80,混凝土强度等级为 C20。压顶的计算项目如表 8-2 所示,可以参照这些计算项目挂接做法。

压顶计算项目表 **表 8-2**

构件名称	计算项目	变量名
女儿墙压顶	压顶体积	V
	模板面积	S

压顶的做法(图 8-7):

编号	项目名称	单位	工程量计算式
010407001	其他构件:压顶	m³	V
混凝土制作			
1004-42	非泵送现浇混凝土浇捣、养护 压顶混凝土	10m³	V
1012-89	现浇钢筋混凝土压顶模板制安拆	100m²	S

图 8-7 压顶做法

编号定义好后进入主界面,在导航器中将压顶底高设为 1120(也可设置顶高为 1200 来布置),使压顶正好与女儿墙顶面相接,然后用“选墙布置”法,选择女儿墙作为压顶的布置路径,点击右键确认,压顶就布置到女儿墙上了,如图 8-8 所示:

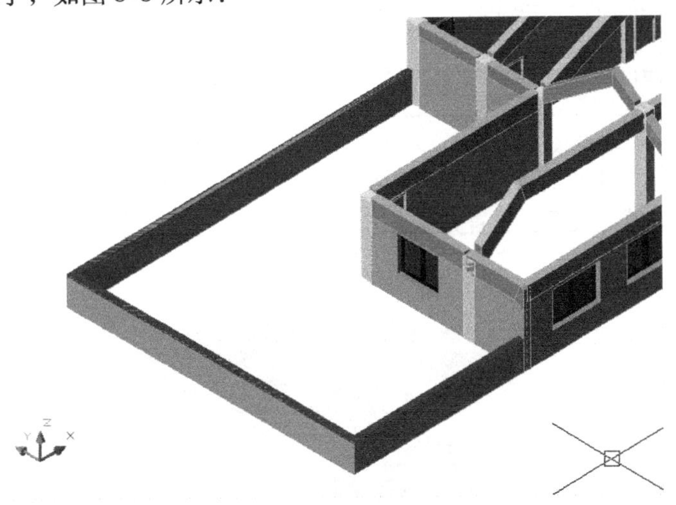

图 8-8 压顶布置

练一练

1. 如何布置异形截面的压顶?

8.7 坡屋顶

8.7.1 屋面布置

命令模块:【建筑二】→〖屋面布置〗

参考图纸:建施-05(坡屋顶平面图)

在布置坡屋面之前,先做一下准备工作,在已经布置好的梁墙构件中,将坡屋面的边沿线、脊线和斜脊线等内容用CAD图形绘制到界面中,便于后面布置坡屋面时按照绘制的线条描画。图形绘制好后就可以进行坡屋面布置了。

执行〖屋面布置〗命令,在编号定义对话框中定义一个“坡屋顶”也可以直接按建筑说明上的“屋2”定义屋面编号,定义参数(图8-9):

设置完成后,执行〖手画坡屋面〗命令,根据命令栏提示,光标先沿着坡屋面的外轮廓线描画一圈,封闭后右键,再根据命令栏提示绘制屋顶的脊线,完了再次右键,接着再按命令栏提示将坡屋面的阴阳角斜脊线绘制出来,注意!绘制脊线、斜脊线时当线没有绘制完之前不要点击右键,一条斜脊线默认起点与终点,终点完了之后可以直接接着绘制下一条斜脊线,直到确认斜脊线绘制完毕,这时才可以点击右键。右键之后弹出“屋面高度设置”对话框(图8-10)。

属性	属性值
- **物理属性**	
构件编号 - BH	坡屋顶
属性类型 - SXLX	混凝土结构
屋面类型 - WMLX	瓦屋面
防水层做法 - ZFCS	一毡一油
顶高(mm) - DGD	同层高

图8-9 坡屋面定义参数

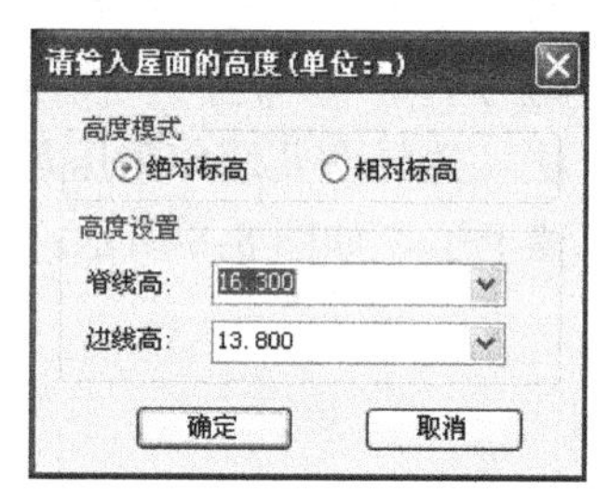

图8-10 屋面高度设置对话框

在对话框中我们选择用“绝对标高”(针对±0.00标高),进行坡屋面的脊线高和边线高设置。设置完成点击〖确定〗,坡屋面就生成了(图8-11)。

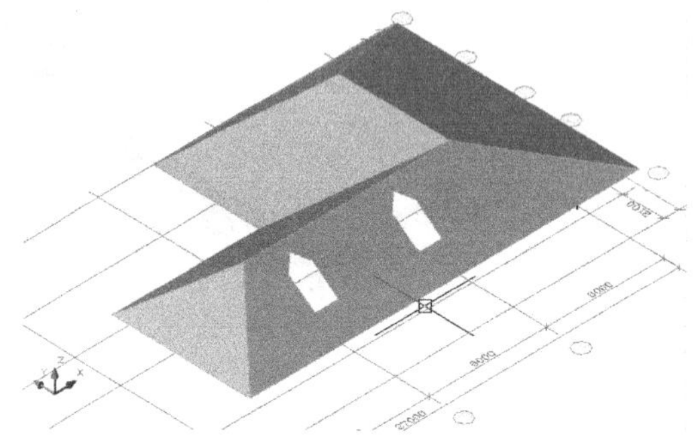

图8-11 坡屋面效果

屋面输出内容如下：

屋面计算项目表 表 8-3

构件名称	计算项目	变量名
屋面面积	屋面面积	S
脊线长（包括斜脊线）	脊线长	JX + PJXC

由于屋面脊线在定额中要另列项目计算，而软件缺省只是输出屋顶的平脊线，故在给脊线挂接做法时应该将属性中的斜脊线加入计算表达式中。对于屋面有保温层的做法挂接，保温层的单位一般为立方米，可以用屋面面积乘以保温层厚度组合计算式。

8.7.2 屋面板

命令模块：【结构】→〖板体布置〗

参考图纸：建施-05（坡屋顶平面图）

布置屋面板在屋面布置之前或之后都可以进行，实例是将屋面布置在屋面板之前。屋面布置完成之后，接着布置屋面板。

首先在板的定义编号对话框中定义屋面板编号，板厚为120，计算项目参照地下室楼板章节。

主界面进入板布置，首先将界面上所有图形和构件都隐藏，只留下屋面，选择“智能布置”功能，在每块屋面区域内点击生成屋面板，之后用“构件查询”功能将板的布置高度设为“同屋面”，布置的所有屋面板就会自动调整到与屋面一样的斜度和高度（图8-12）。

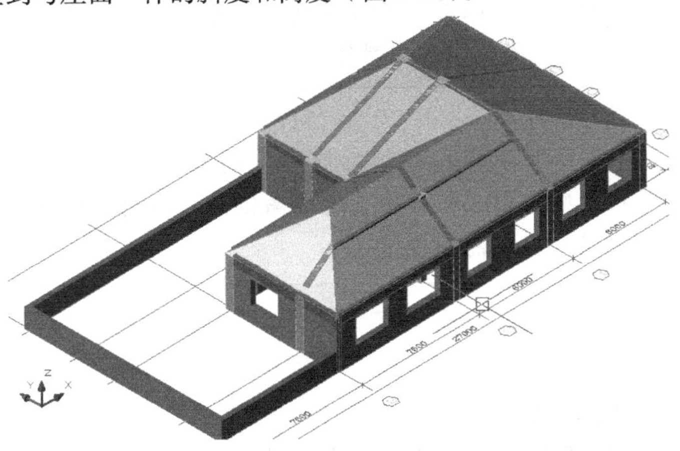

图8-12 屋面板布置

8.7.3 折梁编辑

命令模块：【构件】→〖构件查询〗

参考图纸：建施-05（坡屋顶平面图）

考察8.2章节布置的屋面梁，都是平的并且同层高。实际上有些顶层梁是斜的要与屋面和斜板结构相适应，这里需要对梁进行编辑调整使之变成斜梁或折梁。调整方法，用〖构件查询〗命令，选中要调整的梁，将梁顶高设置为“顶同板顶”，就能自动调整梁的斜度和高度以致弯折。调整后的梁如图 8-13 所示：

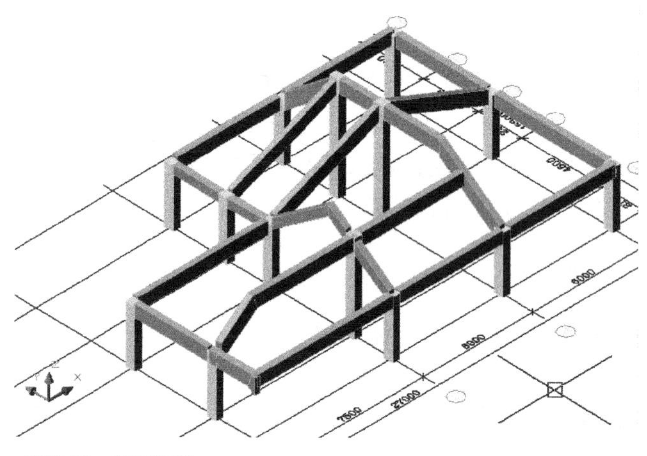

图 8-13　折梁编辑

<table>
<tr><td></td><td>注意事项：
当梁顶高为“同层高”或“顶同板顶”时，梁才能自动适应斜板，如果在布置梁时将梁顶高设为某一个数值，则编辑斜板时，板下的梁不会随板改变。如果遇到这种情况，可以用〖构件查询〗功能，将梁顶高改成“顶同板顶”，梁就能适应斜板了。</td></tr>
<tr><td></td><td>温馨提示：
如果用输入“相对标高”的三点标高方式来编辑斜板，则在输入板各顶点的标高值时，应输入板顶点距离当前层楼地面的高度值。</td></tr>
</table>

练一练

1. 如何编辑折梁？
2. 如何编辑坡屋面？
3. 如果板下梁没有随斜板变化该如何处理？

8.8　老虎窗

命令模块：【建筑二】→〖老虎窗〗

参考图纸：建施-09（厕所及老虎窗详图）

在坡屋顶上还有两个老虎窗需要布置。执行〖老虎窗〗命令，首先在老虎窗的定义编号界面新建一个编号，然后参照老虎窗详图，设置属性中的各种参数，其中几何属性的设置如图 8-14 所示：

属性	属性值
- 物理属性	
构件编号 - BH	LHC1
- 几何属性	
面坡度 - PD	0.66
脊坡度 - TPD	0
墙厚度(mm) - QW	240
顶板厚度(mm) - YBH	100
出山长(mm) - CHSC	100
出檐长(mm) - CHYC	360
面墙高(mm) - QH	890
面墙宽(mm) - QL	1680
坡顶高(mm) - PDG	300
后塞缝宽(mm) - FK	50
立樘边离外侧距(mm) -	50

图 8-14　老虎窗编号—几何属性定义

在几何属性中，面坡度指的是老虎窗的顶板向两边倾斜的坡度。而施工图上只给出了老虎窗顶板边线的标高，因此需要依据施工图算出顶板的坡度（顶板倾斜高度与顶板水平长度的比值）。

施工属性的设置如图 8-15 所示：

在施工属性中设置了“窗形状”类型后，需要在右边的参数窗口中输入洞口的尺寸参数，如图 8-16 所示：

- 施工属性	
类型 - LX	两面坡
墙体属性类型 - QSXLX	混凝土结构
墙体材料 - QCL	C20
板属性类型 - BSXLX	混凝土结构
板材料 - BCL	C20
窗材料类型 - WCL	铝合金
窗形状 - JMXZ	拱顶形窗

图 8-15　老虎窗编号—施工属性定义

参数	参数值
门宽(mm) - B	1200
门高(mm) - H	540
顶高(mm) - H1	460

图 8-16　老虎窗编号—洞口参数设置

其中“顶高”指的是矩形洞口到拱顶的高度。

老虎窗的计算项目如表 8-4 所示，可以参照这些计算项目给老虎窗挂接做法。

老虎窗计算项目表　　**表 8-4**

构件名称	计算项目	变量名
老虎窗	板体积	VB
	板模板	SBM
	墙体积（混凝土墙）	V
	墙模板	SQM
	窗面积	SC
	窗数量（樘）	JS
	外墙装饰面积	SW
	内墙装饰面积	SN
	窗屋顶装饰面积	SWD
	屋面板窗内顶面积	CLSM

老虎窗的做法（图 8-17）：

	编号	项目名称	单位	工程量计算式
+	020406002	金属平开窗	樘	JS
+	020201001	老虎窗内墙面抹灰	m2	SN
+	010701001	瓦屋面	m2	SWD
+	020201001	老虎窗外墙面抹灰	m2	SW
−	010405003	老虎窗平板	m3	VB
−	混凝土制作			
	1004-35	非泵送现浇混凝土浇捣、养护 平板、肋板、井式板混凝土	10m3	VB
	1012-72	现浇钢筋混凝土平板、肋板、井式板模板制安拆（板厚10cm）	100m2	SBM
−	010404001	直形墙	m3	V
−	混凝土制作			
	1004-31	非泵送现浇混凝土浇捣、养护 直形墙混凝土	10m3	V
	1012-62	现浇钢筋混凝土墙模板制安拆 直形 墙厚50cm内 木模板	100m2	SQM
+	020301001	天棚抹灰	m2	CLSM

图 8-17　老虎窗做法

定义好老虎窗的编号与做法后，进入老虎窗导航器。老虎窗只有“点布置”一种方式，在需要布置老虎窗的板上点取一点即可。布置好的老虎窗如图 8-18 所示：

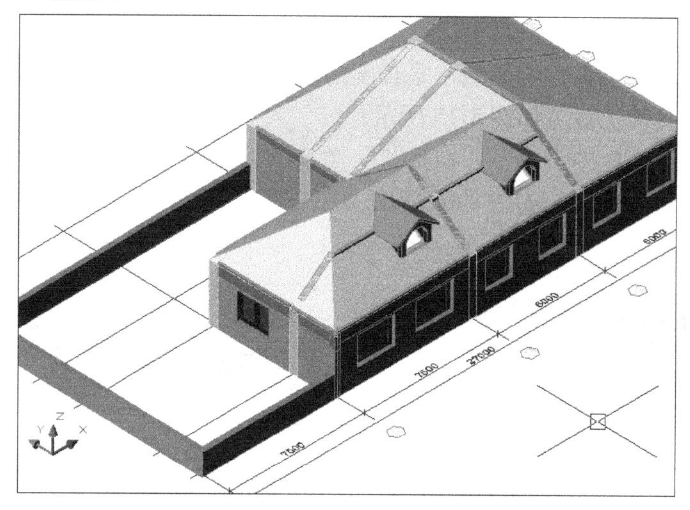

图 8-18　老虎窗布置效果

温馨提示：

布置到图面上的老虎窗是一个整体，可以用【构件】菜单下的〖构件分解〗功能来分解老虎窗，使其分解成独立的板、墙与窗，并自动生成相应的老虎窗板、老虎窗墙、老虎窗等编号。注意分解后需单独给老虎窗的板、墙与窗挂接做法，在老虎窗编号上挂接的做法无效。

老虎窗分解主要用于处理老虎窗的钢筋，如不计算钢筋，可不分解老虎窗。

其他场景

当老虎窗山墙窗为整窗时，在软件中无法设置这种洞口的参数。变通的处理方法是，将洞口的参数设为 0，再取“山墙面积”变量来挂接窗扇的做法就可以了。

练一练

1. 如何定义老虎窗的面坡度？
2. 如何布置老虎窗？
3. 如何计算老虎窗的窗户为整窗时，窗的工程量？

8.9 挑檐天沟

命令模块：【建筑一】→〖挑檐天沟〗

参考图纸：建施-05（坡屋顶平面图）

依据施工图，坡屋顶外围有一圈檐沟，需要用软件的挑檐天沟构件来布置。执行命令后，先在定义编号界面新建一个编号，按照施工图中的挑檐详图，定义属性如下（图8-19）：

属性	属性值
- 物理属性	
构件名称 - BH	TG1
结构类型 - JGLX	挑檐天沟
属性类型 - SXLX	砼结构
截面形状 - JMXZ	反L形

参数	参数值
截宽(mm) - B	450
截高(mm) - H	200
截宽1(mm) - B1	80
截高1(mm) - H1	80
截高2(mm) - H2	120

图8-19 挑檐天沟编号定义

挑檐天沟的计算项目如表8-5所示，可以参照这些计算项目挂接做法。

挑檐天沟计算项目表 **表8-5**

构件名称	计算项目	变量名
挑檐天沟	混凝土体积	V
	模板面积	S
	檐内装饰面积	SZN
	檐外装饰面积	SZW

挑檐的做法（8-20）：

	编号	项目名称	单位	工程量计算式
-	010405007	天沟、挑檐板	m3	V
	- 混凝土制作、			
	1004-41	非泵送现浇混凝土浇捣、养护 天沟挑檐混凝土	10m3	V
	1012-86	现浇钢筋混凝土挑檐天沟模板制安拆	100m2	S
-	020203001	零星项目一般抹灰:挑檐外装饰	m2	SZW
	- 抹面层			
	2002-12	零星项目一般抹灰 水泥石灰砂浆底 白水泥砂浆面	100m2	SZW
-	020203001	零星项目一般抹灰挑：挑檐内装饰	m2	SZN
	- 抹面层			
	2002-11	零星项目一般抹灰 水泥石灰砂浆底 水泥砂浆面	100m2	SZN

图8-20 挑檐的做法

为了能让挑檐沿着建筑外围布置，需要调整定位点为左下“端点”，在示意图可以看到定位点已经调整到左下角点。按照施工图，挑檐底标高为18.000m，因此挑檐顶面离本层楼地面的高差为3200mm（层高+挑檐栏板高)，录入到“定位点高”一栏中。用“手动布置”的方式，以5轴上的柱端点为起点，沿着出屋顶楼层建筑外围绘制出挑檐的布置路径，最后使路径闭合，挑檐就布置好了，如图8-21所示：

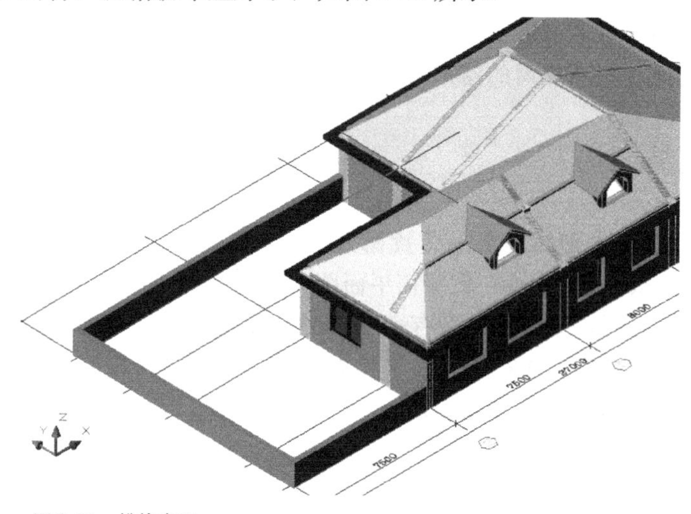

图8-21 挑檐布置

练一练

1. 如何布置挑檐?
2. 如何计算挑檐的装饰工程量?

8.10 出屋顶楼层内外装饰

出屋顶楼层内装饰包括楼梯间、卫生间、会议室的内装饰和女儿墙的内墙装饰。

8.10.1 房间内装饰

命令模块:【装饰】→〖房间布置〗

参考图纸：建施-01（建筑设计说明）

依据建筑设计总说明，分别定义好顶层各个房间的地面、侧壁和顶棚，操作方法参见地下室内装饰章节。

由于屋顶层有些墙面是斜的，其最高点有5500mm高，所以在定义楼梯间、卫生间和会议室的侧壁时，将墙面的装饰面高应设为5500，即坡屋面屋脊的高度，这样软件才能正确分析出斜顶墙的装饰工程量。

注意事项：

当斜板下是吊顶顶棚时，就不能取软件提供的顶棚面积变量“S”作为工程量计算式，因为软件默认计算的是斜板面积。计算吊顶工程量时，应取原始面积变量“SM”作为工程量计算式，这样吊顶才能按水平面积计算。

顶棚的计算也是如此。在软件中，顶棚只要按“同层高”布置即可，软件会自动分析到斜板的面积。

8.10.2 出屋顶楼层外墙装饰

命令模块:【装饰】→〖侧壁布置〗

参考图纸：建施-01（建筑设计说明）

顶层外墙装饰的计算方法与地下室外装饰类似，也是通过侧壁来计算。其编号定义及计算项目请参照地下室外装饰章节。在布置顶层外墙装饰时，用“手动布置”的方法，沿建筑外围边线绘制出侧壁即可。

8.10.3 女儿墙内装饰

命令模块:【装饰】→〖侧壁布置〗

参考图纸：建施-01（建筑设计说明）

女儿墙内墙面装饰用侧壁来布置。其属性定义如图 8-22 所示：

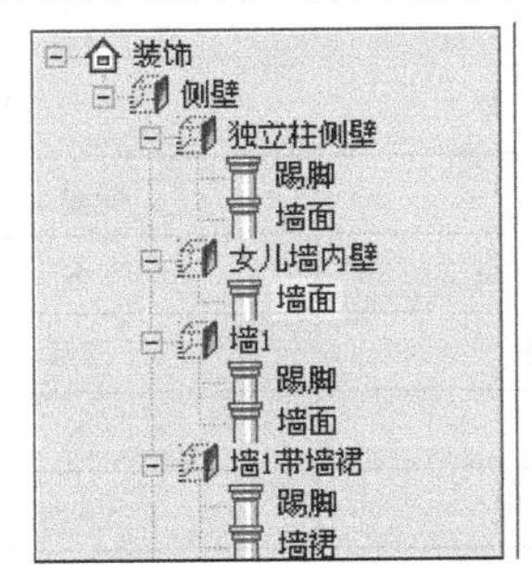

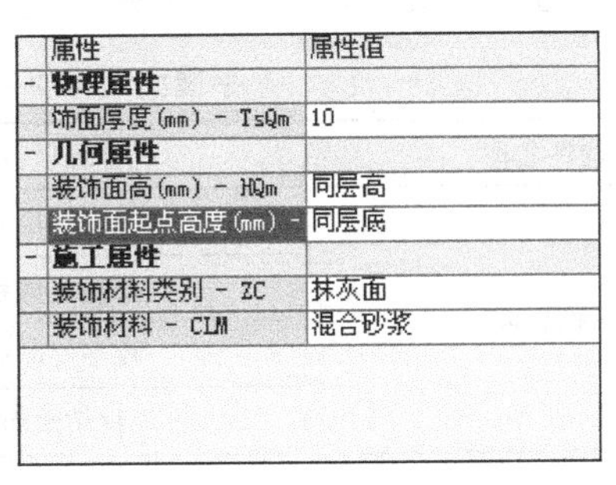

属性	属性值
- 物理属性	
饰面厚度(mm) - TsQm	10
- 几何属性	
装饰面高(mm) - HQm	同层高
装饰面起点高度(mm) -	同层底
- 施工属性	
装饰材料类别 - ZC	抹灰面
装饰材料 - CLM	混合砂浆

图 8-22　女儿墙内装饰编号定义

定义好编号后，进入侧壁导航器，用“手动布置”的方式，沿着女儿墙的内边沿将侧壁布置到图上。

8.10.4 女儿墙外装饰

命令模块:【装饰】→〖侧壁布置〗

参考图纸：建施-01（建筑设计说明）

与出屋顶建筑外墙装饰类似，用侧壁来布置女儿墙外装饰，墙面定义为 1200 高即可。

练一练

1. 如何布置出屋顶楼层的房间装饰?
2. 如何计算女儿墙的内侧装饰?

8.11 平屋面

实例工程三层顶的①～②×A～B 和①～③×C～E 区域是平屋面。为了屋面的排水畅通，一般平屋面时都会设计找坡，如果用简单的楼地面来做屋面，则计算不出找坡材料的体积，所以软件提供了专门计算平屋面的构件布置功能。

平屋面的定义方式同坡屋面。

命令模块：【建筑二】→〖屋面布置〗

参考图纸：建施-01（建筑设计说明）

将平屋面的编号定为“屋1”回到主界面，在地面中新建一个编号，定义为“屋面”，其属性定义如图8-23所示：

属性	属性值
- **物理属性**	
构件编号 - BH	屋1
属性类型 - SXLX	混凝土结构
屋面类型 - WMLX	卷材屋面
防水层做法 - ZFCS	一毡一油
顶高(mm) - DGD	同层高

图8-23　平屋面属性定义

平屋面的计算项目如表8-6所示：

平屋面计算项目表　　**表8-6**

构件名称	计算项目	变量名
平屋面	保温隔热层面积	S
	保温层体积	VM
	找平层面积	S
	卷材防水面积	S+SC

定义好编号与做法后（图8-24），便可以开始布置平屋面。

编号	类型	项目名称	单位	工程量计算式
010803001	清	保温隔热屋面	m2	S
1008-78	定	屋面、室内铺砌加气混凝土块保温层	10m3	BWV
2001-17	定	楼地面水泥砂浆找平层(在混凝土基层上)厚20mm	100m2	S
2001-143	定	广场砖 不拼图案	100m2	S

图8-24　平屋面做法

回到主界面，选择〖手动布置〗功能，按命令栏提示在需要布置屋面的外轮廓上将屋面的外轮廓描画出来。接着点击〖屋面编辑〗按钮，在弹出的“屋面编辑”对话框中将页面切换到“汇水”页面，图如下（图8-25）：

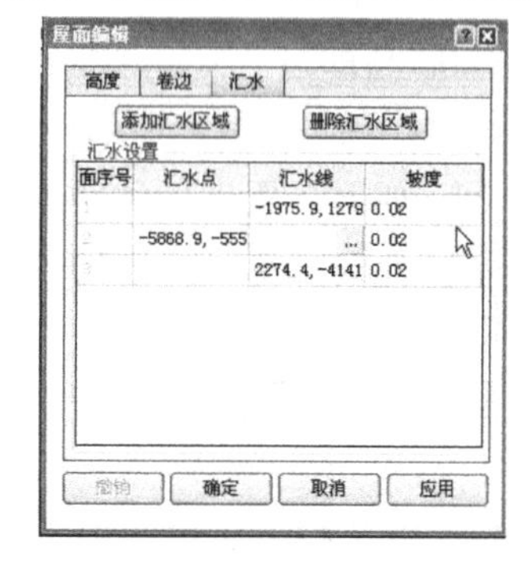

图8-25　屋面编辑对话框

点击对话框中的〖添加汇水区域〗按钮，光标回到绘制的屋面区域内将一块一块的汇水区域再次描画出来（就是屋面上找坡的分块区域），直至所有的分块区域都描绘完毕。这时绘制的汇水区块会按绘制的秩序按

“面序号”的形式列表在“汇水设置”的栏目内，根据汇水的方式，按“汇水点、汇水线”的方式分别点击单元格中的〖...〗按钮，如果是汇水点（将周围的水汇到这个点），光标在界面中点击汇水点的地方，则汇水点就生成了，表示这个汇水点是本块汇水区的最低点，四周的水将流向这里；如果是汇水线（水流方向线）则光标在需要设置的汇水区域内从高向低的方向画一条线，表示水流方向，设置好坡度，依次进行直至全部汇水点或汇水线设置完成，检查无误后点击〖确定〗按钮，带坡度的平屋面就布置完成了。注意！一个汇水区域内不可以同时进行“汇水点和汇水线”的设置，只能取其中的一种。

第 9 章　分析统计工程量

前面章节已经详细讲解了教学楼工程模型的建立方法，模型建好并给构件挂接好做法后，便可以计算工程量了。在输出工程量之前，应对建筑模型进行检查，核对构件的模型是否有问题；以及对计算规则进行校验，避免工程量计算错误。

9.1　楼层组合

命令模块:【视图】→〖楼层显示〗

执行【视图】菜单中的〖楼层显示〗功能，弹出以下对话框（图 9-1）：

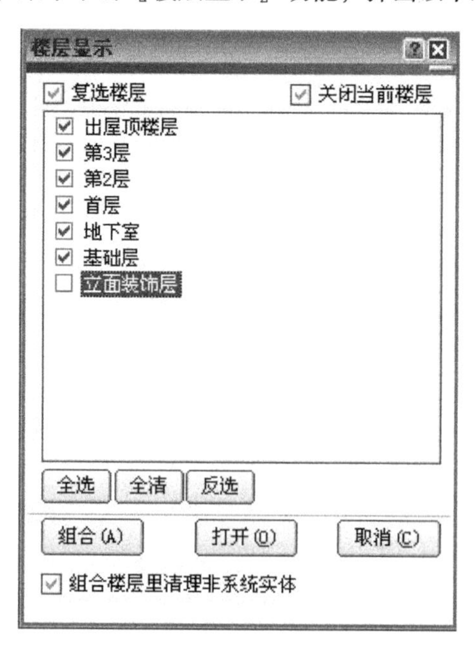

图 9-1　楼层显示

在“复选楼层”选项框中打钩，则楼层名称前都会出现一个选项框，全选所有楼层（不要勾选立面装饰层，这是一个附加层，对楼层组合没有用处），然后点击〖组合〗按钮，软件进入楼层组合进程中。组合完毕后，命令栏提示“楼层组合已经完毕，请切换到组合文档”，此时点击软件顶部菜单中的【窗口】菜单，弹出菜单如图 9-2 所示。

在菜单下端的列表即当前在软件中打开的所有图形文档列表，文档的存储路径也会显示在列表中。其中文件名为“3da_ assemble_ file. dwg”的文件即楼层组合文件，在菜单中选择楼层组合文件，软件便会切换到楼层组合视图，如图 9-3 所示。此时您便可以从不同的角度来观察楼层模型了，还可以通过〖构件显示〗功能，选择要在楼层组合图形中显示的构件类型。

层叠(C)
水平平铺(H)
垂直平铺(T)
排列图标(A)
✓ 1 C:\THSware\3DA2006\User\例子工程0810\例子工程0810_4.dwg
2 C:\THSware\3DA2006\User\例子工程0810\3da_assemble_file.dwg

图 9-2　窗口菜单

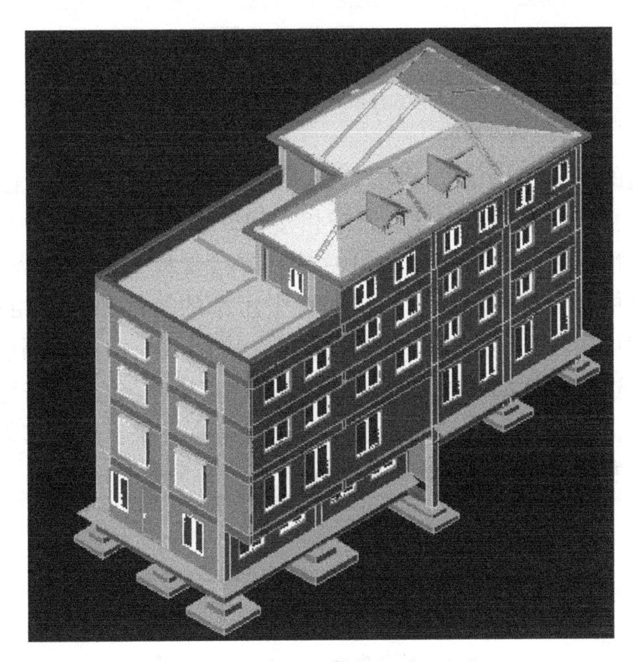

图 9-3　楼层组合图形

练一练

1. 如何组合各个楼层的模型?

9.2　图形检查

命令模块:【报表】→〖图形检查〗

图形的正确与否，关系到工程量计算是否正确。在图形建立过程中，由于各种原因，会出现一些错漏、重复和其他一些异常的情况，将会影响了工程量计算的准确性。可以利用图形检查功能对完成的图形进行检查，消除误差，保证计算数据的正确。

首先用〖楼层显示〗功能打开需要检查的楼层图形文件，然后执行报表菜单下的〖图形检查〗命令，进入图形检查对话框，如图 9-4 所示:

图 9-4 图形检查

从左边的“检查方式”栏中可以看到，图形检查可以对位置重复构件、位置重叠构件、短小构件、尚需相接构件、梁跨异常构件和对应所属关系等异常情况进行检查。而右边栏是将要接受检查的构件类型选择栏。例如，可以检查当前楼层的墙、柱和梁中短小的构件和尚需相接的构件，对于尚需相接构件，还需输入一个检查值，表示两个构件相隔多远时需要进行连接，这里软件缺省按 100mm 来检查。点击〖检查〗按钮，等检查进度结束后，点击〖报告结果〗按钮，查看检查结果。检查结果以清单的方式列出了发生异常情况的构件和数量，如图 9-5 所示：

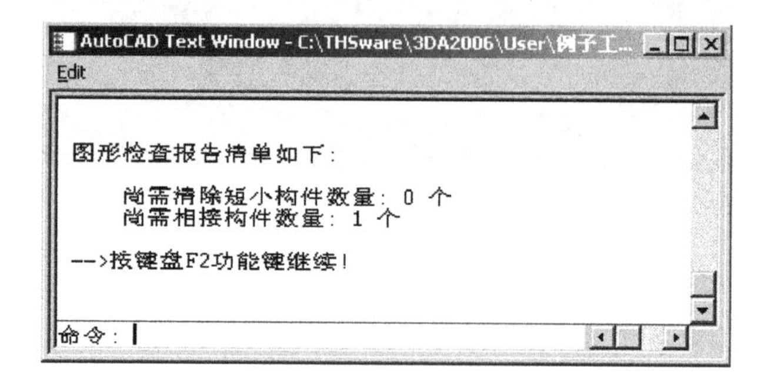

图 9-5 图形检查结果

从结果中可以看出，当前的图形文件中有一个尚需相接的构件。按键盘上的 F2 键返回图形检查对话框，下面可以对异常构件进行修正。点击〖执行〗按钮，软件会自动返回图形界面，出现如图 9-6 所示的处理相接构件对话框，且图面上出现问题的构件会用虚线亮显出来，表示问题出在这个构件上。

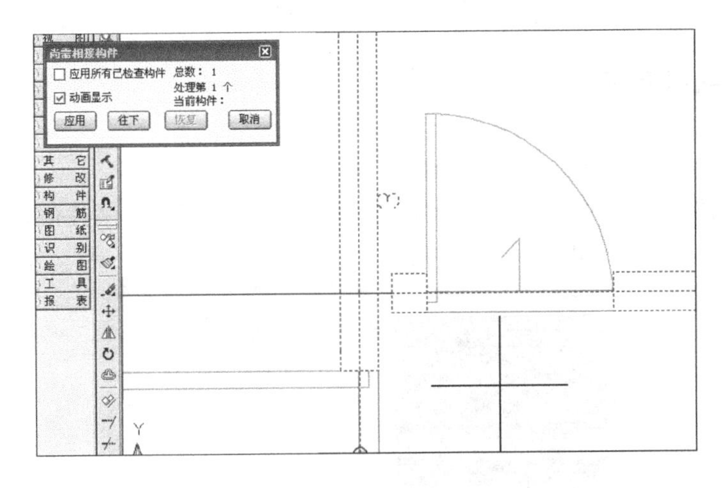

图 9-6　执行检查结果

从图上可以看出，虚线显示的两堵墙没有连接起来，此时只要点击对话框中的〖应用〗按钮，软件便会自动修正构件，修正完后图形检查命令便结束了。修正结果如图 9-7 所示：

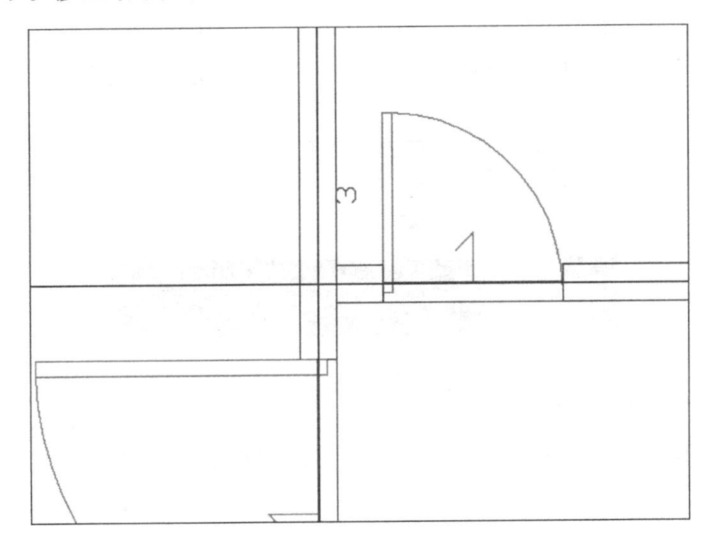

图 9-7　图形检查修正结果

如果检查报告中有多处异常构件，则在执行检查结果时，点击〖应用〗按钮，软件可以逐处修正构件，如果不想一处处修正，可以勾选“应用所有已检查构件”，然后再点击应用按钮，软件便可以一次性修正所有的异常构件。

练一练

1. 如果梁跨上出现梁跨异常报警提示，用哪几种办法可以纠正梁跨号？

9.3 构件编辑

命令模块：【构件】→〖构件编辑〗

〖构件编辑〗功能用于修改构件的材料、截面尺寸等属性值。执行命令后，弹出对话框如下（图9-8）：

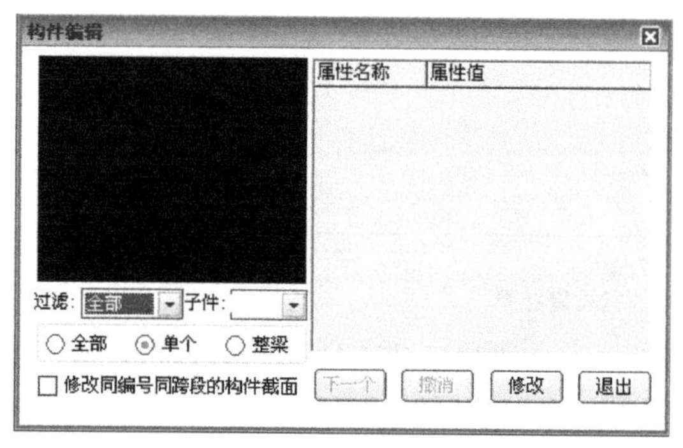

图9-8　构件编辑

在选择要编辑的构件之前，可以先在对话框中设置构件筛选条件。点击“过滤”选项的下拉按钮，在下拉菜单中可以选择构件类型，如图9-9所示：

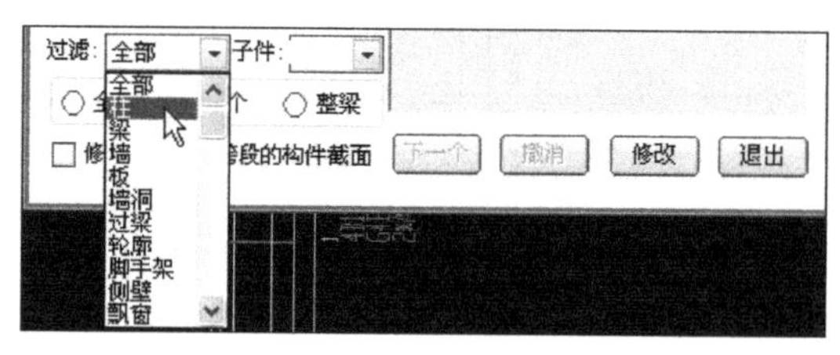

图9-9　构件筛选条件设置

例如选择柱，则在图面上框选构件时，软件只选中框选范围内的柱子，其他构件自动忽略。选择构件时，可以批量选择多个同类构件进行查询，点击鼠标右键确认，则对话框中显示出柱的属性名称和对应的属性值如图9-10所示：

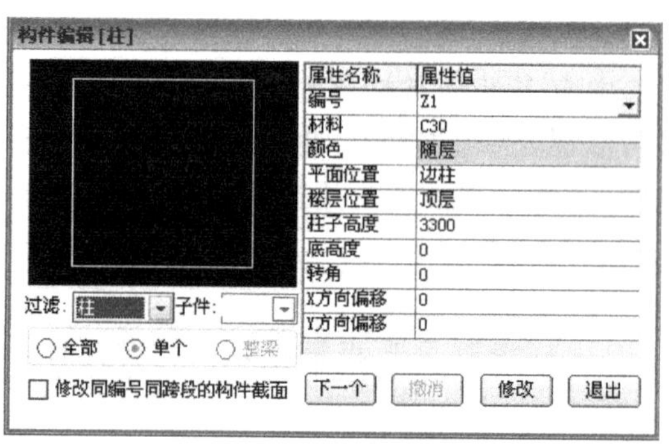

图9-10　柱编辑

此时可以对显示的属性值进行修改，例如编号、混凝土强度等级、平面位置、楼层位置、柱高以及颜色等。利用构件编辑只能修改构件中的可改属性，如果在构件属性中无法修改的属性（即只能在定义编号中修改的属性），将不会显示在构件编辑对话框中。批量选择构件时，如果在幻灯片下方的修改选项中选择“单个”，则可以一个个修改柱子，点击〖下一个〗按钮，便可以修改下一个柱子的属性。如果选择“全部”，则修改的属性会作用于所选择的所有柱子；在后面的钢筋工程量章节中，为了计算第三层部分顶层柱的柱筋，需要修改三层部分柱子为边柱或角柱，其楼层位置要改为顶层，则可以用构件编辑功能选择要修改的柱子，在对话框中修改平面位置和楼层位置即可。这里还可以修改所选构件的颜色，用于突出显示修改过的或者具有某种特征的构件。修改属性后，必须点击〖修改〗按钮，修改才有效。

选择梁时，修改选项中的“整梁”会变成可选择状态，该选项用于一次性修改当前多跨连续梁的所有梁跨（图 9-11）。

图 9-11　梁编辑

用构件编辑功能可以修改梁的截面形状和截面尺寸。在“异形尺寸描述”的属性值中可以看到梁的截面尺寸描述，点击单元格中的下拉按钮，可以调出尺寸录入辅助框，如图 9-12 所示：

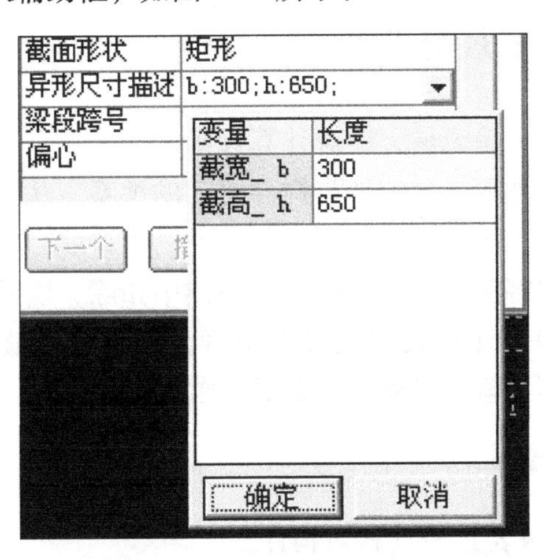

图 9-12　截面尺寸修改

录入新的截面尺寸后，双击对话框，新的尺寸就录入到尺寸描述中了。如果同编号且同跨段的梁跨都有相同的修改，则勾选 “修改同编号同跨段的构件截面”选项，再点击〖修改〗按钮即可。

温馨提示：

用构件编辑功能批量选择构件时，如果构件的属性值不同，则对话框中相应的属性会显示“不相同”属性值；选择“全部”修改构件时，如果批量选择的构件截面形状或尺寸不同，幻灯片中不会显示出构件的截面形状；不同类型的构件，在构件编辑中可更改的属性也不同。

“修改同编号同跨段的构件截面”选项可作用于梁与条基的修改，选择其他构件时该选项为灰色的不可选择状态。

如果用〖构件编辑〗功能修改带有子构件的构件，例如基础、侧壁等，则对话框中的“子件”选项框会变成可选择状态，从下拉列表中可以切换当前选择构件的子构件（图 9-13），以修改子构件的属性。

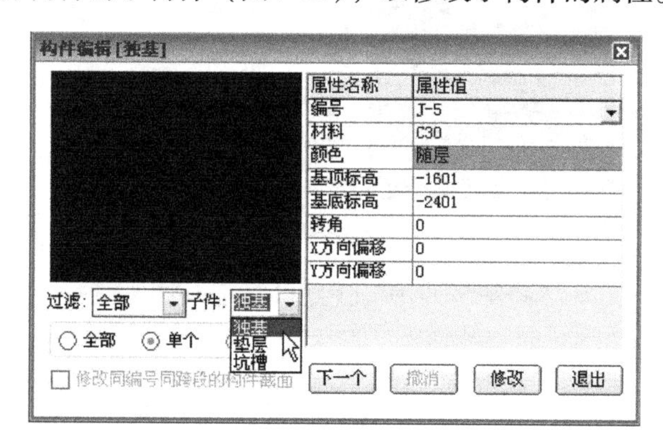

图 9-13 独基及其子构件属性修改

9.4 工程量计算规则设置

在分析统计工程量之前，应对计算规则进行校验和检查。在计算构件工程量的时候，往往要考虑构件与构件之间的关系，从而分析出增减工程量，使计算的工程量不出错。例如墙与墙上的洞口就存在扣减关系，计算墙体工程量时必须将洞口所占的体积从墙体中扣除，墙的工程量才能符合计算规则规定。如果计算规则设置不正确，工程量也就计算不准确。因此，校验计算规则是输出工程量的必要工作之一。

9.4.1 核对构件

命令模块：【报表】→〖核对构件〗

核对构件功能主要用于核对构件的工程量计算明细，同时起到校验计算规则是否正确的作用。这里以出屋顶楼层的房间内装饰为例。

在三维视图下观察出屋顶楼层的侧壁，可以看出侧壁的高度与实际情况不同（图 9-14）。

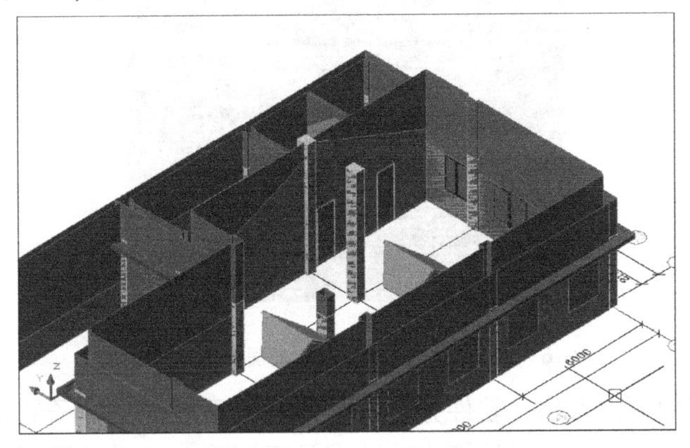

图 9-14　顶层房间侧壁布置

下面我们用【报表】菜单下的〖核对构件〗功能来验证一下软件对这部分侧壁的计算是否正确。执行核对构件命令后，选择要核对的侧壁，例如选择楼梯间侧壁，点击鼠标右键确认，进入图 9-15 所示的工程量核对对话框：

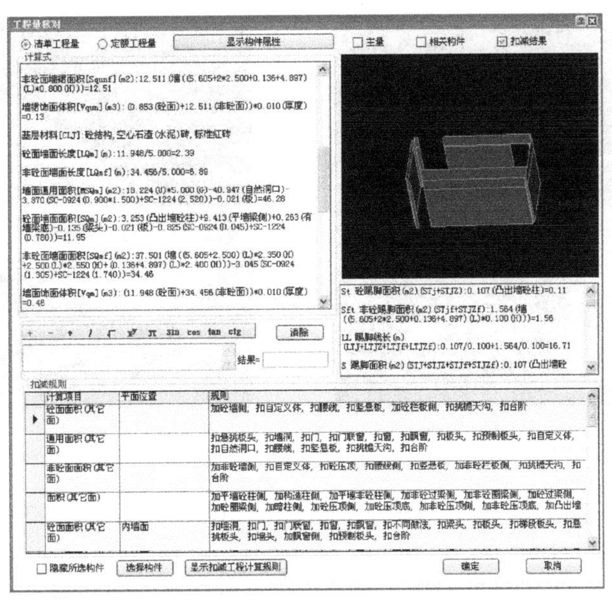

图 9-15　核对侧壁工程量

在对话框中可以查看侧壁各项内容的计算明细，各种中间量都有中文注释。在“图形核查”分界下方的计算式中选择“混凝土面墙面面积”计算式，注意！选择计算式时，要点击计算式的最末尾处，在图形窗口中便会显示楼梯间基层为混凝土的墙面装饰面积，如图 9-16 所示：

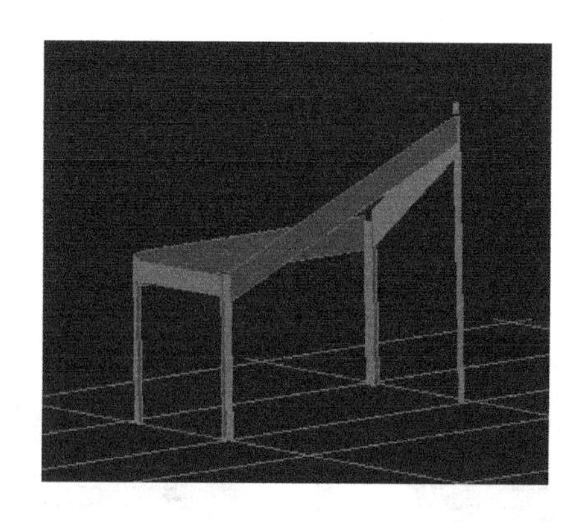

图 9-16　楼梯间侧壁混凝土墙墙面面积核查图形

从上图中可以看出，软件分析出了斜梁的面积，且柱子侧壁的抹灰高度也是正确的。可以核对计算式的数据是否正确，如果计算明细错误，则可能是计算规则设置不正确，需要进行调整。

同样的，在计算式中选择“非混凝土面墙面面积”，右边窗口中显示的核查图形如图 9-17 所示：

再来核查顶层顶棚的工程量。会议室顶棚面积核查图形如图 9-18 所示：

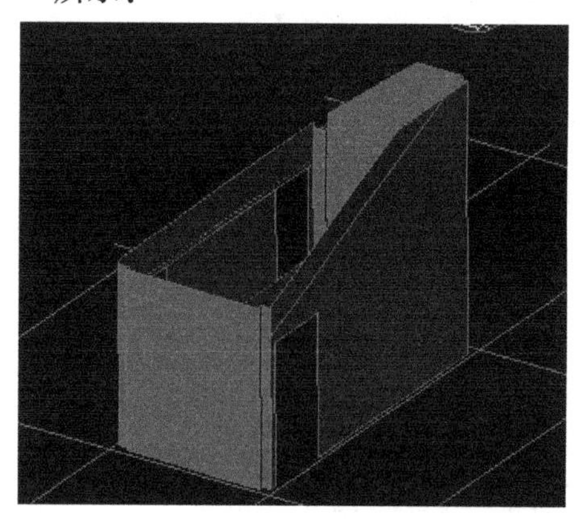

图 9-17　楼梯间侧壁非混凝土墙墙面面积核查图形

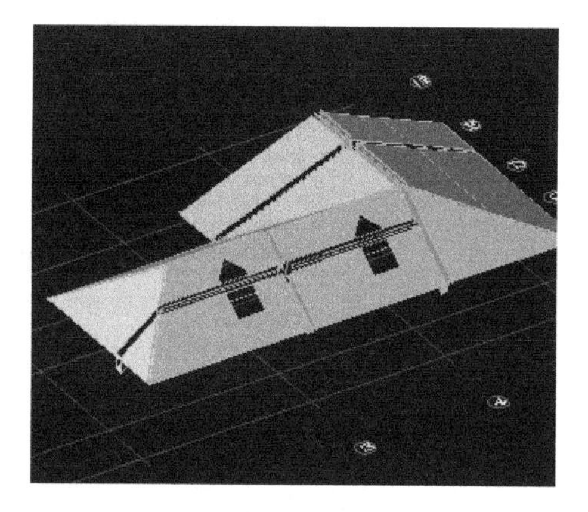

图 9-18　会议室顶棚面积核查图形

温馨提示：

在“核对构件”对话框中，核查图形的初始视角与执行图形核查命令时绘图工作区的视角相同，例如在水平视图时核查单段的侧壁，在核查图形中也会显示平面的图形，无法看出侧壁的立体图形。因此建议在三维视图状态下核对构件，这样出来的核查图形也是三维的。另外在核查图形区，可以使用鼠标拖动来改变视图方向或大小。其操作方法与在 CAD 绘图工作区不同：鼠标左键是旋转视角，右键或滚动鼠标滚轮是放大缩小，中键（滚轮）按住拖动是平移视窗。

练一练

1. 在核对构件中发现工程量计算错误，可以如何调整？
2. 在软件中能否将核查图形输出到图面上？

9.4.2　计算规则设置

命令模块：【工具】→〖算量选项〗

在新建工程时选择的计量模式和定额名称决定了软件算量时采用的计算规则，计算规则默认按各地计算规则设置，一般情况下无需调整。但如果核对构件时发现计算明细不符合计算要求，则可以修改计算规则。例如前面用核对构件查看的出屋顶楼层楼梯间侧壁，其“混凝土面墙面面积”的计算式中包含了“有墙梁侧”的抹灰量（图 9-19），如果有墙梁侧的抹灰应算到顶棚抹灰面积中，则可以通过调整计算规则来实现。

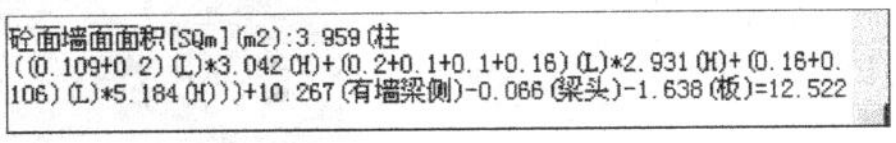

砼面墙面面积[SQm](m2):3.959(柱
((0.109+0.2)(L)*3.042(H)+(0.2+0.1+0.1+0.16)(L)*2.931(H)+(0.16+0.
106)(L)*5.184(H)))+10.267(有墙梁侧)-0.066(梁头)-1.638(板)=12.522

图 9-19　内墙面抹灰工程量计算式

执行工具菜单下的〖算量选项〗功能，或点击“工程量核对”对话框（图 9-20）下方“扣减规则”栏内对应项目“规则”单元格后的〖▼〗按钮，进入“计算规则”设置页面：

工程量输出
计算规则
构件颜色
属性显示
自动布置
构件选项
措施项目
本地规则条件
清单规则
定额规则
导入
恢复
导出
扣减规则
参数规则
跨层扣减规则
工程量优先顺序
计算项目
材料
平面位置
规则
规则说明:
确定
取消
应用(A)

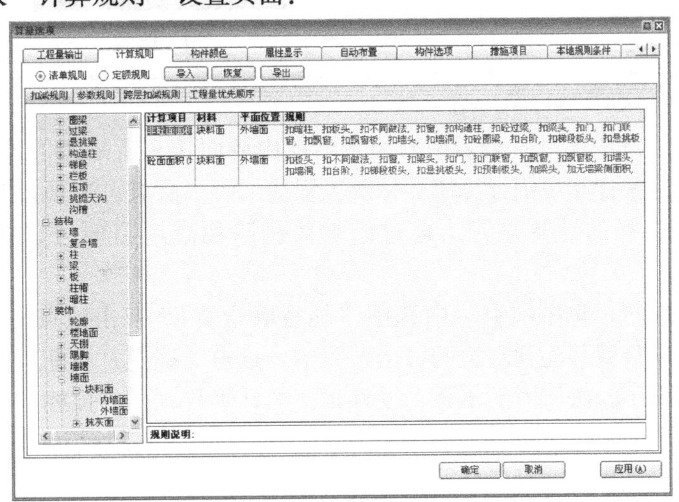

图 9-20　计算规则设置

当在“工程设置”内的“计算依据”选中一套定额或清单名称时，软件已经按对应的定额和清单设置好了对应的计算规则，且分为“清单规则”与“定额规则”。因同类构件的某些特征不同，所以不是同类构件都适用相同的规则，如混凝土墙和砌体墙的规则是差别很大的。为了查看方便，软件中的计算规则是分级设置的，先按构件类型分级，构件类型下再按某些特征分级（如“混凝土结构”与“砌体结构”，“内墙”与“外墙”）。在查询某特定类型构件计算规则时，要从构件类型往下一级一级的查询。以侧壁子构件墙面的清单规则为例。在左边的构件类型列表有“墙面”节点，在“墙面”节点下还按“装饰材料类别”分别列出“块料面”和“抹灰面”两个子节点，每个子节点下又按“内外面描述”分为“内墙面”和“外墙面”。选中墙面节点时，右边的窗口中显示的计算规则是通用规则，即不论“内外面描述”以及“装饰材料类别”，所有侧壁均适用的。如选中“抹灰面”下的“内墙面”时，右边的窗口中显示的计算规则是必须满足“抹灰面”及“内墙面”的侧壁才能适用的规则。以此类推，下级节点上的计算规则与父节点上的计算规则组合起来，才是该构件类型特定特征类型的全部的计算规则。点击规则列表中的下拉按钮，便可以进入“选择扣减项目”对话框，如图 9-21 所示：

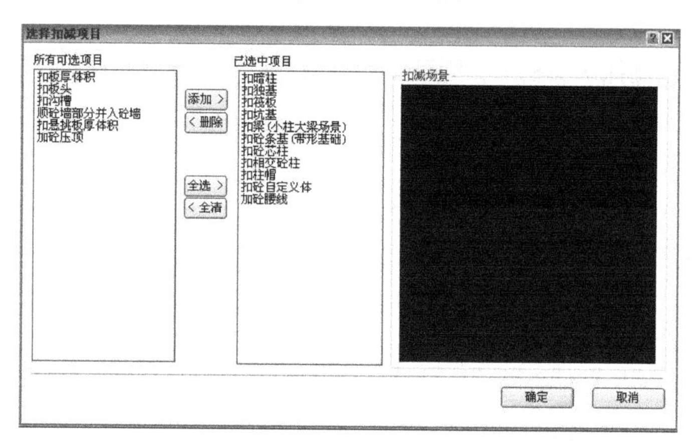

图 9-21　选择扣减项目

在“已选中项目”列表中的便是当前内墙面抹灰所采用的计算规则，软件按照这些计算规则计算墙面抹灰工程量，而“所有可选项目”列表中的是可供选择的计算规则。通过添加或删除扣减项目便可以调整计算规则。

这里在“已选中项目”中选中“加有墙梁侧”，双击或点击〖删除〗按钮，该项目就移动到左边的可选项目中。点击〖确定〗按钮，调整结果便保存下来了。按相同的步骤，设置顶棚的计算规则，使顶棚的抹灰面面积中包含“有墙边界梁侧”、“有墙中间梁侧”等。设置好后点击〖确定〗按钮，退出算量选项对话框，下面再用核对构件功能核对一下楼梯间的侧壁，其“混凝土面墙面面积”的计算式变成了图 9-22 所示的计算式：

混凝土面墙面面积[SQm](m2):3.959(柱((0.109+0.2)(L)*3.042(H)+(0.2+0.1+0.1+0.16)(L)*2.931(H)+(0.16+0.106)(L)*5.184(H)))-0.066(梁头)-0.063(板)=3.83

图 9-22　墙面面积计算

可以看出，有墙梁侧已经不包含在混凝土墙面的抹灰面积中，计算规则调整成功。

而顶棚的核对结果如图 9-23 所示：

面积[Sm](m2):208.061(板)+1.085(有墙中间梁底)+9.138(有墙中间梁侧)+12.304(无墙中间梁底)+41.056(无墙中间梁侧)+32.895(有墙边界梁侧)-0.176(相交梁头)-3.645(老虎窗)=300.718

图 9-23　顶棚的计算

顶棚的抹灰已经加上了有墙梁侧的面积。

在计算规则中除了可以选择扣减项目外，还可以设置扣减条件。在计算规则页面中点击【参数规则】页面（图 9-24）：

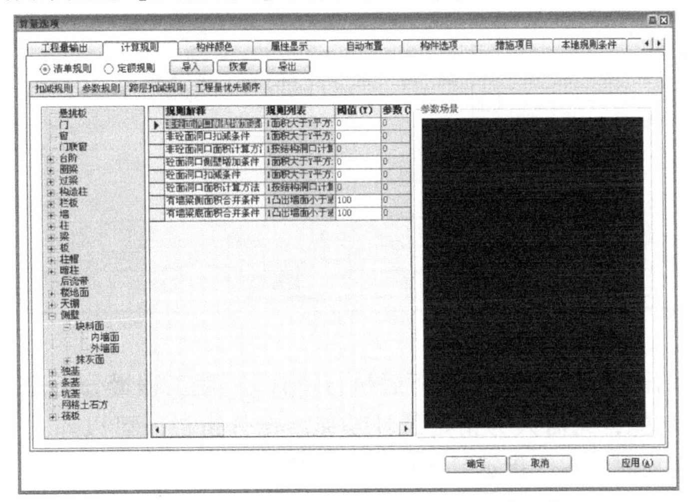

图 9-24　参数规则设置

在这里您可以设置扣减规则的扣减条件或者工程量的计算方法。例如侧壁扣减洞口的条件，坑基（挖土方）的工作面计算方法、边坡计算方法等。这里的规则均默认按各地计算规则设置，一般情况下无需调整。

温馨提示：

点击计算规则页面的〖恢复〗按钮，可以取消所有调整，恢复成软件默认的计算规则设置。〖导入〗与〖导出〗功能分别用于导入其他工程的计算规则和导出例子工程的计算规则。

练一练

1. 如果板与梁重叠的部分要按板算量，梁剩余部分仍按梁算量，在计算规则中应如何设置?

2. 如果土石方计算不考虑放坡，在计算规则中应如何设置?

9.5　分析统计工程量

命令模块：【报表】→〖分析〗

在完成图形检查和计算规则设置工作后，便可以进行构件的工程量分析统计了。工程量分析是根据计算规则，通过分析各构件的扣减关系得到构件的计算属性和扣减值。因此工程量分析是统计的前提。执行报表菜单下的〖分析〗功能，进入工程量分析对话框（图 9-25）。

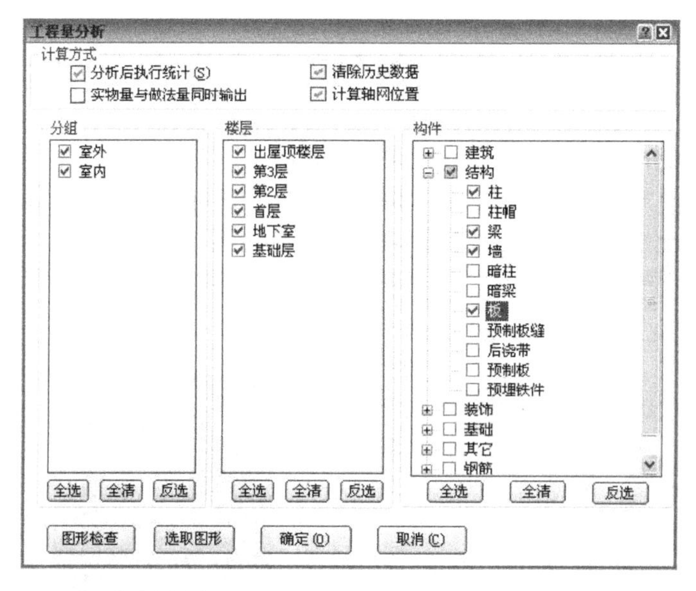

图 9-25　工程量分析

在对话框中可以选择“分析后执行统计”，使工程量分析完成后自动转入统计功能，无需人为指定统计功能。在分组栏内可以勾选分组区域（只要在建模时给构件指定了区域，软件默认室内、室外），在楼层栏中选择要分析的楼层，在构件栏中选择要分析的构件类型和名称，然后点击〖确定〗按钮，软件便开始分析统计构件工程量了。

统计结束后会进入统计结果预览界面，在这里可以查看工程量统计结果和计算明细，如图 9-26 所示：

工程量分析统计

工程量筛选　进度筛选　查看报表　导入工程　导出工程　导出到Excel　退出

清单工程量　实物工程量　钢筋工程量

双击汇总条目或在右键菜单中可以在汇总条目上挂接做法

序号	构件名称	工程量名称	工程量计算式	工程量	计量单位	换算计算式	分组编号
1	坑槽	回填土方体积	VEHt+VZEHt	542.98	m3	场内运土距离(m)=50;坑槽回填方式=人工夯填;	室内
2	坑槽	挖土方体积(m	VEH+VZEH	68.66	m3	挖土深度<=2;场内运土距离(m)=50;土壤(岩石)类型=一,二类土;坑槽开挖形式=人工开挖;	室内
3	坑槽	挖土方体积(m	VEH+VZEH	606.22	m3	挖土深度<=4;场内运土距离(m)=50;土壤(岩石)类型=一,二类土;坑槽开挖形式=人工开挖;	室内
4	条基	基础底找平(m	Sd	48.06	m2		室内
5	条基	条基模板面积	IIF(JGLX=地下框	178.23	m2		室内
6	条基	砼条基体积组	Vm+VZ	23.86	m3	C25预拌普通混凝土(粒径20mm);	室内
7	独基	独基模板面积	Sm+SZ	118.18	m2		室内
8	独基	基础底找平(m	Sd	119.78	m2		室内

编号	项目名称	工程量	单位
010101003	挖基础土方	68.66	m3

序号	构件名称	楼层	工程量	构件编号	位置信息	计算表达式
		地下室	33.99			
		地下室	23.71	DKL1		
1	坑槽	地下室	6.68	DKL1	1:B~3	0.800(高)*4.000(长)*0.970(宽)+2*0.800(高)*7.000(长)*0.970(宽)-0.175(条基坑槽)-7.111(独基坑槽)
2	坑槽	地下室	1.78	DKL1	1:C~E	0.800(高)*4.400(长)*0.970(宽)-1.637(独基坑槽)
3	坑槽	地下室	1.51	DKL1	2:E~B	0.800(高)*4.900(长)*0.970(宽)+0.800(高)*4.000(长)*0.970(宽)-0.305(条基坑槽)-5.088(独基坑槽)
4	坑槽	地下室	1.16	DKL1	3:E~A	0.800(高)*2.500(长)*0.970(宽)+0.800(高)*1.900(长)*0.970(宽)+0.800(高)*4.000(长)*0.970(宽)+0.800(高)
5	坑槽	地下室	6.06	DKL1	B:2~2	2*0.800(高)*7.000(长)*0.970(宽)-0.088(条基坑槽)-4.715(独基坑槽)
6	坑槽	地下室	6.52	DKL1	E:1~3	0.800(高)*6.500(长)*0.970(宽)+0.800(高)*7.000(长)*0.970(宽)-3.958(独基坑槽)
		地下室	10.28	J-6		
7	坑槽	地下室	5.14	J-6	E:1	(1.400+0.5*1.200)*(1.400+0.5*1.200)*1.200+1/3*0.5^2*1.200^3+0.100(高)*1.400(长)*1.400(宽)
8	坑槽	地下室	5.14	J-6	E:1	(1.400+0.5*1.200)*(1.400+0.5*1.200)*1.200+1/3*0.5^2*1.200^3+0.100(高)*1.400(长)*1.400(宽)
		首层	34.67			

展开明细　折叠明细

图 9-26　工程量统计结果预览

统计结果由三部分组成，分别是清单工程量、实物工程量和钢筋工程量。如果在建模的过程中对构件挂接了做法，则这部分工程量汇总在清单工程量页面当中，没有挂接做法的构件的工程量汇总在实物工程量页面内，钢筋工程量汇总在钢筋工程量页面内。通过对模型中构件进行分析后，软件将自动生成了每条清单项目的项目特征。清单编码的后三位序号也会自动生成。栏目下方则是每一条汇总项目下的构件明细。您可以查看哪些构件挂接了这条清单项目，以及工程量计算式明细。双击某一条计算明细，可以返回图面核查这个计算式的构件图形。如果您在清单项目下挂接了定额，还可以在显示方式中选择查看“清单定额”，或者是“定额子目汇总”。所有的措施定额都自动汇总到“措施定额汇总”中。

温馨提示：

在统计结果中，计算明细中的工程量使用的是自然单位，定额子目的工程量使用的是定额单位。

练一练

1. 如何分别将清单汇总表与构件明细表复制到 Excel 表格中?
2. 脚手架和混凝土构件的模板工程量统计结果在哪查看?

第 10 章　报表输出

得到工程量统计结果后，便可以将结果输出到报表进行打印了。

直接点击统计结果预览界面中〖查看报表〗按钮，进入报表打印界面。也可以在统计完工程量后，点击报表菜单下的〖报表〗按钮进入。

进入报表打印界面后，从左边的报表目录树中选择要查看或打印的报表，在右边的预览窗口便可以查看到报表内容，如图 10-1 所示：

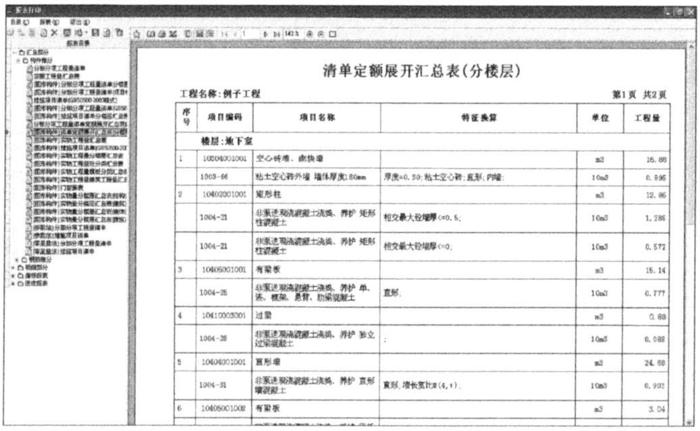

图 10-1　报表打印

例如在“分部分项工程量清单报表［简表］”中，软件自动按照分部工程输出清单工程量。

报表目录树中不是所有的报表都需要打印，当选择清单输出模式时，常用的清单报表有：清单工程量明细表、综合工程量明细表、分部分项工程量清单等。其他一些特殊报表可以根据需要选择打印。

对于零星项目，例如例子工程中的台阶与雨篷装饰，需要打印特殊报表下零星预制门窗部分的零星清单工程量汇总表，如图 10-2 所示：

对于需要打印的报表，选中后点击报表菜单下的〖打印〗即可。如果您需要将报表另存为 Excel 文件，可选择报表菜单下的〖另存为 Excel〗功能，在弹出的对话框中选择保存的路径即可，保存之后软件会自动打开 Excel 文件，其效果如图 10-3 所示：

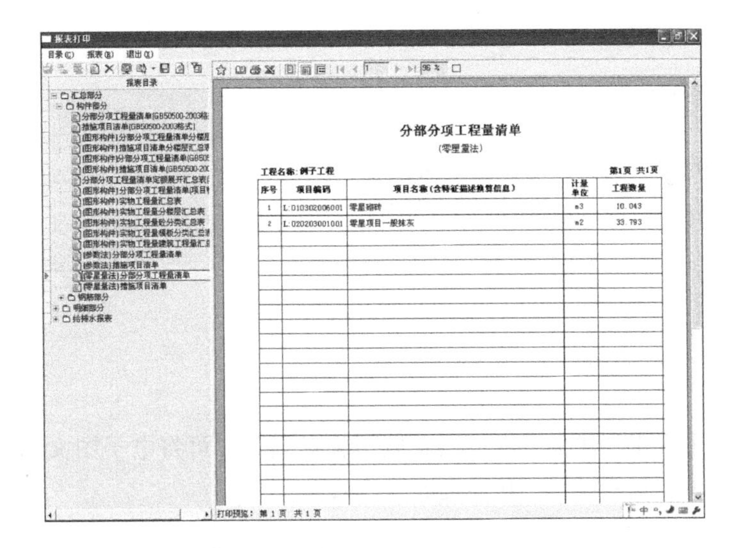

分部分项工程量清单

(零星量法)

工程名称：例子工程　　第1页 共1页

序号	项目编码	项目名称（含特征描述换算信息）	计量单位	工程数量
1	L:010302006001	零星砌砖	m3	10.043
2	L:020203001001	零星项目一般抹灰	m2	33.793

图 10-2　零星清单工程量报表

实物工程量汇总表

工程名称:例子工程　　第1页 共3页

序号	构件名称	项目名称	特征(换算信息)	单位	工程量
分组编号:室内					
1	柱	砼柱体积组合(m3)	材料名称=混凝土 强度等级=C30 相交最大墙厚<=0 截面形状=矩形	m3	9.73
2	柱	柱模板面积组合(m2)	外侧周长@(2.4,+) 支模高度(m)<=4.5 相交最大墙厚<=0	m2	58.67
3	柱	柱模板面积组合(m2)	外侧周长@(2.4,+) 支模高度(m)<=6 相交最大墙厚<=0	m2	27.54
4	墙	砌体墙体积组合(m3)	厚度=120.00 砂浆材料=M5水泥石灰砂浆 材料名称=加气砼砌块 平面形状=直形 平面位置=内墙	m3	3.66
5	墙	砌体墙体积组合(m3)	厚度=180.00 砂浆材料=M5水泥石灰砂浆 材料名称=加气砼砌块 平面形状=直形 平面位置=内墙	m3	4.74

图 10-3　报表另存为 Excel 文件

温馨提示：

在报表目录树中，将报表名称上带有“+”号的项展开，可看到当前工程的楼层信息，点击某一楼层，可得到所选楼层的构件工程量。可以展开楼层明细的报表有“清单工程量明细表”、“定额工程量明细表”、“不挂做法工程量明细表”、“钢筋计算表”等。

第11章 识别建模

本章进行识别建模讲解。当有电子施工图时，可将电子图文档导入软件中进行识别建模操作，从而提高工作效率。

11.1 识别建模与手工建模的关系

虽然计算模型可以通过识别电子图来进行建模，但软件中不是所有的构件都可以通过识别的方式创建。目前软件能够识别的构件有：轴网、基础、柱、梁、墙与门窗。其他构件仍然需要手工绘制，如板、楼梯、飘窗、过梁、房间装饰、脚手架等。也就是说，识别建模与手工建模是相互补充的。利用识别建模，可以提高工作效率，快速建立结构模型；而利用手工建模，可以完成无法识别的构件创建。

对电子图的识别存在一个识别完整和正确率的问题，绘制规范的电子图，识别率就高；反之则低。对于识别错误的构件，需要手工调整。因此，掌握手工建模操作方法是学习识别建模的基础，建议在完成第2章至第8章的手工建模知识点的学习后，再对识别建模章节进行学习。灵活运用识别建模与手工建模，将大大提高您的工作效率。

11.2 识别建模工作流程

例子工程中能够利用电子施工图进行识别的构件有各层的轴网、基础（独基、条基）、柱（暗柱）、梁、墙和门窗，而其他的构件仍然需要手工建立，因此，识别建模的工作流程与手工建模有共同的地方，其流程如下：

（1）新建工程项目；

（2）工程设置；

（3）识别建模（建立轴网、基础（独基、条基）、柱（暗柱）、梁、墙与门窗）；

（4）手工建模（建立工程其他构件）；

（5）挂接做法；

（6）校核、调整图形与计算规则；

（7）分析统计；

（8）输出、打印报表。

在上述的工作流程中，除了第 3 步外，其他的工作流程均可参照手工建模章节。本章着重讲解识别建模的操作方法与注意事项。

参照第 4 章的内容新建工程并完成工程设置后，便可以进行构件模型的创建工作。这里先用识别电子施工图的方式来开始首层模型的建立。

识别建模遵循以下工作步骤：

导入施工图→对齐施工图→识别施工图→清空施工图。

识别电子图的顺序应按柱、梁、门窗表、墙的顺序来完成。要识别哪一层的模型，必须先用〖楼层显示〗功能切换到目标楼层，再继续识别工作，不可在一个楼层中识别其他楼层的模型。

11.3 电子图纸整理

电子图整理功能用于方便找图并将当前楼层需要的图整理到对应的楼层列表内，这样做的目的一是为了方便导图快捷操作，二是避免将不需要的楼层构件图导入当前楼层，造成建模错误。这是因为有的工程图纸太多，并且有很多详图设计师们在绘制时会放置在不同的地方，造成导图时耗费大量时间，还有在结构方面往往墙柱构件绘制在本层，而梁板构件又标注在顶上一层，造成导图时稍不注意就出错，特别是那些隔一层一个样的楼层，不进行图纸整理，将会在后面的工作中造成既费时间又出错。

电子图整理，就是将某楼层所涉及的图纸归并到某楼层号内，当在某楼进行构件建模时，点击导图按钮打开的就是本楼涉及的图纸，其余楼层的图纸将不会在当前楼层显示，从而大大降低找图时间和导错图纸的机遇。

命令模块：【图纸】→〖管理图纸〗

执行命令后，弹出“电子图管理”对话框，图如下（图 11-1）：

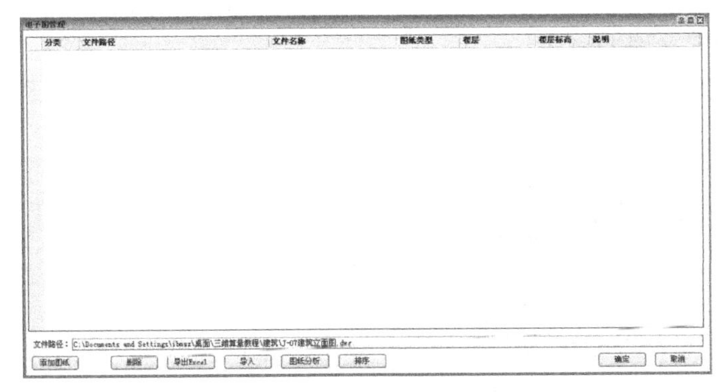

图 11-1　电子图管理对话框

点击对话框左下角的〖添加图纸〗按钮，弹出“电子图选择”对话框，图如下（图 11-2）：

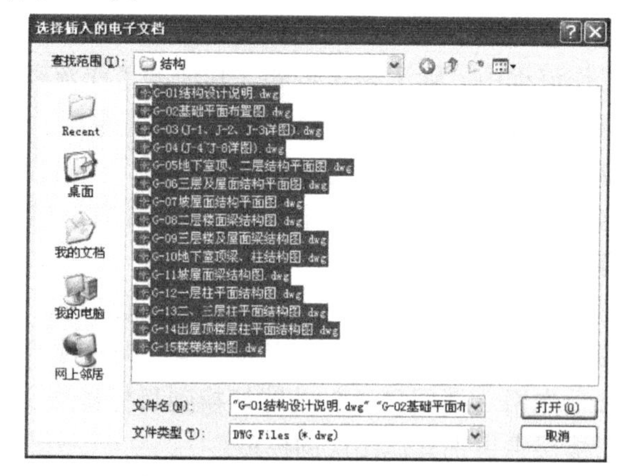

图 11-2　电子图选择对话框

在对话框中找到电子图存放的路径，打开后，对应的所有工程图纸都会显示在对话框中，选择好所有图纸，点击〖打开〗按钮，就会将选中的图纸导入到图 11-3“电子图管理”对话框中：

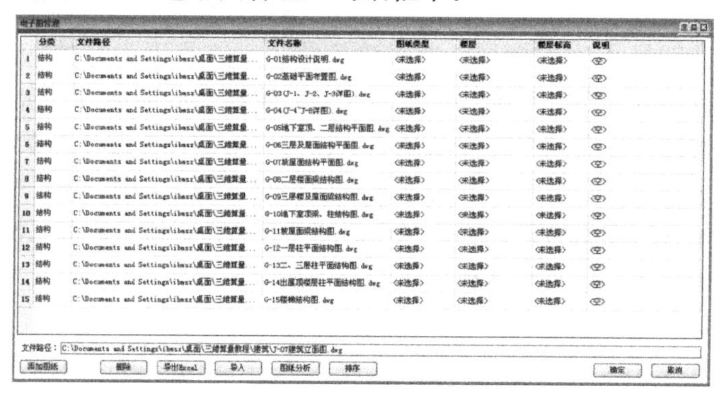

图 11-3　图纸被导入电子图管理对话框中

如果还有图纸，如现在例子只导了结构的图，还有建筑的图没有导，可以继续点击〖添加图纸〗按钮，将建筑的图也导入电子图管理对话框中。图如下（图 11-4）：

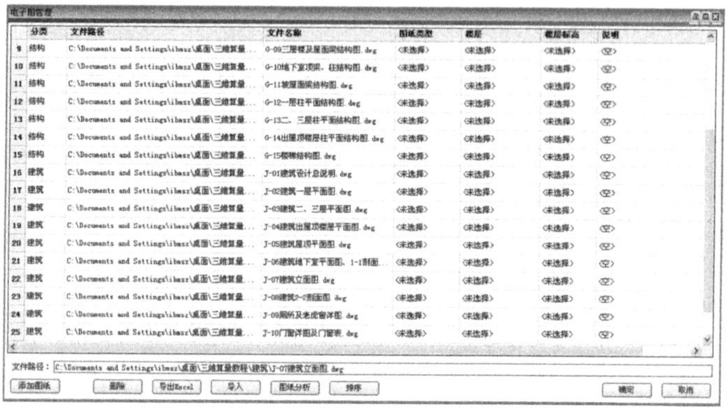

图 11-4　图纸全部被导入电子图管理对话框

图纸导完后，就可以对每张图进行类型和楼层指定了。点击图纸类型列单元格，弹出图纸类型指定选择栏，图如下（图 11-5）：

在栏目中选择本张图的类型是什么，如是梁图、板图等，之后再为本张图指定楼层，点击楼层列单元格，弹出楼层指定选择栏，图如下（图 11-6）：

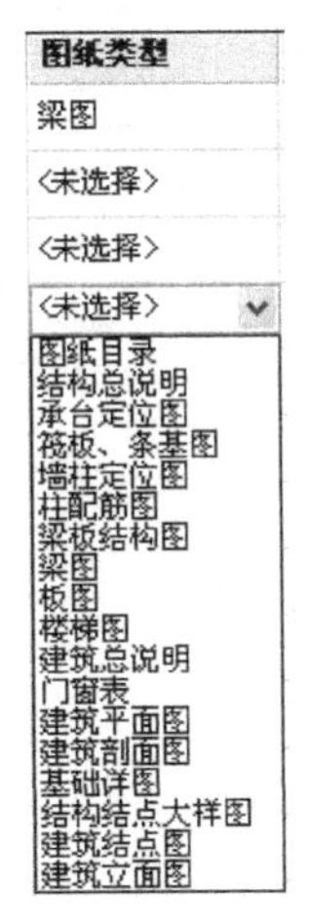

图 11-5　图纸全部被导入电子图管理对话框

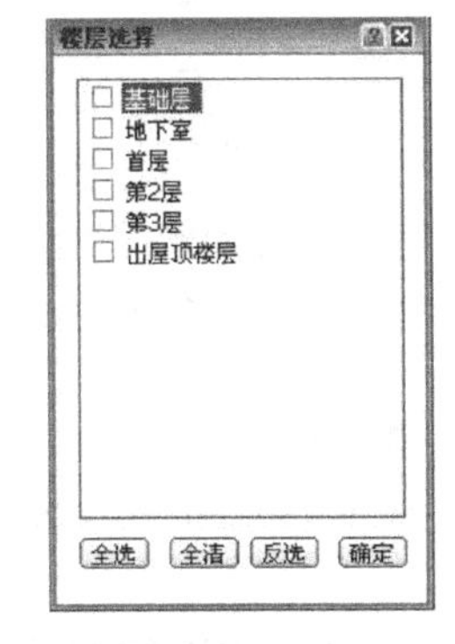

图 11-6　楼层选择对话框

在对话框中勾选本张图纸可以用到的楼层，最后点击〖确定〗，依次将所有图纸都设定完毕，例子工程的图纸管理最后结果如图（图 11-7）：

电子图管理

	文件路径	文件名称	图纸类型	楼层	楼层标高	说明
1	C:\Documents and Settings\ibmsz\桌面\三维算量...	G-09三层楼及屋面梁结构图.dwg	梁图	第2层，第3层	4.2m~7.5m,...	<空>
2	C:\Documents and Settings\ibmsz\桌面\三维算量...	G-01结构设计说明.dwg	结构总说明	基础层~出屋顶楼层	-6.7m~13.8m	<空>
3	C:\Documents and Settings\ibmsz\桌面\三维算量...	G-02基础平面布置图.dwg	承台定位图	基础层，地下室	-6.7m~-4.2...	<空>
4	C:\Documents and Settings\ibmsz\桌面\三维算量...	G-03(J-1、J-2、J-3详图).dwg	基础详图	基础层，地下室	-6.7m~-4.2...	<空>
5	C:\Documents and Settings\ibmsz\桌面\三维算量...	G-04(J-4~J-9详图).dwg	基础详图	基础层，地下室	-6.7m~-4.2...	<空>
6	C:\Documents and Settings\ibmsz\桌面\三维算量...	G-05地下室顶、二层结构平面图.dwg	板图	地下室，首层	-4.2m~0m,0...	<空>
7	C:\Documents and Settings\ibmsz\桌面\三维算量...	G-06三层及屋面结构平面图.dwg	板图	第2层，第3层	4.2m~7.5m,...	<空>
8	C:\Documents and Settings\ibmsz\桌面\三维算量...	G-07坡屋面结构平面图.dwg	板图	出屋顶楼层	10.8m~13.8m	<空>
9	C:\Documents and Settings\ibmsz\桌面\三维算量...	G-08二层楼面梁结构图.dwg	梁图	首层	0m~4.2m	<空>
10	C:\Documents and Settings\ibmsz\桌面\三维算量...	G-10地下室顶梁、柱结构图.dwg	梁图	地下室，首层	-4.2m~0m,0...	<空>
11	C:\Documents and Settings\ibmsz\桌面\三维算量...	G-11坡屋面梁结构图.dwg	梁图	出屋顶楼层	10.8m~13.8m	<空>
12	C:\Documents and Settings\ibmsz\桌面\三维算量...	G-12一层柱平面结构图.dwg	墙柱定位图	首层	0m~4.2m	<空>
13	C:\Documents and Settings\ibmsz\桌面\三维算量...	G-13二、三层柱平面结构图.dwg	墙柱定位图	第2层，第3层	4.2m~7.5m,...	<空>
14	C:\Documents and Settings\ibmsz\桌面\三维算量...	G-14出屋顶楼层柱平面结构图.dwg	墙柱定位图	出屋顶楼层	10.8m~13.8m	<空>
15	C:\Documents and Settings\ibmsz\桌面\三维算量...	G-15楼梯结构图.dwg	楼梯图	首层~第3层	0m~10.8m	<空>
16	C:\Documents and Settings\ibmsz\桌面\三维算量...	J-01建筑设计总说明.dwg	建筑总说明	基础层~出屋顶楼层	-6.7m~13.8m	<空>
17	C:\Documents and Settings\ibmsz\桌面\三维算量...	J-02建筑一层平面图.dwg	建筑平面图	首层	0m~4.2m	<空>

文件路径：C:\Documents and Settings\ibmsz\桌面\三维算量教程\结构\G-09三层楼及屋面梁结构图.dwg

添加图纸　删除　导出Excel　导入　图纸分析　排序　确定　取消

图 11-7　整理好的图纸列表

在对话框中，看到“图纸类型”列内选择好的图纸属于什么类型，如梁图、墙柱定位图、板图等，“楼层”列内说明了该图用于那些楼层，同时当我们对图纸指定了楼层后，其楼层对应的标高也会自动显示在“楼层标高”列表中，方便核对。现在假设我们正在首层导入图纸，打开的导入图纸选择对话框中就只会显示设置好的首层图纸，结果如图（图 11-8）：

在对话框中我们就只看到了属于首层使用的图纸，其余楼层的图不会显示。

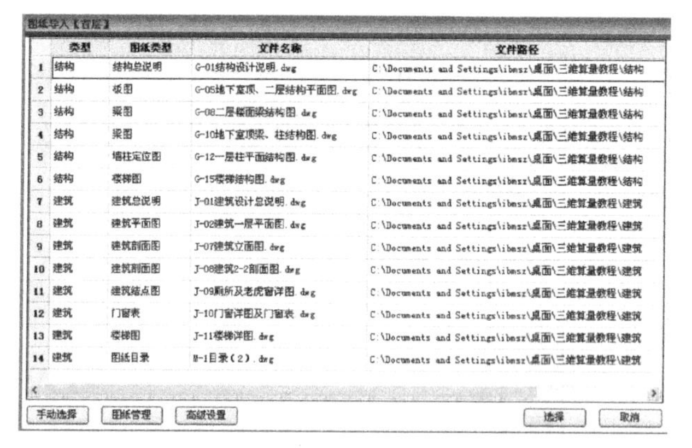

	类型	图纸类型	文件名称	文件路径
1	结构	结构总说明	G-01结构设计说明.dwg	C:\Documents and Settings\ibmsz\桌面\三维算量教程\结构
2	结构	板图	G-05地下室顶、二层结构平面图.dwg	C:\Documents and Settings\ibmsz\桌面\三维算量教程\结构
3	结构	梁图	G-08二层楼面梁结构图.dwg	C:\Documents and Settings\ibmsz\桌面\三维算量教程\结构
4	结构	梁图	G-10地下室顶梁、柱结构图.dwg	C:\Documents and Settings\ibmsz\桌面\三维算量教程\结构
5	结构	墙柱定位图	G-12一层柱平面结构图.dwg	C:\Documents and Settings\ibmsz\桌面\三维算量教程\结构
6	结构	楼梯图	G-15楼梯结构图.dwg	C:\Documents and Settings\ibmsz\桌面\三维算量教程\结构
7	建筑	建筑总说明	J-01建筑设计总说明.dwg	C:\Documents and Settings\ibmsz\桌面\三维算量教程\建筑
8	建筑	建筑平面图	J-02建筑一层平面图.dwg	C:\Documents and Settings\ibmsz\桌面\三维算量教程\建筑
9	建筑	建筑剖面图	J-07建筑立面图.dwg	C:\Documents and Settings\ibmsz\桌面\三维算量教程\建筑
10	建筑	建筑剖面图	J-08建筑2-2剖面图.dwg	C:\Documents and Settings\ibmsz\桌面\三维算量教程\建筑
11	建筑	建筑结点图	J-09厕所及老虎窗详图.dwg	C:\Documents and Settings\ibmsz\桌面\三维算量教程\建筑
12	建筑	门窗表	J-10门窗详图及门窗表.dwg	C:\Documents and Settings\ibmsz\桌面\三维算量教程\建筑
13	建筑	楼梯图	J-11楼梯详图.dwg	C:\Documents and Settings\ibmsz\桌面\三维算量教程\建筑
14	建筑	图纸目录	M-1目录(2).dwg	C:\Documents and Settings\ibmsz\桌面\三维算量教程\建筑

图 11-8　在首层打开的图纸选择列表

练一练

1. 如何设置图纸的“类型”?

11.4　识别首层轴网与柱子

命令模块:【识别】菜单

插入图纸: G-12 一层柱平面结构图

切换到首层界面，点击识别菜单下的〖导入施工图〗按钮，弹出“图纸导入”对话框，如图 11-8 所示。“培训例图”电子文档放在三维算量软件默认的安装目录下，也可以从本书附带的学习光盘中找到，但应先将光盘上的培训例图拷贝到本地磁盘上再进行识别操作。在对话框中选择“G-12 一层柱平面结构图”，点击〖选择〗按钮，完成一层柱电子图的插入。

首先进行轴网的识别。点击识别菜单下的〖识别轴网〗按钮，弹出“轴网识别”对话框，按命令栏提示，选择轴线，可以看到轴线图层从图面上消失了，并且轴网图层的名称会显示在对话框中，如图 11-9 所示。图层名称前打了钩，表示当前图层为被选中状态，如果将选项钩去掉，软件将不识别该图层上的图元，该图层也会重新显示到图面上。再选择轴网标注，点击鼠标右键确认，然后点击对话框中的〖 〗“自动识别”按钮，完成轴网的识别。

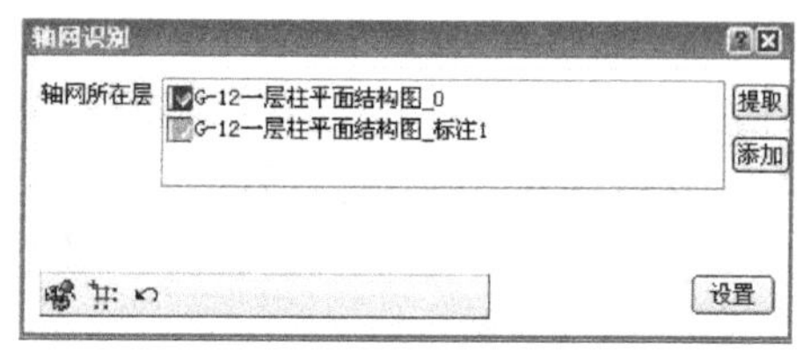

图 11-9　轴网识别

识别后的轴网显示为灰色，表明识别成功。或利用〖隐显轴网〗功能将轴网试着隐藏一下，如果轴网能够隐藏，则说明轴网已经识别成功。

下面仍然利用这张电子施工图，进行柱子的识别。点击识别菜单下的〖识别柱体〗按钮，激活“柱识别”对话框。按命令栏提示选择图上的柱边线，柱被选中后图面上所有的柱会自动消失。在选择识别图层的过程中，如果选择错了，可点击〖 〗“撤销”按钮，重新选择图形。选择完后点击鼠标右键确认，对话框中的工具会变为亮显状态，且软件会自动将柱与柱编号标注的图层信息显示到对话框中，如图 11-10 所示。

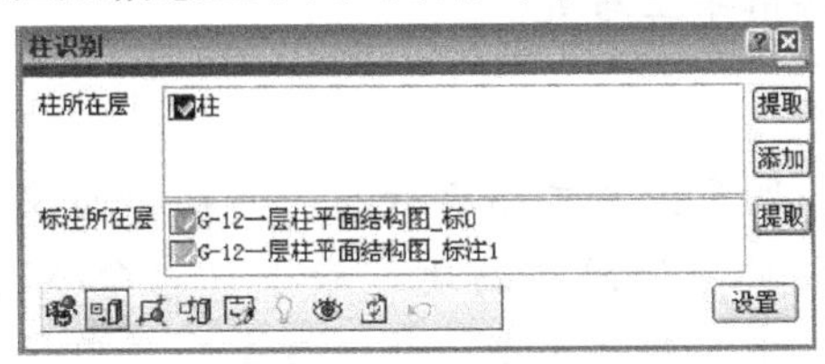

图 11-10　柱体识别

点击〖设置〗按钮，在弹出的对话框中可以对将要识别的柱作参数设置。实例工程均取默认值即可。可以单个识别柱子，也可以框选识别柱子，最方便的是自动识别，点击〖 〗“自动识别”按钮，识别完后对话框自动退出，命令栏会显示出所有识别出的柱子编号及其截面尺寸。识别后的柱子变成蓝色，其三维效果如图 11-11 所示：

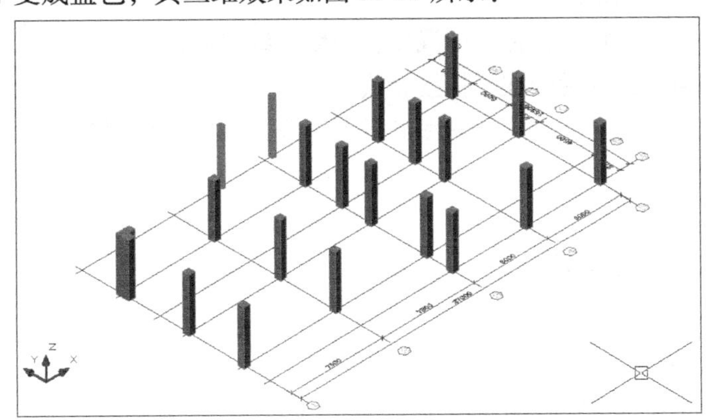

图 11-11　轴网与柱子识别

利用一层柱结构平面图识别完轴网与柱子后，如果不用计算钢筋工程量，这张图就利用完了。为了不影响其他电子图的识别，应进行图面清理工作。点击识别菜单下的〖 〗“清空设计图”按钮，将无用的图形删除。

需要注意的是，识别出来的柱子还没有挂接做法，要给柱子挂接做法的方法有两种，一种是点击【构件】菜单下的〖定义编号〗按钮，进入定义编号界面，给柱编号挂接上做法。柱子的计算项目及做法挂接方法请参见手工建模 5. 2 章节有关说明。

第二种方法是选中要挂接做法的柱子，可以批量选择，然后用〖构件查询〗功能，进入“做法”页面给柱子挂接做法。

	**温馨提示：** 检查柱子是否识别成功可将柱子进行渲染，能够渲染的柱子说明识别成功。如果有没有识别成功的柱子，可再次进入识别功能，用点选识别柱子或框选识别柱子的功能对柱子进行识别，直至全部柱子识别为止。多次识别不成功可转用手工布置。
	**小技巧：** 如果多张施工图存放在一个 *.dwg 文件里，可以先在 CAD 软件中使用“写块”命令（在命令栏执行“wblock”命令）来分解施工图。执行命令后，用对话框中的对象选择从图面选择要分离的施工图单元，并指定其文件名与存储路径，选择“确定”后就已使用选定的施工图单元创建了一个 *.dwg 文件。按此步骤，依次将电子文档中所有的施工图存成新的图形文件，用于识别。

练一练

1. 如何识别轴网？
2. 如何识别柱子？柱子的混凝土强度等级如何设置？
3. 如何给识别后的柱子挂接做法？
4. 如果施工图上有画漏的图形或者线条，可以用识别命令中的什么功能补画？

11.5 识别首层梁

命令模块：【识别】菜单

插入图纸：G-08 一层楼面梁结构图

在识别出来的轴网和柱子的基础上，识别首层梁。使用〖导入施工图〗功能，在弹出的对话框中选择“G-08 一层楼面梁结构图”，将首层梁的电子施工图插入到软件中。插入的梁结构平面图如图 11-12 所示，在图中看到，插入的梁图与先前识别的柱图是错开的，因此在识别梁之前，必须先将两张施工图对齐。

对齐的方法是选择【修改】菜单中的〖移动〗功能，当光标变成选择状态时，点选梁结构图上的某一根线条，由于刚插入的施工图仍然是一个完整的图块，因此选择图上任意线条时，整个梁结构图也就被选中了。此时点击鼠标右键，确认选择，命令栏提示“指定基点或位移”。基点指的是用于移动与对齐的点，这里选择 1 轴与 A 轴的交点。选取交点后，便可以该点为基点移动梁结构图，按命令栏提示选择位移的第二点，此时同样选择柱图上的1轴与A轴的交点，这样梁结构图就与柱图对齐了。

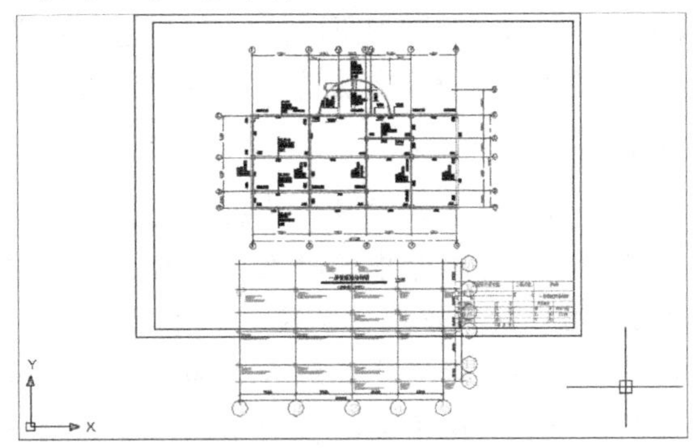

图 11-12　插入首层梁结构图

进行梁的识别。选择【识别】菜单中的〖识别梁体〗功能，激活识别对话框。按命令栏提示选梁边线，当所有的梁都从图面上消失后点击右键确认，梁图层就选中了，如图 11-13 所示：

梁识别
梁所在层　梁　提取　添加
标注所在层　G-08二层楼面梁结构图_TEXT　提取
设置

图 11-13　梁体识别

点击〖设置〗按钮，设置梁的默认材料为C30。梁的识别方式有三种，分别是选线识别、窗选识别和自动识别。如果施工图比较规范，则可以用〖自动识别〗功能来识别梁。如果自动识别无法完全识别所有的梁，还可以用〖选线识别〗功能，手动选择要识别的梁边线进行识别。这里可以选择自动识别的方式来识别梁。识别完后对话框自动退出。识别出来的梁的三维效果如图 11-14 所示。

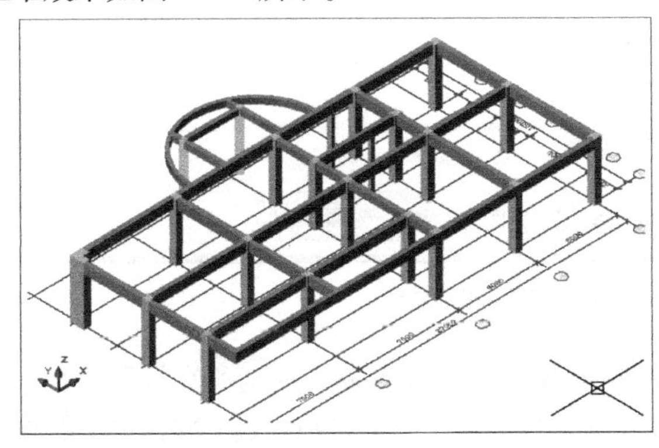

图 11-14　识别出的梁

如果要计算钢筋工程量，可以在识别完首层的梁后继续利用这张施工图来识别梁筋（参照第三部分章节 18.3）。如果不想识别梁筋，此时可执行〖清空设计图〗功能，将无用的图形删除。可以进入定义编号界面，给梁的各个编号挂接上做法，其操作方法请参照 14.2.2 章节。

注意事项：

如果识别出来的梁显示为粉红色，就表明这条梁识别出来的梁跨数与编号中的跨数不符合，有错误。假设识别梁 KL1（8）时只识别出 7 跨，这条梁就会显示成粉红色，需要手动调整梁跨或修改编号。如果识别出来的梁显示为深红色，就表明这条梁的截面信息没有识别正确，软件没有读取到截面信息，宽度取图形梁线之间的宽度，高度取的 800。

练一练

1. 如何识别梁？
2. 当施工图上的梁无法完全识别时应如何处理？
3. 如何检查梁识别是否有错？
4. 为何识别时有的梁会显示成红色？

11.6 识别基础

命令模块：【识别】菜单

插入图纸：G-02 基础平面布置图

将界面切换到“基础层”，用楼层拷贝的功能将首层的轴网拷贝到各楼层。打开〖导入施工图〗功能，在弹出的对话框中选择“G-02 基础平面布置图”，将基础电子施工图插入到界面中并与考入的轴网对齐。

在识别菜单下点击〖 〗“识别独基”按钮，弹出“独基识别”对话框如图 11-15 所示：

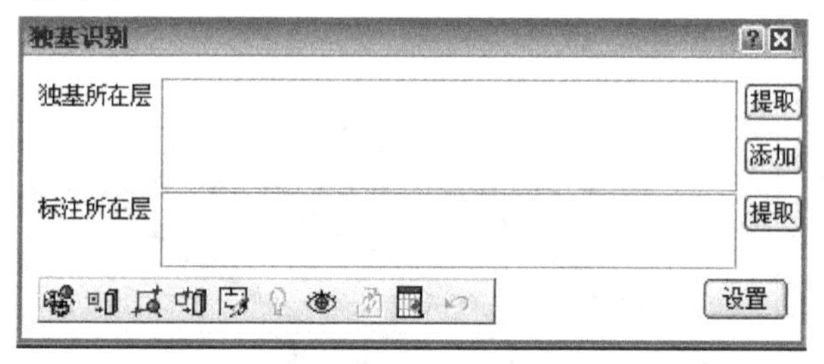

图 11-15 独基识别对话框

根据命令栏提示或点击对话框中“独基所在层”后的〖提取〗按钮，光标至界面中选择独基的线形，同梁识别方式一样，选中的独基轮廓线会暂时隐藏，之后继续选择独基轮廓线，直至将所有独基轮廓线选完为止。接着选择标注文字的图层，点击对话框中“标注所在层”后的〖提取〗按钮，光标至界面中选择标注文字，这时发现所选图层还是显示在“独基所在层”的栏目中，这是因为软件中缺省没有带实例的以“J”字母开头的标注文字类型。解决这个问题是点击〖设置〗按钮，弹出的对话框如图 11-16 所示：

识别设置

	参数	参数值
1	编号标头	JCT, JS, DJ
2	属性图示	是
3	自动刷新图纸编号信息	否
4	是否以基底标高为准，否为顶标高为准	是
5	默认的高度(mm)	1200
6	默认的标高(m)	0
7	搜索最近编号忽略距离	是
8	编号的最远的距离（有标注线，文字高度倍	0.5
9	编号的最远的距离（无标注线，文字高度倍	1.2
10	是否保留底图	是
11	是否考虑标注线	是
12	文字和标注线的最远距离(文字高度倍数)	2
13	文字之间的最大距离（有标注线，文字高度	3
14	文字之间的最大距离（无标注线，文字高度	2
15	最大的边长(mm)	4000
16	边长的误差(mm)	5
17	标高信息样式	*H-#?###*

图 11-16　独基识别“设置”对话框

将“编号标头”的参数值内增加或者修改出一个“J”头的编号。点击“编号标头”参数值单元格，弹出对话框如图 11-17 所示：

将独立基础的“DJ”改为“DJ，J”，改好后点击〖确定〗，使设置对话框中“编号标头”的参数值变为如图 11-18 所示：

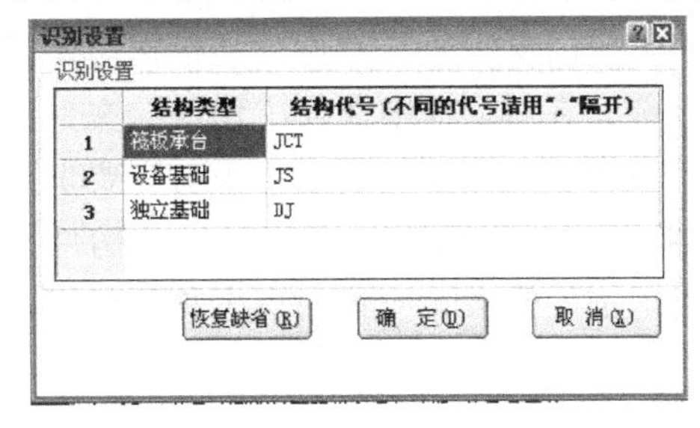
识别设置

	结构类型	结构代号(不同的代号请用“,”隔开)
1	筏板承台	JCT
2	设备基础	JS
3	独立基础	DJ

图 11-17　独基识别“设置”对话框

	参数	参数值
1	编号标头	JCT, JS, DJ, J

图 11-18　独基识别“设置”内增加“J”字头标头

设置好“编号标头”点击〖确定〗按钮，回到“独基识别”对话框，这时再进行标注提取，就会将标注的图层放到“标注所在层”后的栏目内了。图如下（图 11-19）：

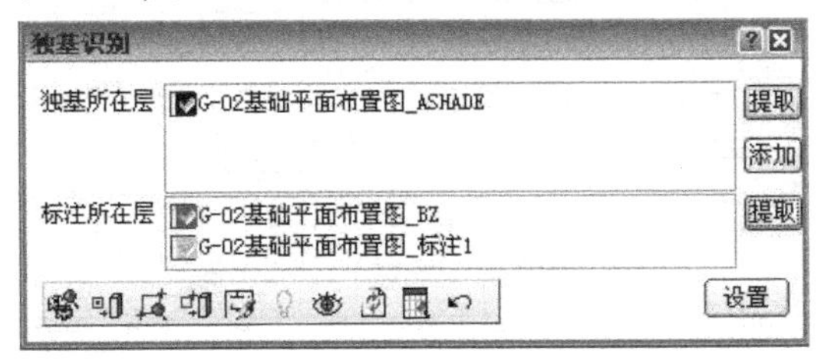

图 11-19　独基识别对话框中提取的图层内容

现在可以点击对话框中各种识别方式的按钮，解释见 11.5 识别首层梁章节，对独基开始进行识别。

由于独基是一个在立面上有变化的立方体，如有阶形、坡形，所以软件对基础进行识别只是识别了它的平面形状尺寸以及基础的编号，具体的形状和尺寸我们要进入“编号定义”，再进行详细的设置。在编号定义内的操作同 5.2 章节说明。

注意事项：

独基识别只能识别出它的平面形状尺寸以及基础的编号，对于所附带的子项构件砖模、垫层、坑槽，软件不能自动处理，用户应该自己调整。

独基识别有相当大的难度，其自动功能正在完善之中。

练一练

1. 基础识别完后还应做什么操作，才能使基础建模正确？

2. 仔细查看独基识别对话框中“设置”按钮弹出的内容，了解相关内容和设置方法。

11.7 识别门窗表

命令模块：【识别】菜单

插入图纸：J-10 门窗详图及门窗表

识别完柱和梁后，接着识别首层的墙体和门窗。在识别墙和门窗之前，应先识别门窗表，通过门窗表来生成门窗编号，软件才能依据门窗编号来识别门窗。用〖导入设计图〗功能，在对话框中找到“建筑”文件夹中的 J-10 门窗详图及门窗表，导入到软件中。由于门窗表上没有需要识别的构件，无需进行施工图对齐。如果导入的门窗表与之前识别的构件重叠，会影响门窗表的识别。为了精确识别门窗表，应将门窗表移到界面上的空闲区域，如图 11-20 所示：

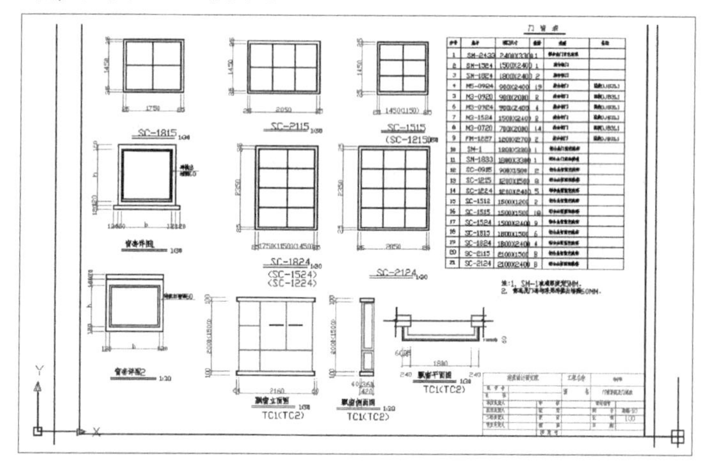

图 11-20　导入门窗表

执行【识别】菜单中的〖识别窗表〗功能，此时光标变成选择状态，按命令栏提示选择门窗表，用光标选择门窗表表框外右下角的某一点为起点，向表格左上角移动光标，选择表框外左上角某一点作为终点，这样门窗表的相关直线就变成亮显的被选中状态，点击鼠标右键确认选择，软件自动弹出以下对话框（图 11-21）：

图 11-21　门窗表识别

从对话框中可以看出，门窗表中的门窗编号以及洞口尺寸数据已经识别到表格中，这里，表格的表头是软件可以辨别的表头。第一行为图纸中的表头，软件会有对识别过来的表头，根据文字自动判断表头是否对应。已经对应的，表格底色变成绿色，没有对应的为红色。如需修改，可选择表格，点击后面的下拉按钮，在下拉菜单中选择所需的表头即可。如果原始表中的门窗数据有误，可以直接在表格中修改后，点击〖转化〗按钮，修改结果便可反映到“识别出的表”中了。最后点击〖确定〗按钮，软件弹出〖选择门窗类型〗窗口。这里是软件根据门窗编号的字母，来判断该字母对应的门窗或门联窗的类型。图如下（图 11-22）：

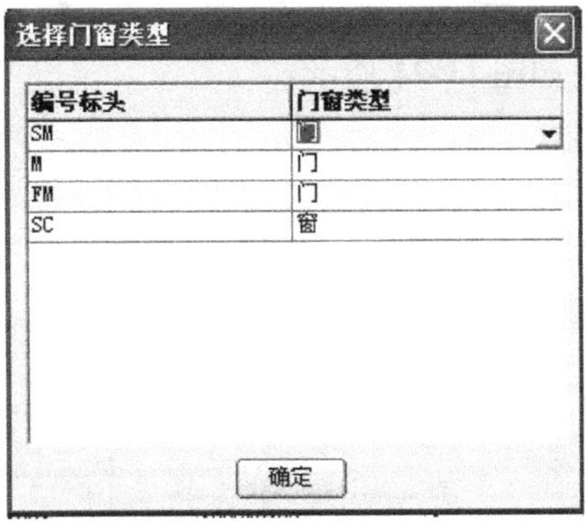

图 11-22　门窗类型匹配对话框

设置好门窗类型后，点击〖确定〗。门窗表便识别完了。进入〖定义编号〗界面，可以看到在门和窗节点下已经生成了门窗编号，并且其对应的参数都已经识别到属性中，软件便是依据这些编号来识别门窗（图 11-23）。

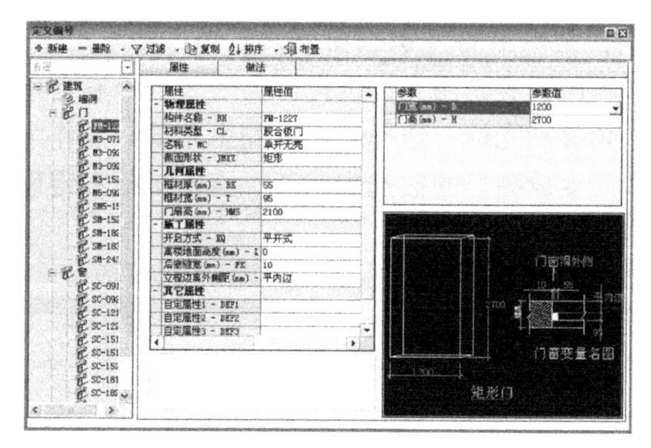

图 11-23 识别出的门窗编号

识别完门窗表，执行〖清空设计图〗功能，将无用的门窗图删除。然后选择〖全开图层〗，将先前识别的构件显示出来，进入下一步识别工作。

注意事项：

选择门窗表时，既不可少选表格直线，也不可多选表格直线，否则软件将不作选择。

11.8 识别首层墙与门窗

命令模块：【识别】菜单

插入图纸：J-02 建筑一层平面图

下面导入建筑一层平面图来识别首层的墙与门窗。在识别之前，同样先用〖移动〗功能对齐施工图（参照梁识别）。为了方便识别，先用〖构件显示〗功能将图面上的梁隐藏起来，显示柱、轴网与建筑一层平面图（显示非系统实体），如图 11-24 所示：

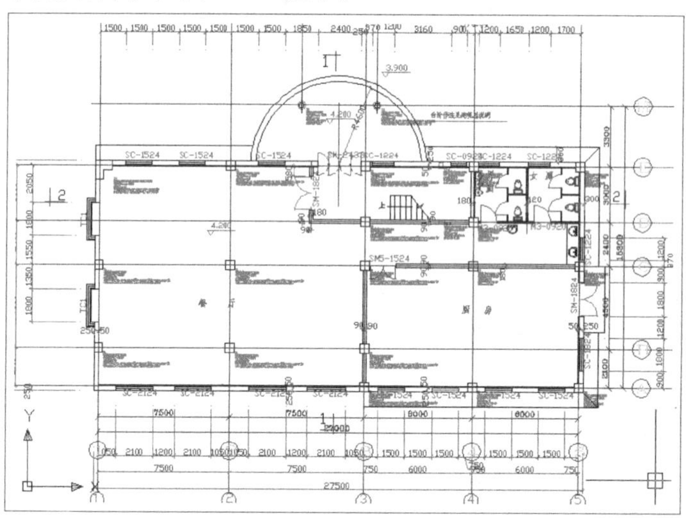

图 11-24 建筑一层平面图

在软件中，墙和门窗可以同步识别。由建筑说明可知，首层的墙为砌体墙，执行〖识别砌墙〗功能，弹出以下对话框（图 11-25）：

对话框的标题是“砌体墙识别”，命令栏提示“请选择墙线”，光标在图纸中提取墙线，所有的墙线隐藏，标示图层提取完成。提取完成后，右键确认，此时命令栏提示“请选择墙线”如果还有墙线没有隐藏，可以继续进行选择，直至所有属于砌体墙的墙线都被提取，就可以对墙进行识别了。如果需要对墙体上的门窗同时进行识别，还应选择墙上的门窗图元，以实现识别出来的墙段相连而不被门窗图元打断，同时也可将门窗同步识别出来。点击对话框或命令栏中的〖门窗线〗按钮，进入门窗提取对话框。图如下（图 11-26）：

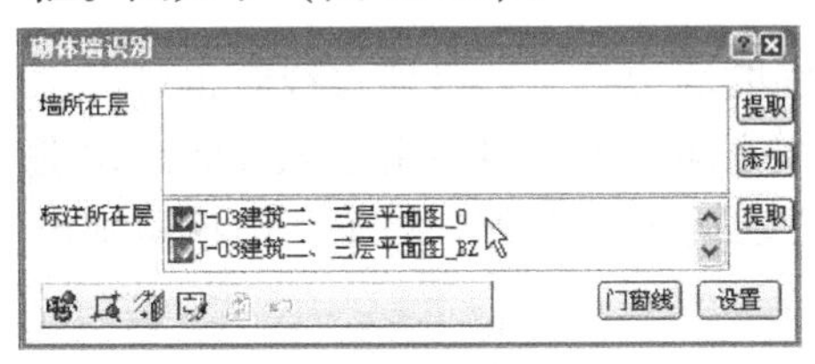

图 11-25　砌体墙识别对话框

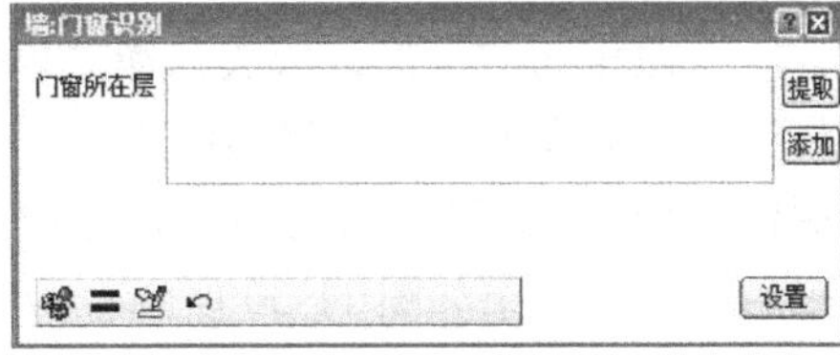

图 11-26　门窗图层提取对话框

用光标选择门窗图元，选择后图中的门窗图元会自动从图面消失，如有遗漏可继续选择，直至所有门窗图元全部隐藏。接着选择门窗编号文字，注意！如果不选择门窗编号，软件将无法正确识别门窗。当所有的门窗编号也从图面消失后，点击鼠标右键确认，回到“砌体墙识别”对话框，图如下（图 11-27）：

此时对话框的标题变成了“墙识别”，且命令栏提示“请选择墙线”，此时用光标选择墙边线，直至所有的墙图元从图面上消失，然后点击鼠标右键确认，这时对话框中的按钮便成为如图 11-28 所示的亮显状态了。点击〖设置〗按钮，展开设置选项。

在对话框中对相应的内容进行设置，可以让墙体识别得更准确。

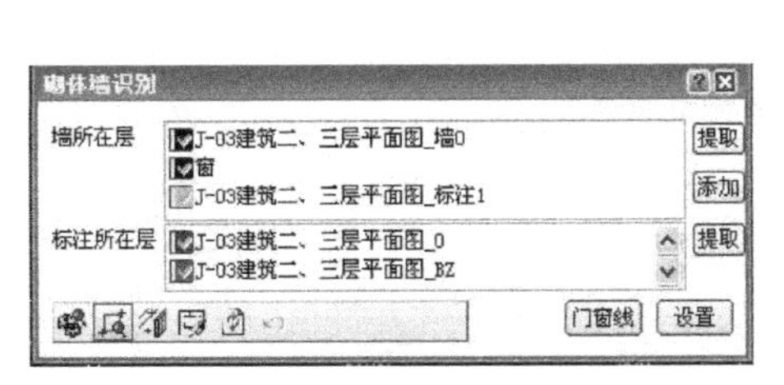

图 11-27　“砌体墙识别”对话框内容

图 11-28　墙识别设置选项

这里选择〖自动识别墙〗的方式之后右键，软件便会自动识别图面上的所有墙段；如果选用〖框选识别墙〗，则光标框选到的墙线将会被识别成墙体；如果选用〖单选识别墙〗，这时光标要选择待识别墙的某条边线，例如选择 E 轴上的墙边线，点击鼠标右键确认，软件便会自动识别出 E 轴上的所有墙段，且同时识别出墙上的所有门窗，如图 11-29 所示：

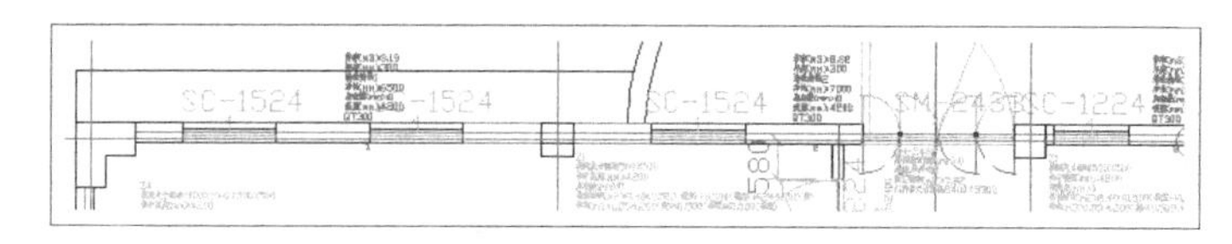

图 11-29　墙体识别

按照相同的步骤，依次选择要识别的墙边线，选择墙边线时也可以批量选择，只要所选择的墙边线不是一个方向上的即可。由于软件无法识别飘窗，1 轴上的墙可以用手动布置的方法确定。将所有的墙和门窗识别出来后的三维效果如图 11-30 所示：

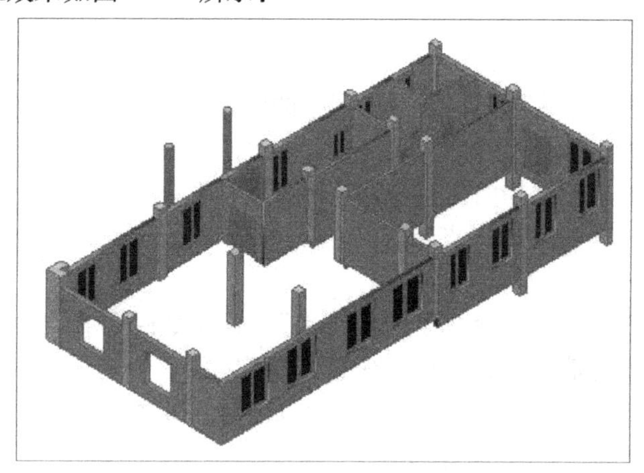

图 11-30　墙与门窗识别

识别完墙和门窗，清空施工图，下面需要给它们挂接做法。这里需要注意一点，软件允许同编号的墙拥有不同的厚度，因此在给墙挂接做法时，建议在不同厚度墙的〖构件查询〗窗口中分别挂接做法，以区分统计。例子工程中有 3 种不同厚度的墙，分别为 300、180、120 厚，在它们挂接做法时，可以用【构件】菜单中的〖构件筛选〗功能，进入构件筛选对话框，如图 11-31 所示。

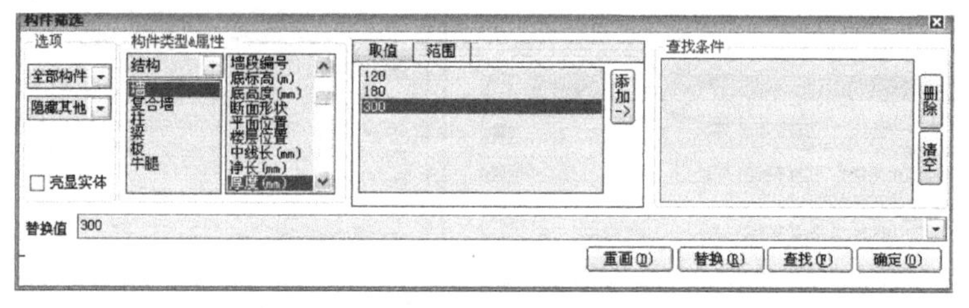

图 11-31　构件筛选

在构件类型中选择“结构”，选择“墙”，在墙的属性列表中选择“厚度”，图面上所有的墙厚度类型便会显示到“取值”中，选择某一个厚度，例如双击“300”，查找条件中会出现“墙 厚度（mm）=300”。在最左边的“选项”中选择“全部构件”、“隐藏其他”，则软件会在筛选后只在图面上显示符合条件的墙段。设置好后点击〖查找〗按钮，筛选出符合条件的墙，再点击〖确定〗按钮，返回图面，此时图上所有300厚的墙就筛选出来了，其他构件全部隐藏，如图11-32所示：

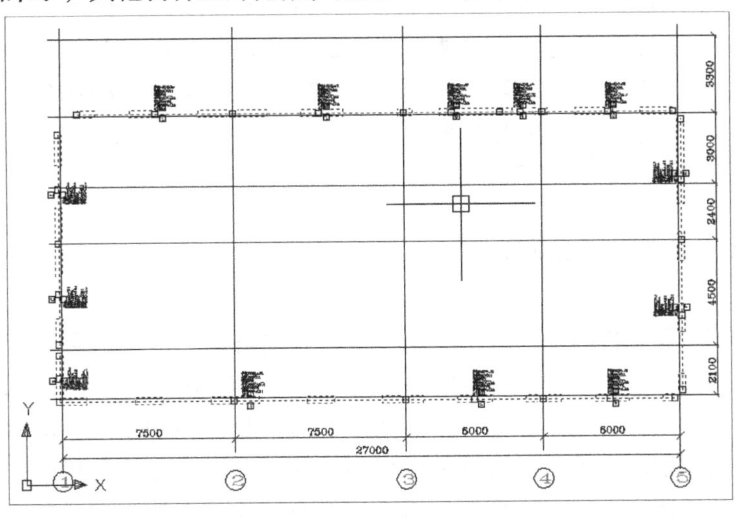

图11-32　墙段筛选

这样便可以批量选择多段墙，用〖构件查询〗功能挂接做法。在挂接完当前墙段的做法后，用〖图形刷新〗功能，恢复其他墙段和构件的显示，再用〖构件筛选〗查找其他厚度的墙，继续挂接做法，这样便可快速完成墙做法的定义。

温馨提示：

一般建筑平面图的图层都比较多，图面较复杂，因此在识别墙与门窗时，容易选错图层。当发现图层选错时，将无需识别的图层名称前面的选项钩去掉，软件便不会对该图层上的图元进行识别。

练一练

1. 如何识别墙和门窗？墙和门窗能分开识别吗？
2. 如何识别砌体墙？
3. 如何给识别出来的墙挂接做法？

11.9　首层其他构件

在前面的章节练习中已经识别出首层的轴网、柱、梁、基础、墙和门窗，但首层其他的构件是暂时无法识别的，例如板、飘窗、过梁、房间装饰、楼梯、脚手架等，因此仍然需要用手动布置的方式，将首层其他构件布置到图面上。其操作方法请参照手工建模章节第6章的内容。

小技巧：

利用【构件】菜单下的〖构件转换〗功能，可以分别实现“柱-暗柱-构造柱-独基”、“梁-暗梁-条基”、“板-筏板”、“门-窗-墙洞”之间的相互转换。利用〖构件转换〗功能可以扩展软件的识别功能。例如软件无法识别的条基（基础梁），可以先识别成梁，再用〖构件转换〗功能将梁转换成条基。

11.10 其他楼层的处理

按照首层构件的识别方法，同样可以识别出地下室、2层与3层的轴网、柱、梁、墙和门窗。但需要注意的是，为了让楼层组合不错位，各层的轴网必须对齐，这样各楼层在组合时才能不错位。因此，在切换到其他楼层进行识别时，可以不用再进行识别轴网，直接用〖拷贝楼层〗功能，将首层的轴网拷贝到其他楼层即可。这样在其他楼层导入电子施工图时，只要与拷贝过来的轴网对齐，识别出来的构件就能与首层搭接起来。结合识别建模与手工建模，便可快速完成各个楼层的模型建立。

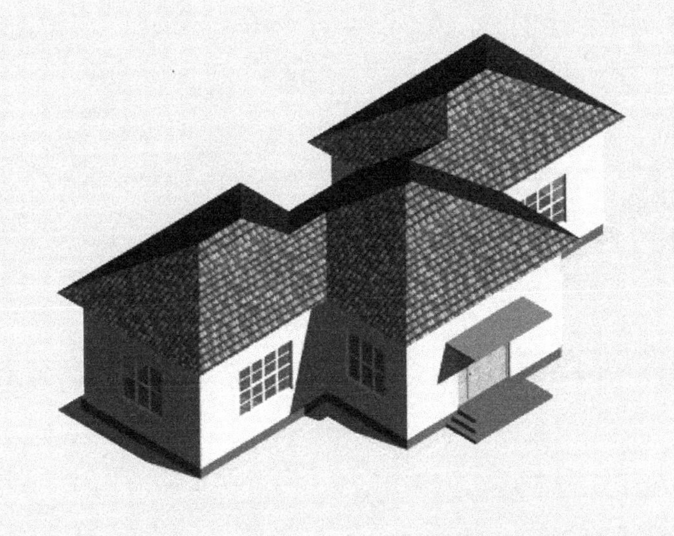

第三部分　钢筋工程量

第 12 章　钢筋工程量概述

12.1　钢筋工程量工作流程

运用三维算量软件计算钢筋工程量大致分为以下几个步骤：

(1) 新建工程项目；

(2) 工程设置；

(3) 建立结构模型；

(4) 布置、识别钢筋；

(5) 核对与调整钢筋；

(6) 分析统计；

(7) 输出、打印报表。

其中 (1) 至 (3) 均在建筑工程量部分讲解过，需要注意的是，计算钢筋工程量必须在〖工程设置〗中，勾选“计量模式”中应用范围的“钢筋计算”，并在“钢筋标准”中选择相应的钢筋标准。例子工程按G101 系列图集计算钢筋。

钢筋的布置分为手工布置和识别布置两种方式。有电子施工图时，可导入电子图文档进行钢筋识别，目前软件可以识别的钢筋有柱筋（柱表）、梁筋（梁表）、梁腰筋（腰筋表）、墙筋（墙表）、过梁筋（过梁表）与板筋；没有电子施工图或者软件无法进行识别的钢筋，则应手工布置钢筋，包括基础筋、栏板筋、楼梯钢筋、异形板钢筋、圈梁钢筋等。

教程分为手工布置钢筋与识别钢筋两部分，分别讲解两种操作流程。手工布置钢筋部分对应的是第 2 章至第 6 章的内容，而识别钢筋部分对应的是第 7 章的内容。学员根据需要选择阅读。

12.2　钢筋选项

命令模块：【钢筋】→〖钢筋选项〗

布置钢筋之前，应先依据结构设计说明设置好与钢筋工程量计算相关的选项，然后依据施工图给构件布置钢筋。

〖钢筋选项〗功能集中了软件所有的钢筋计算规则，是钢筋工程量计算的核心部分。执行【钢筋】菜单中的〖钢筋选项〗功能，弹出以下对话框（图 12-1）：

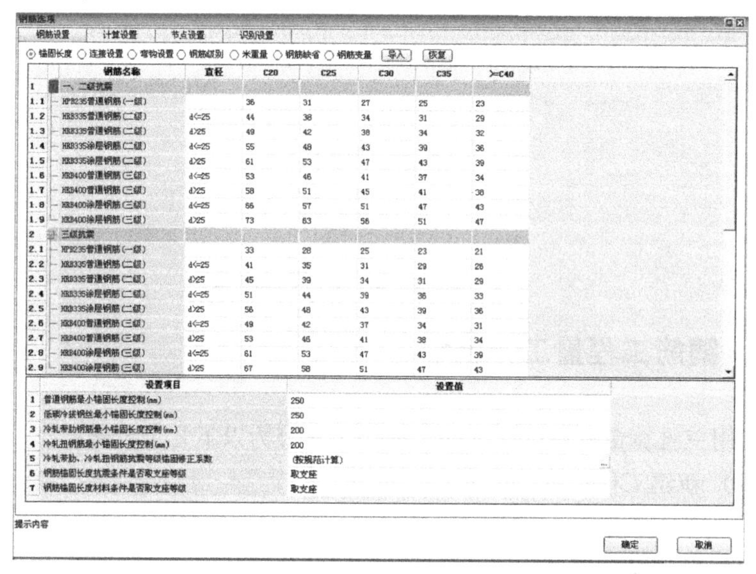

图 12-1　钢筋选项

在这里可以设置各种构件钢筋类别的计算规则。钢筋选项分为 4 个设置页面，设置内容繁多，但这些内容默认是与所选择的钢筋规范相符合的，一般情况下无需修改，遇到特殊情况时再进行调整。其中最为常用的是“计算设置”页面和“识别设置”页面。在“钢筋设置”中，包含了搭接长度、连接设置、弯钩设置、钢筋级别、米重量、钢筋默认、钢筋变量等多个选项节点，每个节点都对应着不同的设置项。“识别设置”页面主要是针对梁钢筋的识别选项。当您选择某一设置项时，对话框下方会显示该设置项的说明，便于理解。

按照例子工程的结构设计说明，柱的钢筋接头类型有特殊要求，因此要进入“钢筋设置”下的“连接设置”页面，在左边的构件列表中选择柱，柱的钢筋直径范围及对应的接头类型显示在右边（如图 12-2），按设计要求，设置第二个直径范围为“直径 > =20”，对应的柱钢筋接头设为“电渣焊”，设计要求大于 20 的都采用电渣焊接头，因此第三个直径范围对应的钢筋接头也设为“电渣焊”。设置好后，点击〖应用〗按钮，便可设置其他页面的内容。

在设计说明中对构件的钢筋保护层厚度也有要求，切换到“计算设置”页面，这里，不同的构件都有设置页面，每个构件选项下，都有“保护层厚度”设置项。依据设计说明，分别设置不同构件类型的保护层厚度，设置时应依据工程中该构件的混凝土强度等级，选择相应的保护层厚度来修改（如图 12-3）。假设例子工程的环境类别为一类环境，以柱为例，例子工程柱的混凝土强度等级在“C25～C45”范围内，修改其一类环境下对应的保护层厚度为25，这样柱钢筋的保护层厚度就设置好了。同理，依次设置好其他构件的保护层厚度。

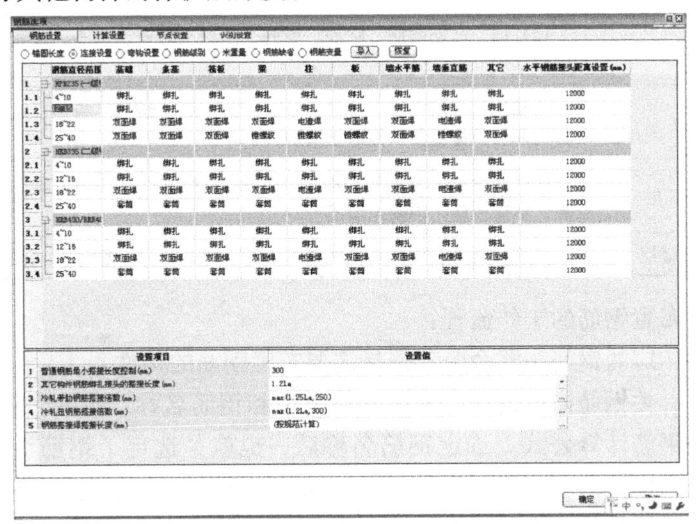

图 12-2　钢筋接头类型设置

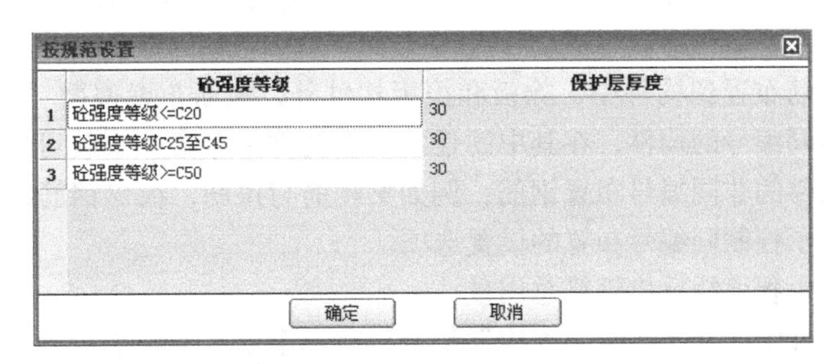

图 12-3　保护层厚度设置

练一练

1. 墙体拉结筋锚入混凝土构件的长度在哪里设置？
2. 钢筋的定尺长度在哪里设置？
3. 如果柱钢筋直径大于20时采用电渣压力焊接头，在哪里可以设置？
4. 如何设置独基与基础梁的保护层厚度？

12.3　实例工程分析

依据结构设计总说明，工程为框架结构，抗震等级为四级，在建立结构模型时，必须正确设置各类构件的抗震等级。例子工程框架梁柱做法及要求均参照《03G101-1》图集，除设计说明中规定的钢筋做法外，未说明的均按照国家现行施工及验收规范执行。

例子工程各楼层需要计算的钢筋如表12-1所示：

钢筋计算项目表 **表 12-1**

楼层名称	钢筋计算项目
基础层	独基筋
地下室	独基筋、基础梁筋、柱筋、梁筋、混凝土墙筋、板筋、过梁筋、砌体墙拉结筋
首层	独基筋、基础梁筋、柱筋、梁筋、砌体墙拉结筋、板筋、过梁筋、楼梯钢筋、飘窗板筋、混凝土墙筋
2层、3层	柱筋（含楼梯柱筋）、梁筋、砌体墙拉结筋、板筋、过梁筋、楼梯钢筋、飘窗板筋、混凝土墙筋
出屋顶楼层	柱筋、梁筋、砌体墙拉结筋、板筋、过梁筋、挑檐钢筋、压顶筋

手工布置钢筋的工作流程：

激活相应的钢筋布置命令，选择需要布置钢筋的构件。

定义有关钢筋描述信息，选择钢筋类型和钢筋名称，每一个钢筋名称对应一条钢筋计算公式。选定钢筋名称后，也就是选定了钢筋计算公式。钢筋的描述包括钢筋直径、分布间距或数量信息，以及钢筋排数等信息。

软件根据学员设定的描述，自动从当前构件中获取相关尺寸等信息，并将两者相结合，结合长度和数量公式计算出构件中钢筋的实际长度和数量。

将钢筋布置到构件中，除板和筏板构件外，钢筋布置遵循“同编号”原则，即同编号的构件，在其中的任意一个构件上布置一次就可以了。个别特殊构件的非同编号布置钢筋，例如梁腰筋与拉筋，在“钢筋选项”中软件提供了控制同编号布置的设置选项。

最后由程序统计出钢筋总用量。

在软件中，并不是每一类构件都专门有一个单独的钢筋布置命令，常常是几类构件的钢筋共用一个钢筋布置命令，且激活命令后，命令栏会提示可选择的构件类型，按命令栏提示操作即可。

下面利用前面讲解建筑工程量时建立好的工程模型，讲解钢筋工程量的计算。由于首层的钢筋比较具有代表性，本部分教程从首层钢筋开始讲解。

第 13 章　首层钢筋工程量

依据结构施工图，本实例工程首层需要计算的钢筋有：独基钢筋、基础梁钢筋、柱筋、柱插筋、梁筋、砌体墙拉结筋、混凝土墙筋、板筋、过梁筋、楼梯钢筋、飘窗板钢筋。

13.1　首层柱筋

命令模块：【钢筋】→〖钢筋布置〗、【钢筋】→〖柱筋平法〗

参考图纸：结施-12（一层柱平面结构图）

柱筋布置有两种方式，①柱筋平法方式，该方式针对柱内钢筋基本正常，没有什么附加钢筋。用柱筋平法布置钢筋，软件能够正常判定上下楼层柱以及配置的钢筋变化关系，从而给出对应的钢筋公式，与施工现场的实际相同，并且与标准图集的构造要求一致，计算结果准确性高。②普通钢筋布置方式，该方式针对柱内钢筋复杂，且用柱筋平法不能布置的钢筋；该种钢筋布置方式灵活，其钢筋的数量公式、长度公式都是开放的，可以进行修改调整，能够满足对特殊钢筋进行布置的需要，缺点是不能自动对上下楼层柱以及配置的钢筋变化关系进行自动判定，布置的是什么样的钢筋，计算也就是什么样，与施工实际和标准图集构造可能不一致，计算结果准确性不高。所以在进行柱筋布置时应正确选定布置方式。

在给柱子布置钢筋之前，应确定好柱编号中的各类结构属性，保护层厚度和抗震等级，设置好后就可以进行柱钢筋布置了。

实例的保护层厚度为25mm，框架的抗震等级为4级。

13.1.1 柱筋平法布置柱钢筋

将界面切换到需要布置柱筋的楼层，将柱子构件显示在界面中，隐藏其他构件，执行“钢筋”菜单下的〖柱筋平法〗命令，也可以选中一个待布置钢筋的柱之后右键，在弹出的右键菜单中选择〖柱筋平法〗命令，弹出对话框如图13-1所示：

柱筋平法布置钢筋的方式主要是以图形为主，所以在对话框中我们看到一个柱子的主要五类钢筋，分为外箍、内箍、拉筋、角筋、边侧筋，五类钢筋开栏目显示，方便每种钢筋作单独的描述设置。这里我们用实例 Z4 配筋做讲解。

Z4 是一个“L”的柱，平法配筋如图 13-2 所示：

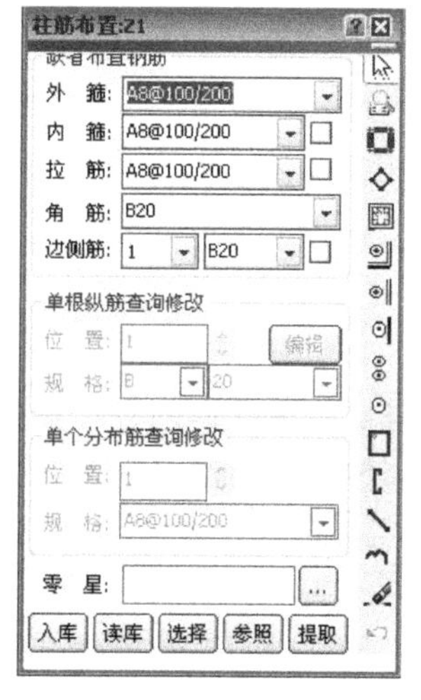

图 13-1 柱筋布置

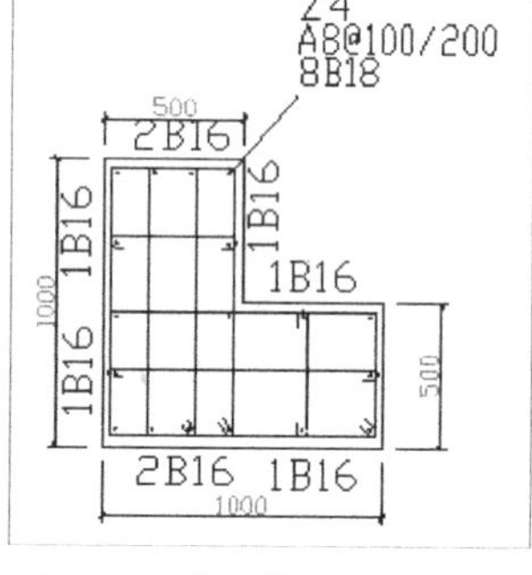

图 13-2 柱配筋图

参照柱配筋图，首先在对话框中按照钢筋分类定义好钢筋的描述，看到 Z4 的外箍、内箍、拉筋在描述中都是“A8@100/200”。说明：软件中对于钢筋的级别描述是：

一级钢筋（HPB235）用“A”字母替代；

二级钢筋（HRB335）用“B”字母替代；

三级钢筋（HRB400/RRB400）用“C”字母替代；

其他级别钢筋请参看软件中钢筋选项内的“钢筋级别”专项。

既然 Z4 的内、外和拉筋都是一种描述，那么在对话框中的对应栏目内都输入“A8@100/200”即可。对于角筋和边侧筋，平法绘图有两种方式，一种是原位标注，另一种就是集中标注。这两种方法可以单独使用，也可以混合使用，例子是混合使用的类型。即角筋用的是集中标注的方式，而边侧筋是原位标注的方式。一般来说混合方式中角筋用原位标注，而边侧筋用原位标注居多，关于钢筋的标注请学员参看有关专业书籍。根据柱配筋图，可以知道其角筋是“8B18”，边侧筋是“1B16 或 2B16”。

描述中的角筋，施工现场主要是布置在柱子外箍相套的阴阳角部处，Z4 是一个“L”形截面，其外箍相套的阴阳角数量刚好是“8”个，所以角筋是 8 根。说明：对话框中的角筋描述设置不需要设置钢筋数量（根数），对于角筋的根数，软件会依据柱子的截面形状自动判定出来。

柱子的边侧筋，配筋图是原位标注的。标注有多种根数，但对话框中只有一个边侧筋描述设置栏，碰到此种情况，软件解决的方法就是在边侧筋描述栏内设置一种钢筋描述，布置钢筋时在待布置边侧筋的边缘多点击鼠标就可以了，如有 4 根边侧筋就点击“4”次，也就是边侧筋有“N”根就点击“N”次，就可以满足边侧筋的布置要求。这里我们在对话框中将边侧筋的数量定为“1”，钢筋的级别和直径定为“B16”。

图 13-1 柱筋布置对话框的右侧边缘有“16”个按钮，分别对应 16 个钢筋布置功能，请学员将光标停滞在每一个按钮上，就会出现按钮是做什么用的说明。

柱筋平法以图形布置为操作方式，钢筋的摆放间距一切均以外箍圈定的区域为判定对象，所以用“柱筋平法”布置柱筋，我们首先要布置外箍，用外箍将后面需要布置的内箍、拉筋、角筋、边侧筋的分布位置锁定起来。点击〖■〗“矩形外箍”布置按钮，根据命令栏提示光标至柱子的截面上绘制出外箍的轮廓线，说明：用“矩形外箍”布置方式布置外箍，只能布置出方正的矩形图形，对于圆形和歪斜等形状的柱截面不能用此功能，要用〖⌒〗“任意分布筋”的功能。Z4 是一个“L”形截面柱，布置外箍要布置两个方向，布置完成效果如图 13-3 所示：

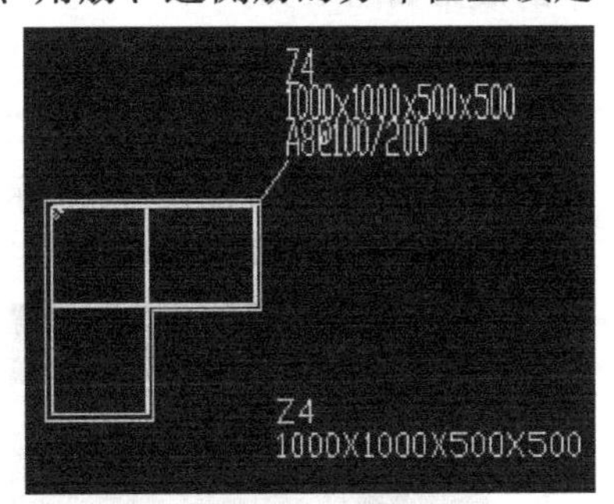

图 13-3 外箍布置好的效果图

布置矩形箍时当光标移至柱子截面中，光标会自动捕捉到柱子的角点，之后按住鼠标将光标拖拽到柱子截面斜角的另一对角点，再次点击鼠标，一个矩形箍就布置到柱子内了。要视柱子的截面形状确定布置几个外箍，一般情况下“口”形布置“一个”、“L”形布置“二个”、 “T”形布置“二个”、 “工”形布置“三个”。

外箍布置完成后接着布置角筋，点击〖■〗“自动布置角筋”按钮，在对话框中定义的角筋描述就会自动的布置到柱截面当中，效果如图 13-4：

角筋布置好之后，接着布置边侧筋，点击〖⊙〗“双边侧钢筋”按钮，根据配筋图，光标移至需要布置边侧钢筋的截面边沿，点击鼠标，一个成对的边侧钢筋就按照对话框中的描述布置到截面图中了。如果一个边沿有两根或多根边侧筋，可以接着再次点击鼠标，直至将一边的边侧筋全部布置完毕。一个对边的边侧筋布置完后再将光标移至另一边进行点击布置，直至柱子的边侧筋全部布置完毕。边侧筋布置完毕的效果如图 13-5：

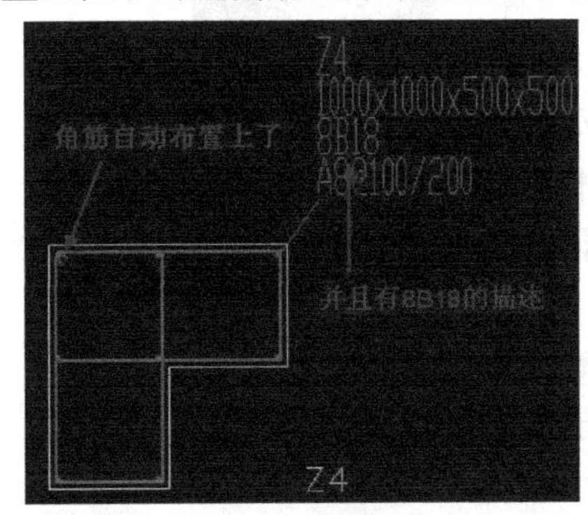

图 13-4 角筋布置好的效果图

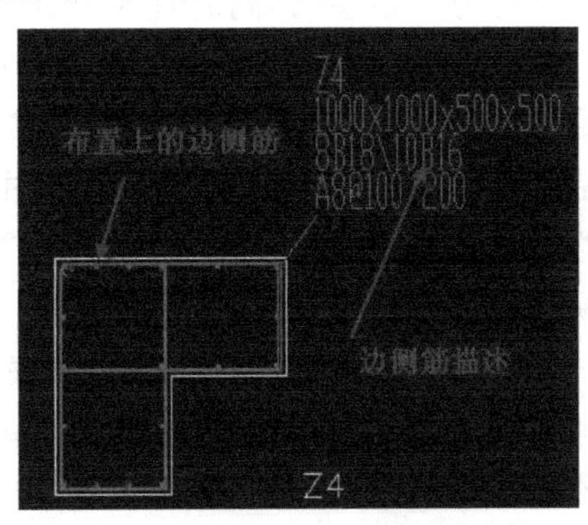

图 13-5 边侧筋布置好的效果图

从效果图中看到布置的边侧筋在两根角筋之间的范围内是等间距摆放的，这符合钢筋施工质量验收要求。之后布置的内箍筋的宽度尺寸将以这个间距为标准进行计算。边侧筋布置好后，就可以进行内箍筋的布置了。点击〖▢〗“矩形内箍”按钮，根据配筋图，光标移至需要布置内箍筋的边侧筋处，点击鼠标，再将光标拖拽到另一对角处的边侧筋处再次点击鼠标，一个内箍筋就按照对话框中的描述布置到截面图中了。内箍筋布置完毕的效果如图 13-6：

内箍筋布置好后，接着布置拉筋。点击〖C〗“内部拉筋”按钮，根据配筋图，光标移至需要布置拉筋的边侧筋处，点击鼠标，再将光标拖拽到另一对边侧筋处再次点击鼠标，一个拉筋就按照对话框中的描述布置到截面图中了。所有拉筋布置完毕的效果如图 13-7：

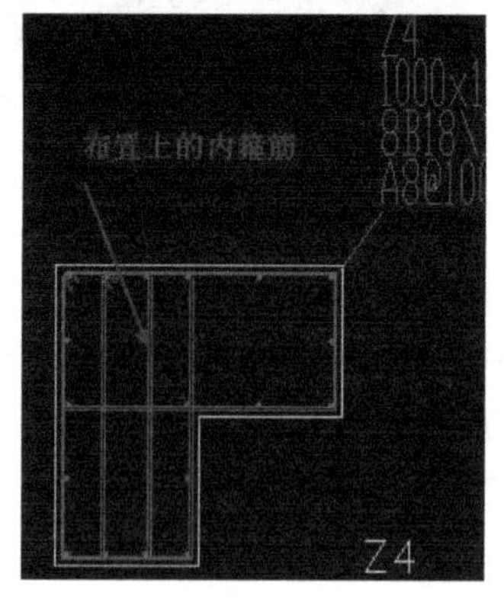

图 13-6 内箍筋布置好的效果图

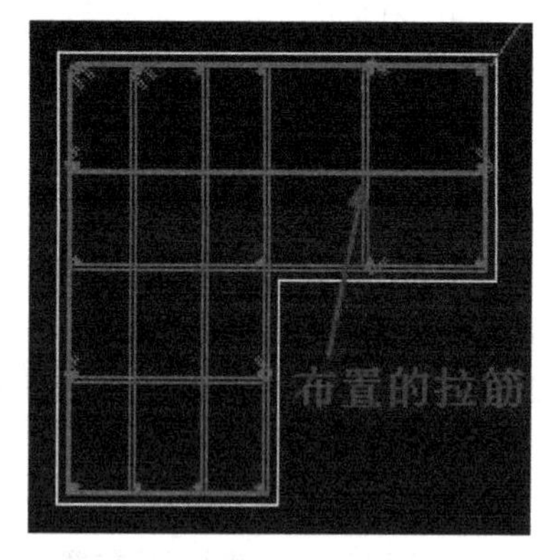

图 13-7 拉筋布置好的效果图

拉筋布置完毕，到此 Z4 的钢筋就布置完成了。注意！要让钢筋在软件中自动按照规范或标准进行构造判定，一定要将构件的条件设置齐全。如要柱子主筋自动产生插筋，那么柱子的楼层位置必须设置为“底层”，并且柱子的底高必须设置为“底同基础顶”，同样柱子到了顶部钢筋要收头，那么要将柱子的楼层位置设置为“顶层”，同时柱子在顶部是角柱、边柱、还是中间柱也要指定好，否则条件不满足软件就不会判定出正确的构造。实例 Z4 柱子是在地下室楼层，按照设置要求将柱子楼层位置设为“底层”，柱子底高度设为“底同基础顶”，布置完后三维效果如图 13-8：

图 13-8 柱筋布置好的效果图

从效果图中可以看到柱子的底部有自动生成的插筋，顶部有钢筋伸入上一楼层的非搭接区预留钢筋。

要显示柱子钢筋的三维效果，请进入钢

筋→钢筋选项→计算设置→柱→柱箍筋显示效果，将设置值选为“精细”，〖确定〗退出就可以了。

注意事项：

按平法标准，底层柱子的箍筋加密与标准层的加密方式不一样，故应注意检查在构件查询内柱子的楼层位置是否为底层，如果是在底层布置的柱子，软件会默认柱子的楼层位置为底层。

13.1.2 普通方式布置柱钢筋

将界面切换到需要布置柱钢筋的楼层，执行〖钢筋布置〗命令，弹出以下对话框（图 13-9）：

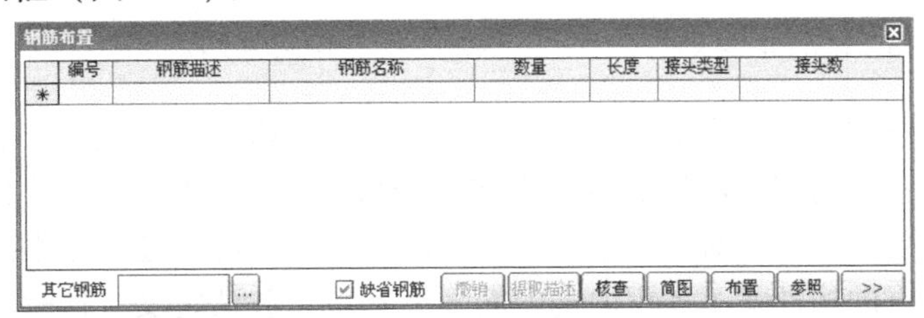

图 13-9 柱筋布置

在图面上选择要布置钢筋的柱子，右键确认，对话框中会出现柱编号、柱截面类型以及默认的柱钢筋信息。依据一层柱平面图中的柱表，修改对话框中的钢筋描述。以 Z1 为例，纵筋为“10B20”，钢筋名称与默认名称一样，位置选择“纵筋”；箍筋描述与默认描述一样，钢筋名称需要按箍筋肢数选择。

注意：箍筋肢数与矩形柱 B 边的钢筋肢数以及 H 边的钢筋肢数有关，而对于矩形柱的 B 边和 H 边，软件默认是将 B 边作为长边。例如 300 × 400 的柱子，软件会将 400 的长边作为 B 边，并且指定箍筋肢数时，长边的肢数必须在前，例如 400 长边的肢数是 4，而 300 短边的肢数是 2，则箍筋肢数应该为“4 * 3”。

对于钢筋描述定义：光标点击钢筋描述栏内的〖▾〗按钮，会弹出钢筋描述选择框，如图 13-10：

图 13-10 钢筋描述选择框

看到栏目中有现成的钢筋描述，这是软件记录前面已经输入或选择过的钢筋描述，在栏目的下面有“非分布筋、分布筋”两个文字选项，光标点击“非分布筋”，会弹出针对以根数描述的钢筋描述定义框，图如下（图 13-11）：

根据图纸上的钢筋描述，光标在“个数”栏内点选描述的根数，在“级别”栏内点选描述的钢筋级别，在“直径”栏内点选描述的钢筋直径。

当栏目内没有符合设计的钢筋描述可选时可以手工录入。

光标点击“分布筋”，会弹出针对以根数描述的钢筋描述定义框，图如下（图 13-12）：

个数	级别	直径
4		25
1	A	10
2	B	12
3	C	14
4	M	16
5	K	18
6	T	20
7	U	22
8	R	25
10		28
12		30
14		32
16		

图 13-11　非分布筋定义框

级别 直径@加密 / 分布 (m * n)					
A	0	0	0	0	0
A	6	50			
B	6.5	100	100	2	2
C	8	150	150	3	3
M	10	200	200	4	4
K	12	250	250	5	5
T	14	300	300	6	6
U	16	400	400	7	7
R	18	500	500	8	8
	20	600	600	9	9
	22	800	800	10	10
	25	1000	1000	12	12

图 13-12　分布筋定义框

分布筋的描述包含钢筋的“级别、直径、加密区分布间距、非加密区间距、截宽方向钢筋肢数、截高方向钢筋肢数”，选择时钢筋的直径和级别是一定要选择的，对于分布间距和肢数由于分布筋所处位置不同而有所不同，如有的构件就不需要加密配筋，也不需要肢数定义，这时可以用光标点选栏目内最顶上的空白处，就会将顶部的选中栏内的内容冲掉。同样当栏目内没有符合设计的钢筋描述可选时可以手工录入。

在描述定义选择框内选择好内容后，光标不要离开选择框，点右键，就将描述定义到对话框的钢筋描述单元格中了。

在本楼层中，矩形柱是正方形，因此无所谓哪边作为 B 边。柱表中 Z1 箍筋为 3＊4 肢箍，因此在钢筋名称中选择“矩形箍（4＊3）”。点击简图按钮，可以查看箍筋简图，与柱表箍筋截面形式一致即可。如图 13-13 所示：

点击〖布置〗按钮，将柱钢筋布置到柱子上，柱子旁会出现布置上的钢筋描述（图 13-14）。

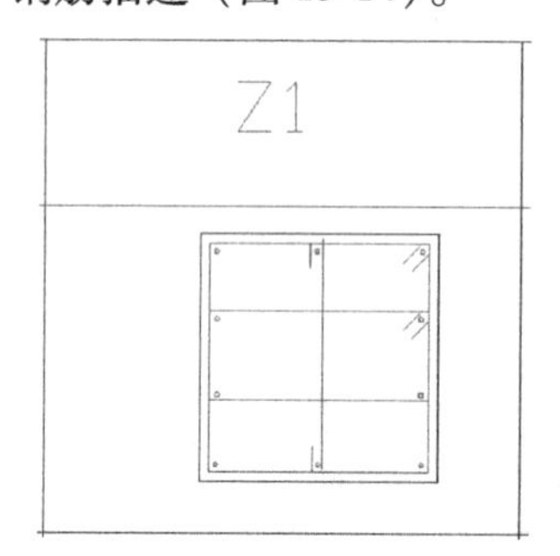

图 13-13　箍筋简图

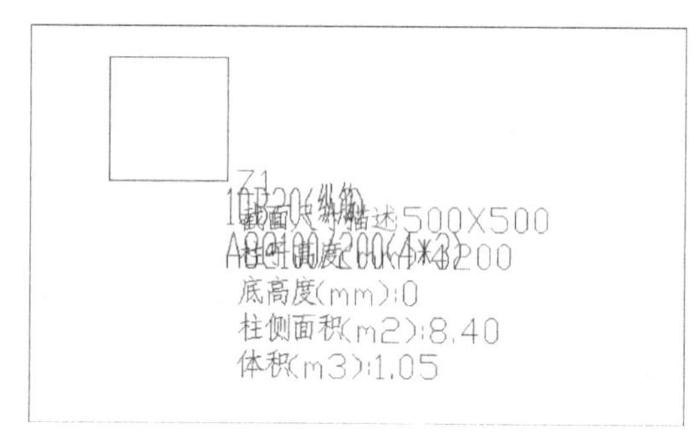

图 13-14　柱筋布置

遵循“同编号”原则，Z1 的钢筋就布置好了。按照上述方法，依次将柱表中 Z2 和 Z3 的钢筋布置到柱上。还要依据楼梯结构图布置两个梯柱的钢筋，不可遗漏，可用前面介绍的钢筋查询功能检查柱子的钢筋是否全部布置上了。

练一练

1. 如何布置柱筋?

2. 截面为 400×500 的柱子，短边的箍筋肢数是 3 根，长边的箍筋肢数是 4 根，则在软件中选择箍筋名称时，应选择“矩形箍（3*4）”，还是“矩形箍（4*3）”?

3. 如何使用柱筋平法?

13.2 插筋布置

命令模块：【钢筋】→〖自动钢筋〗

参考图纸：结施-03（J-1、J-2、J-3 详图）、结施-04（J-4～J-8 详图）

按照设计要求，基础中还应含有柱插筋。软件中柱插筋是在柱内布置的，如果柱钢筋是用柱筋平法布置时，则不用再另外布置柱插筋。当使用钢筋布置功能布置柱钢筋时，软件提供自动布置插筋的功能。但自动布置柱插筋和柱筋平法的自动计算插筋都有三个前提条件：

（1）柱上有柱钢筋。

（2）基础上柱为底层柱。

（3）柱底标高与基础顶标高在同一高度。

对于第一个条件，即要求基础和柱要布置在同一楼层，如果基础和柱分别在各自的楼层，柱插筋将无法取到基础高度，钢筋长度将无法正确计算。对于第二个条件，只要给柱布置钢筋就可以了。而第三个条件则要求柱的属性为底层柱。在软件中，柱的楼层位置是依据楼层表来定义的，软件自动判断最下面一层的柱子为底层柱，最上面一层柱子为顶层柱。对于例子工程这种特殊情况，软件无法自动处理。首层不是楼层表中的最底楼层，因此柱子的楼层位置默认成中间层。在布置插筋之前，需要对柱子的属性进行调整。选中首层所有基础上的柱子，执行〖构件查询〗功能，在属性中将“楼层位置”改为“底层”，点击〖确定〗退出。下面便可以给柱子布置插筋了。

执行〖自动钢筋〗功能，按命令栏提示，点击命令栏的〖插筋〗按钮，柱插筋就自动布置上去了，其插筋根数与直径引已经布置了的柱钢筋描述，箍筋描述引用原箍筋描述。如果需对默认的钢筋公式进行修改，可以进入〖钢筋选项〗的“计算设置”下的柱钢筋中修改。柱插筋布置效果如图 13-15 所示：

可以用〖钢筋布置〗功能来反查柱插筋（图 13-16）。执行命令并选择要查看的柱子后，从柱筋布置对话框中可以看到，基础中柱插筋和箍筋的数量和长度都计算出来了。可以通过展开计算明细来查看钢筋计算公式。

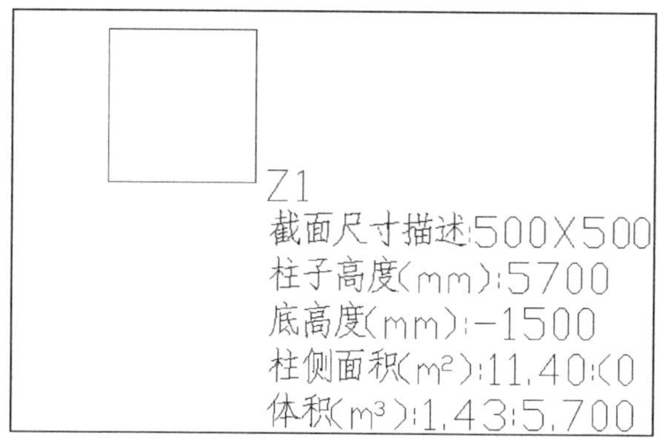

图 13-15　插筋布置

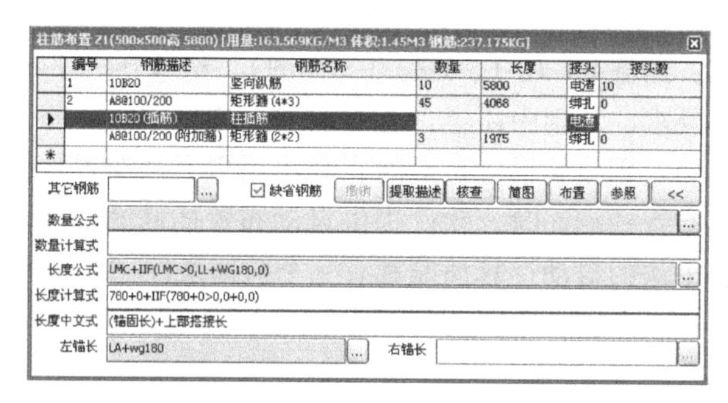

图 13-16　柱插筋反查

在柱插筋的长度表达式中，变量 JG 表示柱下基础高度，从计算式中可以看出，基高已经自动取到了柱下基础的高度 800。插筋长度为基高与弯头、搭接长度的和。因为柱插筋不是绑扎接头，因此搭接长度 LL 为 0，最后计算出插筋的长度。

练一练

1. 自动钢筋功能还可以用于布置什么钢筋？
2. 如何反查布置到构件上的插筋？
3. 默认的柱插筋的箍筋数量计算公式可以在哪里修改？
4. 插筋的长度计算公式在哪里可以修改？

13.3　首层梁筋

命令模块：【钢筋】→〖梁筋布置〗

参考图纸：结施-08（一层楼面梁结构图）

依据结构设计说明，梁的保护层厚度为 25，抗震等级为 4 级，在定义梁编号时应注意正确设置梁的结构类型。下面给梁布置钢筋，用〖构件显示〗命令将柱和梁显示出来。

激活〖梁筋布置〗命令，弹出梁筋布置对话框（图 13-17）：

梁筋布置 KL5(2)(300x650)

梁跨	箍筋	面筋	底筋	左支座筋	右支座筋	腰筋	拉筋	加强筋	其它筋	标高(m)	截面(mm)
集中标注	A8@100/200	2B20	2B20							0	300x650
1				4B20	4B20						
2					4B20						

其它钢筋： … 缺省 设置 核查 参照 布置 下步(N)

图 13-17　梁筋布置对话框

对话框内的标高是相对于当前层的层顶标高。当梁按“同层高”布置时，对话框内梁的标高就是“0”。如果梁段要升、降高度，可在标高列中对应梁跨单元格内输入一个相对于当前层顶标高的正或负数，例如“-0.5”m；则将该跨梁段向下降0.5m的高度，输入正值则将梁段向上提升。整条梁需进行升降，则将升降值填入集中标注栏内即可。

在布置梁筋之前，应先完成一些钢筋设置。点击〖设置〗按钮，进入“识别设置”对话框（图13-18）：

钢筋选项

钢筋设置　计算设置　节点设置　识别设置

梁　条基　腰筋表　导入　恢复

	设置项目	设置值
1	公用	
1.1	是否识别梁截面与标高	识别
1.2	识别后保留原图	不保留
1.3	识别原位标注的面筋	识别
1.4	双层钢筋的垫筋	无垫筋
1.5	折梁处角托钢筋	2B18
1.6	带悬挑钢筋端头是否按回弯形式	按标准
1.7	布置对话框中修改标高是否同编号	单独处理
1.8	布置对话框中修改截面尺寸是否同编号	单独处理
1.9	布置对话框中修改平法钢筋后点下步时选项	每次提示
2	箍筋	
2.1	框架梁说明性箍筋描述	不设置
2.2	普通梁说明性箍筋描述	不设置
2.3	梁悬挑端说明性箍筋描述	不设置
2.4	自动布置主次梁加密箍	自动布置
2.5	主次梁加密箍筋描述	6
2.6	自动布置井字梁节点加密箍	手动布置
2.7	井字梁节点加密箍筋描述	6
2.8	梁悬挑端箍筋是否同集中标注	同集中标注　箍筋
2.9	折梁处加密箍设置	14
3	腰筋	
3.1	自动布置构造腰筋	指定布置
3.2	构造腰筋描述	2B12
3.3	计算腰筋板下梁高度取值设置	取小值
3.4	布置构造腰筋的梁净高(mm)	450
3.5	起始梁高构造腰筋排数(排)	2
3.6	每增加一排构造腰筋的高度间距(mm)	200
3.7	拉筋配置	(按规范计算)
3.8	梁构造拉筋间距	2倍非加密箍间距

提示内容

确定　取消

图 13-18　识别设置

在这里可以设置自动布置腰筋的条件、默认的腰筋、拉筋描述以及自动布置吊筋、井字梁加密箍等。按设计要求，板下梁净高大于450时要布置腰筋，应将“自动布置构造腰筋”选项设为“自动布置”，并设置好腰筋与拉筋的描述，以及腰筋排数等，这里的默认值均是按规范设置的。注意！这里的“布置腰筋的起始梁高”指的是梁净高，不包含梁上板的相交高度。如果目前没有布置板，或者布置板后没有执行梁的工程量分析，软件会取梁的截高作为梁净高，以此为条件布置的腰筋是不正确的。因此在不满足上述条件的情况下，不能设置腰筋的自动布置，腰筋要另行处理。前面在讲解手工建模时，已经布置了板并执行了工程量分析，因此这里可以将“自动布置构造腰筋”设为“自动布置”。设置好后点击〖确定〗按钮，返回梁筋布置界面。

在界面中选择要布置钢筋的梁，这里以 E 轴上的 KL7 为例，选择 KL7 点击右键确认选择。KL7 是四跨连续梁，对话框中显示的是含集中标注在内的 5 行数据，每一跨梁对应一行钢筋数据，下一步是按平法规则录入钢筋描述。先是集中标注的录入。依据一层楼面梁结构图，KL7 的集中标注中有箍筋和受力锚固面筋，分别录入到集中标注的箍筋和上部筋中。

接着录入原位标注钢筋，例如第一跨的梁底直筋以及支座负筋。梁底直筋录入到 1 行的“底部筋”中；录入支座负筋时应注意按照原位标注在梁跨上的相对位置来录入。软件将负弯矩筋均作为支座筋（也就是平法内所说的非贯通筋），分为“左支座筋”和“右支座筋”，如果原位标注在梁跨的左端，则录入到“左支座筋”中，在右端则录入到“右支座筋”中，软件会自动根据梁跨号判断该支座筋是端头支座负筋还是中间支座负筋。因此，在 1 行中需要分别录入“2B22 + 2B20”的左支座筋和右支座筋。当梁的方向是竖直方向时，则梁跨下方位的支座筋为左支座筋，上方位的支座筋为右支座筋。

接下来录入第 2 跨的原位标注钢筋。除了梁底直筋和右支座筋外，第 2 跨上还有 2 处吊筋，在软件中，吊筋和节点加密箍筋等都属于加强筋，因此要录入到“加强筋”列中。录入吊筋时，应根据平法规则在钢筋描述前加上吊筋代号“V”。第 2 跨上有两处吊筋，可以用“;”或“/”隔开两个吊筋描述，即录入“V2B20；V2B20”。

同理，录入完第 3 跨和第 4 跨上的原位标注钢筋，腰筋和拉筋是由软件自动生成的，这里不用录入。KL7 的梁筋录入如图 13-19 所示：

梁筋布置 KL7(4)(300x650)

梁跨	箍筋	面筋	底筋	左支座筋	右支座筋	腰筋	拉筋	加强筋	其它筋	标高(m)	截面(mm)
集中标注	A8@100/200 (2	2B22								0	300x650
1			4B20	2B22+2B20	2B22+2B20						
2			4B20		2B22+2B20			V2B20/V2B20			
3			4B20					V2B20/V2B20/V			
4			4B20	2B22+2B20	2B22+2B20						

其它钢筋：　□自动　转换　合并　提取　吊筋　设置　核查　参照　布置　下步(N)

图 13-19　梁筋录入

点击〖下步〗按钮，此时可以看到“腰筋”和“拉筋”列中自动出现了钢筋描述（图 13-20）：

梁跨	箍筋	面筋	底筋	左支座筋	右支座筋	腰筋	拉筋	加强筋	其它筋	标高(m)	截面(mm)
集中标注	A8@100/200 (2)	2B22								0	300x650
1			4B20	2B22+2B20	2B22+2B20						
2			4B20		2B22+2B20			V2B20/V2B20;J			
3			4B20					V2B20/V2B20/V			
4			4B20	2B22+2B20	2B22+2B20						

其它钢筋：　□自动　转换　合并　提取　吊筋　设置　核查　参照　布置　上步(P)

编号	梁跨	钢筋描述	钢筋名称	接头类型	接头数
1	1	A8@100/200 (2)	矩形箍 (2)	绑扎	0
1	2	A8@100/200 (2)	矩形箍 (2)	绑扎	0
1	3	A8@100/200 (2)	矩形箍 (2)	绑扎	0
1	4	A8@100/200 (2)	矩形箍 (2)	绑扎	0

数量公式：2*CEIL((LJM-QT)/SJM+1)+(L-2*QT-2*CEIL((LJM-QT)/SJM)*SJM-JDCD-JLJD)/S

数量式：2*CEIL((975-50)/100+1)+(6496-2*50-2*CEIL((975-50)/100)*100-0-0)/2　43

长度公式：G_1

长度式：1915　1915

中文式：2肢箍筋

锚长左边：　右边：

图 13-20　展开钢筋明细

在计算明细中查看一下 1 跨上的右支座筋，如图 13-21 所示，软件自动给右支座筋指定钢筋名称为“中间支座负筋”，且梁跨中以“12”表示布置在第 1 跨和第 2 跨之间。同理，其他的支座筋软件也会自动根据它在梁跨上的位置来判断其钢筋名称。

	编号	梁跨	钢筋描述	钢筋名称	接头类型	接头数
▶	7	1 2	2B20	中间支座负筋	双面焊	0
*						

图 13-21　梁支座筋明细

再查看一下第 2 跨上的吊筋描述，在明细中可以看到，软件自动指定了钢筋名称"吊筋 45"，这里吊筋的角度是根据梁高来判定的，可以在〖钢筋选项〗的"识别设置"中对吊筋角度判定条件进行调整（图 13-22）。

	编号	梁跨	钢筋描述	钢筋名称	接头类型	接头数
▶	8	1	2B20	吊筋45	双面焊	0
	9	1	2B20	吊筋45	双面焊	0
*						

图 13-22　梁吊筋明细

核对钢筋明细无误后，点击〖布置〗按钮，梁钢筋就布置到 KL7 上了，并且用平法标注显示在梁上（图 13-23）。

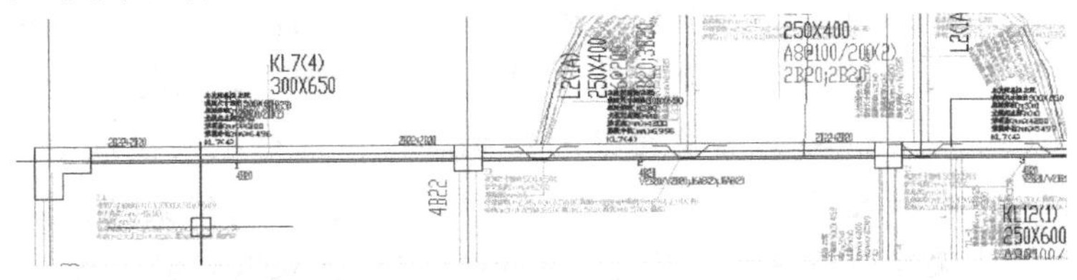

图 13-23　梁筋布置显示

按照上述步骤，布置其他框架梁的钢筋。对于带有悬挑端的梁，例如 KL2，软件会自动识别出悬挑跨，您只需在悬挑跨中录入相应的钢筋数据即可，如图 13-24 所示：

对于弧形雨篷梁抗扭腰筋，需要录入到钢筋对话框的"腰筋"列中，拉筋由软件自动生成。录入完腰筋后，点击〖下步〗按钮，软件便会自动给腰筋配上拉筋，且拉筋的直径和间距均按规范生成。如图 13-25 所示，自动生成的拉筋直径为 6（梁宽小于 350），间距为两倍箍筋非加密间距。自动生成拉筋的相关设置选项在〖钢筋选项〗的"识别设置"页面中可以找到，可以根据需要调整拉筋的直径和间距。

梁筋布置 KL2(2A)(300×650)

	梁跨	箍筋	上部筋	底部筋	左支座筋
▶	集中标注	A8@100/200	2B20	2B20	
	左悬挑		2B20	2B12	
	1				4B20
	2				

图 13-24　悬挑端梁钢筋

右支座筋	腰筋	拉筋	加强筋
	N4B18	2*A6@200	

图 13-25　腰筋与拉筋

对于梁箍筋描述的说明：当我们点击箍筋描述单元格内的〖▾〗按钮，弹出的选择内容中会多出一个"多箍筋"的选项，这个内容主要针对箍筋与平法标准不一致的设计方案。点击“多箍筋”选项，弹出选项框如图 13-26：

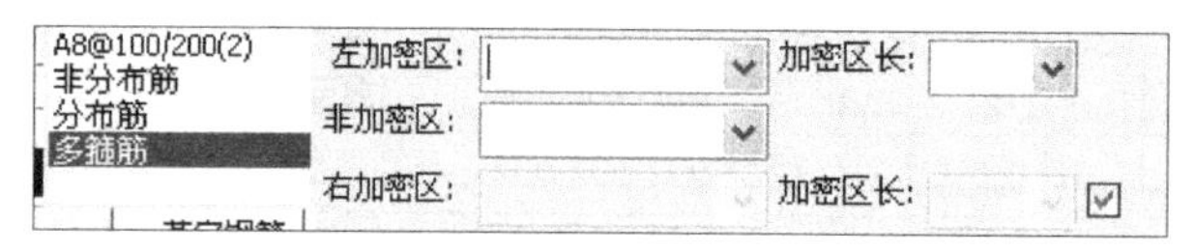

图 13-26　多箍筋设置项

在展开的栏目中我们看到有“左、右加密区”钢筋描述设置栏，中间“非加密区”钢筋描述设置栏，以及左、右“加密区长”度的设置栏。在相应的栏目中给定对应设计的钢筋描述，软件就会依据定义的特殊情况将箍筋在一条梁内甚至一段梁内将箍筋按不同的描述进行计算。

注意事项：

1. 梁钢筋遵循同编号布置原则，因此对于相同编号的梁，其各个梁跨应该相对应，尤其是镜像布置的梁，如果梁跨号错误，则该梁上的钢筋也会计算错误。因此，不论是手工布置梁钢筋，还是识别梁筋，都应先核查梁跨号是否正确，调整好梁跨号后，再布置梁筋。梁跨的调整可以用【工具】菜单下的〖跨段组合〗功能来完成。

2. 要正确设置梁的结构类型，区分框架梁和普通梁。在布置梁钢筋时，普通梁的钢筋会锚入框架梁内，如果框架梁错设置成普通梁，普通梁钢筋将取不到锚固值。

3. 自动布置梁腰筋的前提条件是已经布置了板，这样软件才能取到正确的梁净高，否则软件会取梁截高作为自动布置腰筋的起始梁高。梁腰筋还可以用〖自动钢筋〗中的〖腰筋调整〗来布置或调整，具体操作方法请见识别梁筋章节。

4. 录入钢筋描述时，标点符号必须是半角的，全角的符号软件不支持。

练一练

1. 完成首层所有梁钢筋的布置。
2. 如何布置腰筋、吊筋、节点加密箍筋？
3. 自动生成拉筋的直径和间距在何处设置？
4. 如果吊筋和节点加密箍要遵循同编号布置原则，可以在哪里设置？

13.4　首层砌体墙拉结筋

命令模块：【钢筋】→〖自动钢筋〗

参考图纸：结施-01（结构设计总说明）

按照例子工程结构设计说明，砌体墙与混凝土构件的连接处应设拉结墙筋。在软件中，砌体墙拉结筋采用自动布置的方式实现。

执行【钢筋】菜单下的〖自动钢筋〗功能，按命令栏提示，点击命令栏的〖砌体墙拉结〗按钮，弹出以下对话框（图 13-27）：

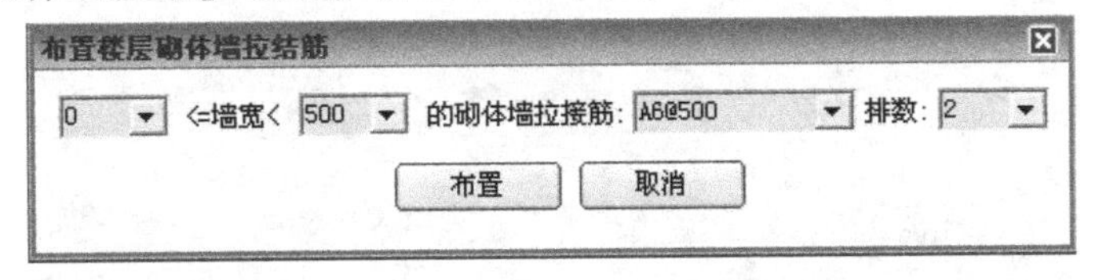

图 13-27　砌体墙拉结筋

墙宽条件可以设置为“0 < = 墙宽 < 500”，拉结筋描述改为“A6@500”，排数为 2，点击〖布置〗按钮，拉结筋就会自动布置到砌体墙与混凝土构件的连接处（图 13-28）。

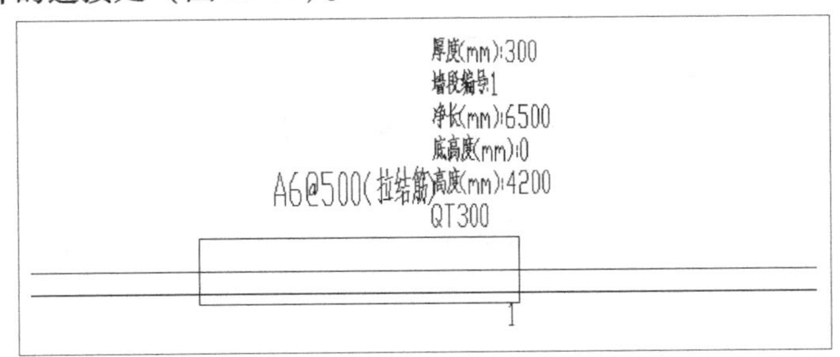

图 13-28　拉结筋布置

温馨提示：

同编号的砌体墙两端不一定有混凝土支座，但墙钢筋布置遵循“同编号”原则，钢筋标注可能会出现在某一段不用布置钢筋的墙上。出现这种情况不用担心，软件是根据砌体墙两端是否有支座来判定这段墙是否计算拉结筋，两端没有支座就不会计算，因此标注错误对钢筋工程量没有任何影响。

可以用【报表】菜单下的〖核对钢筋〗功能来查看砌体墙拉结筋。执行核对钢筋命令后，选择要查看的墙段，如选择首层 E 轴上的砌体墙，点击鼠标右键确认，弹出如下对话框（图 13-29）：

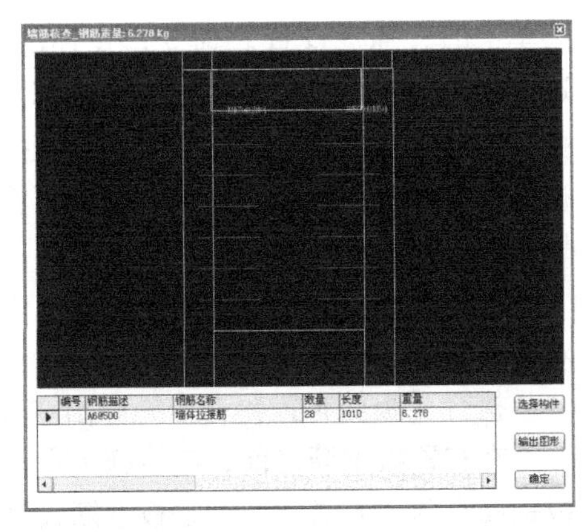

图 13-29　砌体墙筋核对

可以看到，砌体墙拉结筋沿柱分布，数量与长度均符合设计要求。如果砌体墙只有一端有柱，则查看图形如下（图 13-30）：

图 13-30　砌体墙筋核对

温馨提示：

砌体墙拉结筋锚入混凝土构件的长度默认为 La，伸入砌体墙内的长度默认为 1000，这些值可以在〖钢筋选项〗的〖基本设置〗页面中，在“砌体加固”中设置。

练一练

1. 砌体墙拉结筋锚入混凝土构件的长度在哪里可以设置？

13.5　首层板筋

命令模块：【钢筋】→〖板筋布置〗

参考图纸：结施-05（地下室、一层结构平面图）

布置一层结构平面图的板筋。在软件中，板筋的布置是像构件一样绘制出来的，不同于其他构件上只显示描述而无图形显示的钢筋，且板钢筋不遵循同编号布置原则。

在布置板筋之前，应打开软件的〖对象捕捉〗功能。先执行【工具】菜单中的〖捕捉设置〗命令，在弹出的对话框中勾选“垂足”和“最近点”，点击〖确定〗按钮退出对话框，然后点击状态栏的〖对象捕捉〗按钮（或按键盘上的 F3 键），使对象捕捉处于打开状态。如果布置的板筋以水平的和竖直的为主，则需要将“正交”打开，以确保绘制出来的板筋成直线形状。

捕捉设置主要用于钢筋布置方式中的“四点布置、两点布置”等需要对齐的钢筋。

执行〖板筋布置〗命令，弹出“布置板筋”对话框（图 13-31）。

在布置板钢筋之前，应按施工图上的板筋描述进行板钢筋定义。定义板钢筋有两种方式，一种是板钢筋设计有编号的，应按钢筋编号与钢筋描述进行匹配并将钢筋编号录入到“编号管理”栏中，以便布置时选择；另一种方式就是设计图上的板钢筋没有编号，只有描述，对于用此种方式绘制的钢筋，用户可以自己对钢筋进行编号并与钢筋描述匹配，或者在钢筋描述栏内录入一个描述后直接进行布置，布置下一条钢筋时再录入一次钢筋描述，反复进行，不过后一种方式操作起来比较费时间，因为每次都要录入钢筋描述。对于设计没有编号的板钢筋，在定义板钢筋编号时，建议自定义直接用钢筋描述作编号。

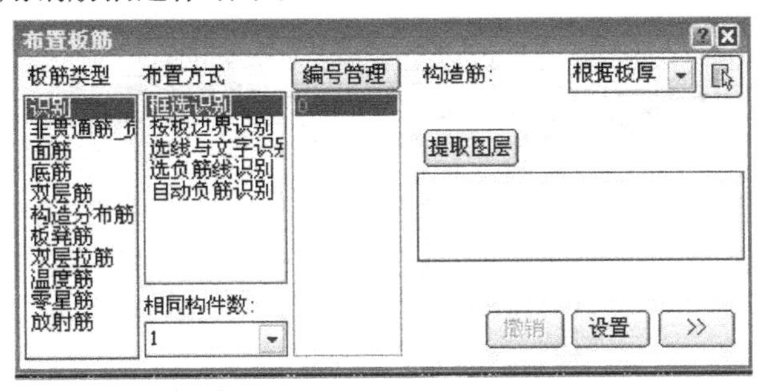

图 13-31　板筋布置

首先布置板底筋。由于实例的板钢筋没有编号，我们来自定义给钢筋进行编号定义。点击〖编号管理〗按钮，弹出对话框如下（图 13-32）：

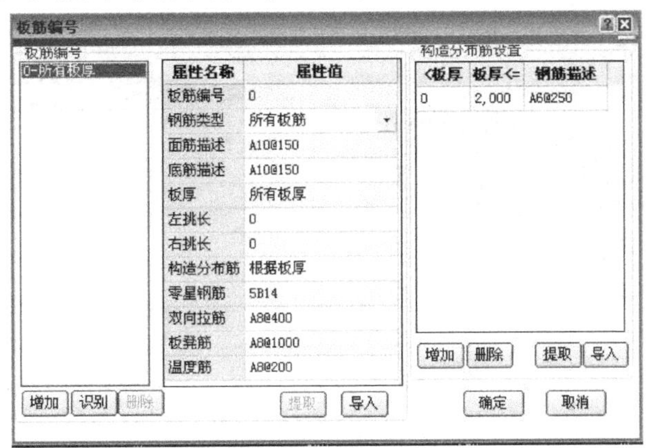

图 13-32　板筋编号管理

点击对话框中“板筋编号”栏下的〖增加〗按钮，在栏目中增加一条板筋编号，光标点击对话框中部栏目内“板筋编号”后的属性值单元格，对软件自动产生的编号进行修改。如例子工程二层结构 150mm 厚板的横向底筋是 A10@150，描述表示的是：用一级钢筋直径为“10mm”间距每隔 150mm 布置一根。由于没有钢筋编号，我们就自己给这根钢筋一个“A10@150”编号。注意！板筋编号定义好后，关键是要将面筋描述、底筋描述设置成与图纸上的内容一致。根据“结构总说明”对于没有绘制的板构造分布筋均为“A6@200”，考察例子工程，所有板均不超过 200mm，为保险起见，在“构造分布筋设置”栏内，将板厚小于等于定为“300mm”，再将钢筋描述设为“A6@200”，表示板厚在 300mm 以内板筋的构造分布筋全部用 A6@200 的钢筋。设置好板筋编号如图 13-33：

在定义板筋编号和钢筋描述时可以这样做，如例子工程的板筋没有进行编号，而且一个钢筋描述如“A10@150”在底筋和面筋上都会用到，这时可以将这个编号的板筋类型设为“所有板筋”，同时将板厚也设为“所有板厚”，这样在布置板筋选择“板筋类型”时，这个编号就会出现在“编号管理”栏内而不会被过滤掉。编号设置好后，点击〖确定〗按钮，回到板筋布置对话框（图13-34）：

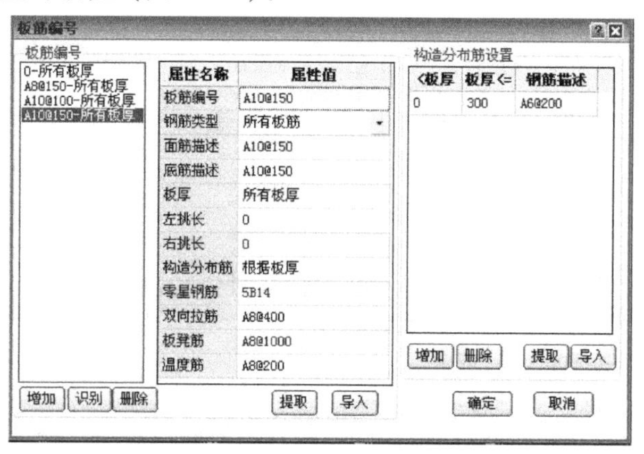

图13-33　板筋编号管理

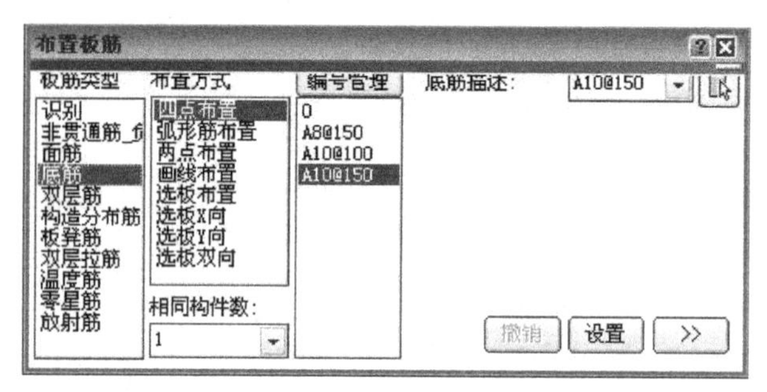

图13-34　定义好板筋编号对话框

定义好钢筋编号后，就可以进行板钢筋布置了。

光标在“板筋类型”栏内选择“底筋”，再在“布置方式”栏内选择布置方式；布置方式内的前四种方式是针对有特殊要求的板筋布置的方式，后面四种只要选板就会根据标识的方向自动在一块板内填充布置钢筋。布置方式选择好后，光标移至“编号管理”栏内选择需要布置的钢筋编号，说明：对于设计有编号的板钢筋，可能板筋编号只是一个如K18、N10等这样的标注，选中这个编号后应该看看对话框中的钢筋描述栏，栏目中会显示对应编号的钢筋描述。根据布筋方向（是“X”或“Y”），例如要布置150mm厚板的横向底筋，这里选择“选板X方向”。光标移至界面中选择150mm厚板后右键，板筋就布置上了。板筋布置好了后为了查看效果，可以用光标选中要查看的钢筋之后右键，在弹出的右键菜单中选择“明细开关或者所有明细”命令，来显示板钢筋布置的实际情形。“明细开关”只对选中的钢筋显示，“所有明细”是将界面中所有已布置的钢筋都显示，要关闭钢筋显示的明细，再次执行上述操作，钢筋明细线条就会关闭。上面布置的钢筋效果图如下（图 13-35）：

对于板面支座处的负弯矩筋，在平法标准图集内称之为“非贯通筋”的布置方式。由于非贯通筋不是随板的实际尺寸满布的，所以布置非贯通筋有其特殊性。现在来对实例二层结构楼面②轴上的非贯通筋进行布置。

②轴上的非贯通筋描述是“A10@150”，由于前面我们定义板筋编号时已经将 A10@150 指定为所有板筋类型，这里板筋描述定义就可以省略。直接在对话框的“板筋类型”栏内选择“非贯通筋”，选中后看到对话框中的内容起了变化，如图 13-36：

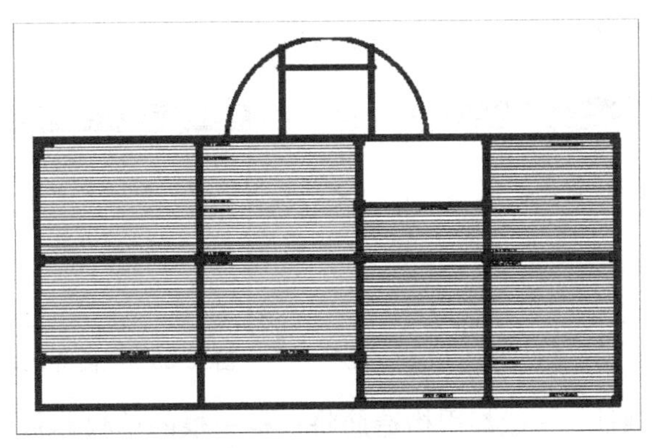

图 13-35　板底筋布置后显示的效果

图 13-36　非贯通筋的对话框内容

由于板面负弯矩筋一般都是布置的支座上，并且在板内不贯通，所以布置方式与正常的板面筋、底筋的布置方式不一样。首先布置方式内可以执行“选梁墙布置、选板边布置”，说明板非贯通筋是按这类构件分布的方向为布置方向的，在有非贯通筋以支座为对象向支座外伸出时，那么伸出的方式和多长要进行指定；伸出方式的指定可以点击〖设置〗按钮，弹出对话框如图 13-37：

在对话框中，有“单挑类型、双挑类型”的设置选项，点击“设置值”单元格后面的〖...〗按钮，弹出对话框如图 13-38、图 13-39：

根据设计意图，将非贯通筋的类型设置好后，点击〖确定〗按钮，回到图 2-5-6 对话框，将非贯通筋的外伸长度设置好，就可以进行布置了。

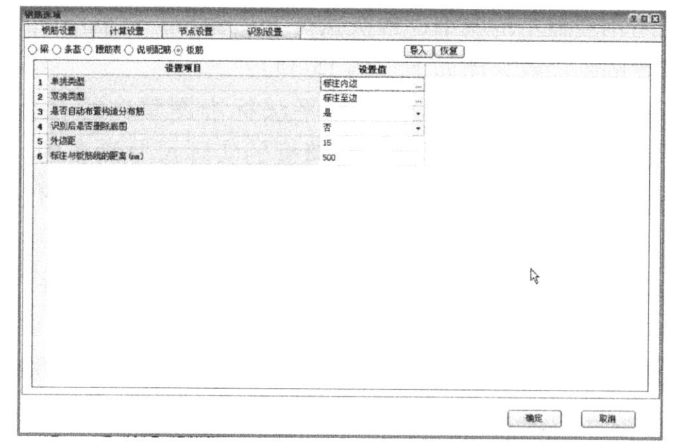

图 13-37　板筋设置对话框

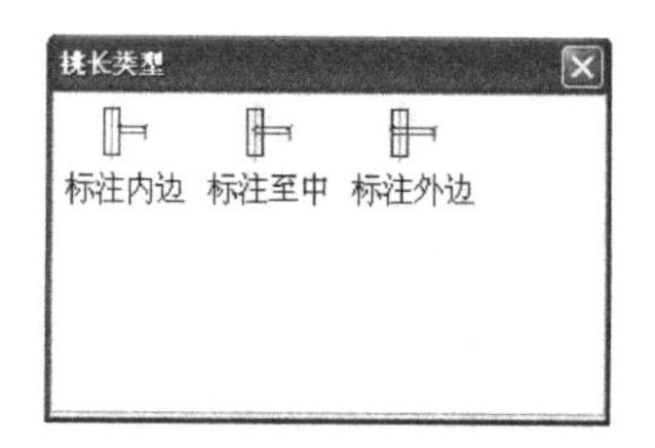

图 13-38　单挑类型设置

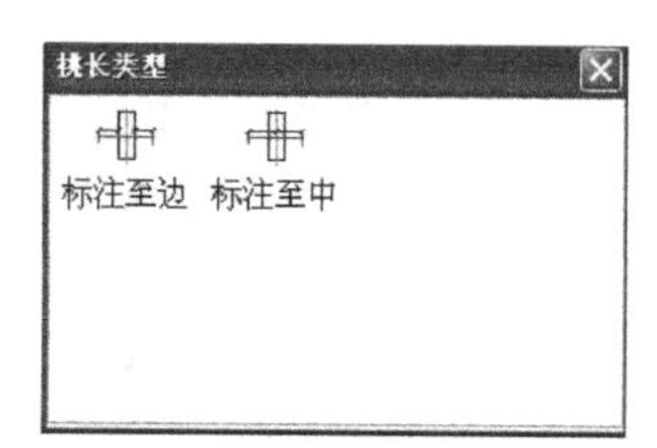

图 13-39　双挑类型设置

对于非贯通筋，一般都用构造筋将一根一根的单根非贯通筋连接成网状，所以对话框中有针对构造筋的设置栏，实例中的构造连接筋在前面已经根据结构总说明进行了定义，这里直接利用即可。

实例二层结构楼面②轴上的非贯通筋描述是“A10@ 150”，直接选择 A10@ 150 编号；查看②轴是一整条梁，可以选择“选梁墙布置”的方式；非贯通筋平梁边两边向外伸的长度都是 1900mm，在“挑长设置”栏内将左（下）挑长和右（上）挑长都设为“1900mm”，对于非贯通筋在支座处的构造，应进入“钢筋→钢筋选项→识别设置→板筋”内进行统一设置，可以点击对话框中的〖设置〗按钮进入“钢筋选项”对话框。构造筋已经设置，不再设。设置完后根据命令栏提示，光标至界面中选择②轴的梁段，选完梁段也就将钢筋布置上了；对于②轴的悬挑部分，是“A8@ 150”描述的钢筋，布置此段梁的非贯通筋注意选择“A8@ 150”描述，布置完后结果如图 13-40 所示：

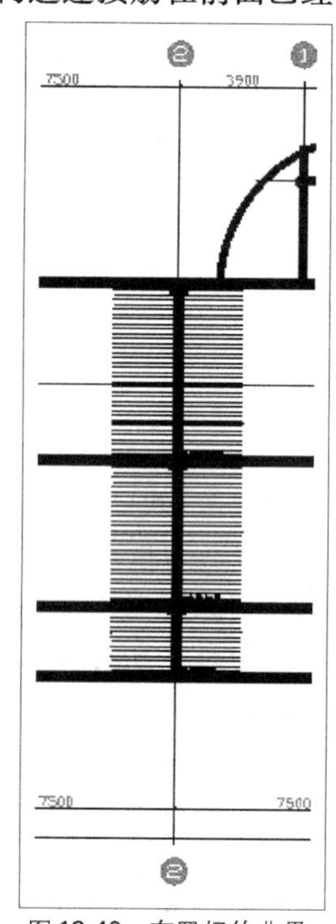

图 13-40　布置好的非贯通筋明细效果

对于异形板，如实例二层结构前面的半圆形板，其底筋面筋都是“A8@ 120”的描述，布置时我们可以用“双层筋”的布置方式。首先在编号管理内将钢筋编号和描述定义好，也可以直接在面筋描述和底筋描述栏内定义描述，实例“A8@120”描述只用在半圆板处所以这里我们直接在钢筋描述栏内定义就进行布置了。定义结果如图 13-41：

定义好钢筋描述后，就可以进行钢筋布置了，选择“选板双向”的布置方式，按命令栏提示，光标选择需布置板筋的板点右键，板的底筋、面筋就布置到板上了，并且钢筋会按照板的轮廓形状自动填充在板内。效果如图 13-42 所示：

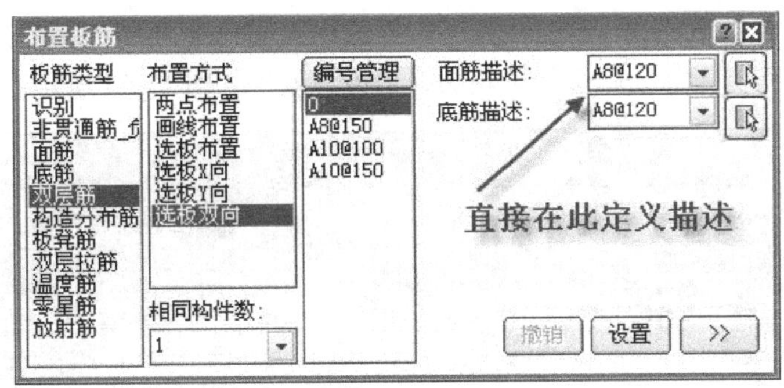

图 13-41　双层筋的定义

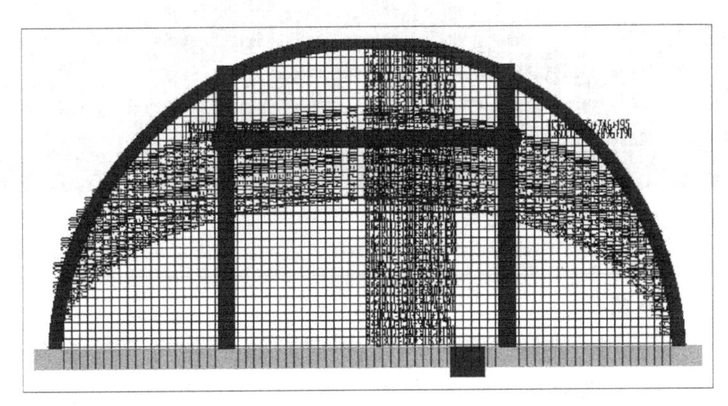

图 13-42　异形板双层筋布置效果

根据实例结施-05 页图纸“雨篷配筋图”，其圆雨篷板的面筋还要向下弯折一个 920-2 * 15［保护层］ =890mm 的长度，可以用“调整钢筋”的功能，将需要拉长的钢筋进行拉长。

首先要确定拉长的距离，确定后用多义线将拉长的边沿绘制在图中，如图 13-43 所示：

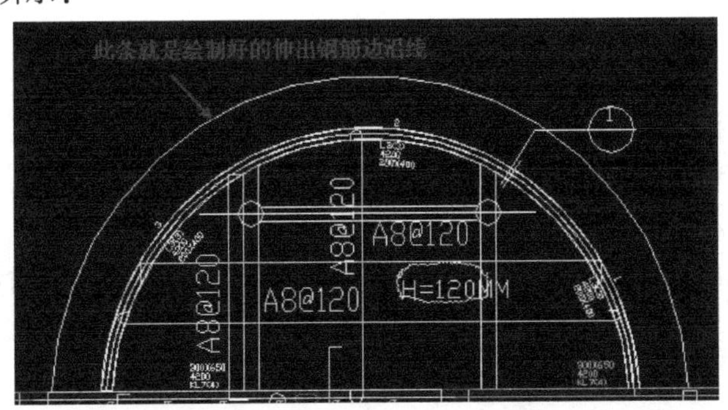

图 13-43　钢筋外伸边沿的多义线

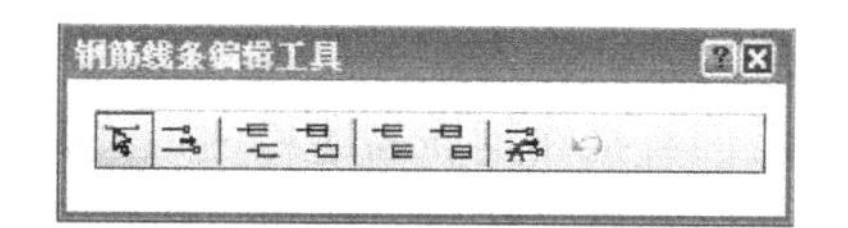

图 13-44　钢筋线条编辑工具对话框

多义线绘制好后，用“明细开关”功能将“Y”方向的板面筋显示在界面中，光标选中显示的钢筋线条后点右键，在弹出的右键菜单中执行“调整钢筋”功能。弹出对话框（图 13-44）：

点击对话框中〖〗“对齐到多义线”按钮，按命令栏提示，执行命令栏内的“选取曲线（P）”，光标至界面中点击已经绘制的钢筋边沿线后点右键，所有钢筋线就会伸到轮廓线边沿，效果如图 13-45 所示：

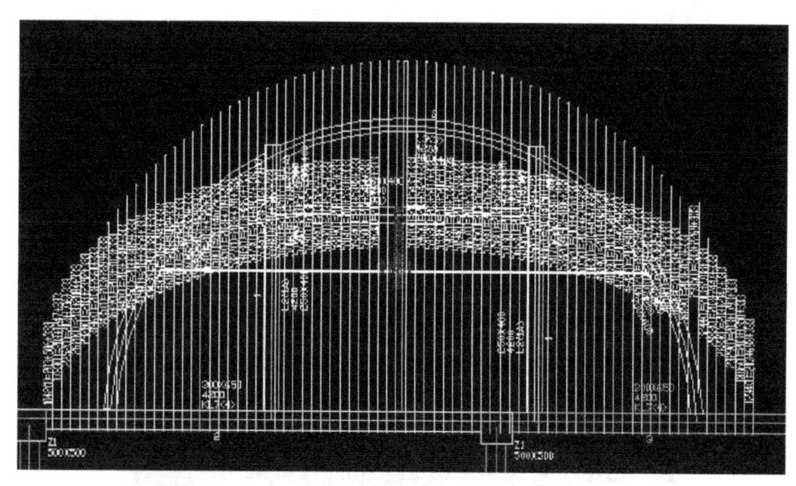

图 13-45　将钢筋拉长了的效果

小技巧：

1. 实际工程中楼层之间的板筋相同，但梁截面有变化，此时如果想用〖拷贝楼层〗功能复制板筋，则绘制板筋时，最好以梁中线为边界指定其外包长度与分布范围，这样板筋复制到其他楼层时，如果边界梁截面发生变化（例如变小），梁如果与板筋仍然相交，板筋就会自动调整其长度和分布根数。

2. 板筋类型中的“零星筋”用于布置特殊部位的零星板筋。

练一练

1. 捕捉设置对板筋布置有何作用？

2. 如何精确布置不同挑长的板面筋？

3. 异形板的钢筋如何布置？

4. 在哪里可以设置板筋计算方法，例如设置“板构造分布筋与板面筋是否扣减”？

13.6 首层楼梯钢筋

命令模块：【钢筋】→〖其他钢筋〗

参考图纸：结施-15（楼梯结构图）

在软件中，楼梯钢筋用〖钢筋布置〗命令来布置。执行命令后，选择要布置钢筋的梯段，点击右键确认，对话框中会显示出软件提供的默认钢筋数据，如图 13-46 所示：

梯段筋布置 TB1_A型梯段(175x280x120) [用量:69.949KG/M3 体积:0.973M3 钢筋:68.087KG]

	编号	钢筋描述	钢筋名称	数量	长度	接头类型	接头数
	1	B10@100	梯板底筋	15	3872	绑扎	0
	2	A6@250	梯板分布筋	16	1425	绑扎	0
	3	B10@100	板上端负弯筋	15	1283	绑扎	0
	4	A6@250	板上端负弯筋分布筋	5	1425	绑扎	0
	5	B10@100	板下端负弯筋	15	1313	绑扎	0
	6	A6@250	板下端负弯筋分布筋	5	1425	绑扎	0
*							

其它钢筋 … ☑缺省钢筋 撤销 提取描述 核查 简图 布置 参照 >>

图 13-46 楼梯钢筋布置

这些默认钢筋是软件依据平法标准梯段类型给出的，例子工程中使用的是 A 型梯段，可以点击〖简图〗按钮，查看钢筋简图。

依据施工图修改对话框中的钢筋描述，然后点击布置按钮，钢筋就布置到楼梯上了（图 13-47）。

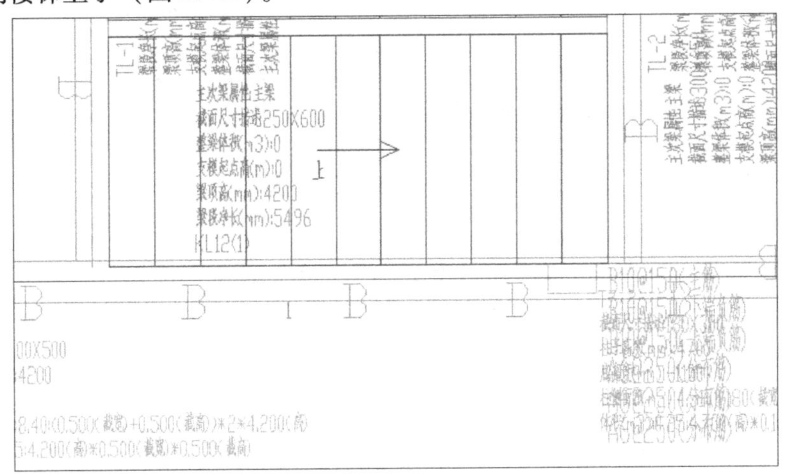

图 13-47 楼梯钢筋

在例子工程中，除了给梯段布置钢筋外，还依据楼梯结构图应给楼梯平台板、楼梯梁、楼梯柱布置钢筋，操作方法这里就不介绍了，请参照有关相关章节。

13.7 首层飘窗板钢筋

命令模块：【钢筋】→〖钢筋布置〗

参考图纸：结施-07（坡屋面结构平面图）

飘窗挑板的钢筋使用〖钢筋布置〗命令来布置。执行钢筋布置命令后，选择要布置钢筋的飘窗，对话框中出现的默认钢筋如图 13-48 所示：

飘窗筋布置 TC1

编号	钢筋描述	钢筋名称	位置	数量	长度	接头类型	接头
1	A8@150	悬挑受力筋	上板	14	840	绑扎	0
2	A6@250	悬挑分布筋	上板	2	2085	绑扎	0
3	A6@250	悬出竖向筋(单根一端有锚	左板	1	2625	绑扎	0
4	A8@150	悬出横向筋(单根)	上板	16	755	绑扎	0
5	A8@150	悬挑受力筋	下板	14	840	绑扎	0
6	A6@250	悬挑分布筋	上板	2	2085	绑扎	0
7	A6@250	悬出竖向筋(单根一端有锚	右板	1	2625	绑扎	0
8	A8@150	悬出横向筋(单根)	上板	16	755	绑扎	0

其它钢筋 … 缺省钢筋 撤销 提取描述 核查 简图 布置 参照 >>

图 13-48　飘窗默认钢筋

“位置”列的信息指的是当前钢筋描述对应的挑板的位置。默认的上板钢筋描述与名称均与设计相同。但例子工程中的飘窗只有上下板，因此要将默认钢筋中的位置“左板”改成“下板”，并按施工图修改下板的钢筋描述与名称，如图 13-49 所示：

飘窗筋布置 TC1

编号	钢筋描述	钢筋名称	位置	数量	长度	接头类型	接头
1	A8@150	悬挑受力筋	上板	14	840	绑扎	0
2	A6@250	悬挑分布筋	上板	2	2085	绑扎	0
5	A8@150	悬挑受力筋	下板	14	840	绑扎	0
6	A6@250	悬挑分布筋	下板	2	2085	绑扎	0

其它钢筋 … 缺省钢筋 撤销 提取描述 核查 简图 布置 参照 >>

图 13-49　修改后的飘窗钢筋

点击〖布置〗按钮，钢筋就可以布置到飘窗上了。

练一练

1. 布置一扇有上下挑板和左右栏板的飘窗，并给飘窗板布置钢筋。

13.8　首层过梁钢筋

命令模块：【钢筋】→〖表格钢筋〗

参考图纸：结施-06（三层及屋面结构平面图）

依据施工图，给过梁布置钢筋。过梁钢筋使用〖表格钢筋〗功能来布置。执行命令后，点击命令栏的过梁表按钮，弹出过梁表对话框如图 13-50 所示：

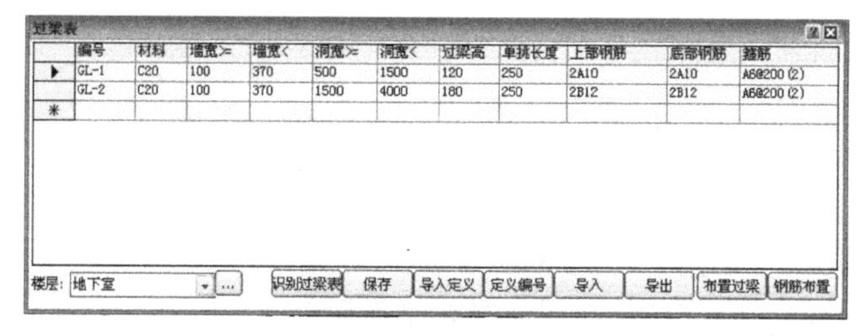

过梁表

编号	材料	墙宽>=	墙宽<	洞宽>=	洞宽<	过梁高	单挑长度	上部钢筋	底部钢筋	箍筋
GL-1	C20	100	370	500	1500	120	250	2A10	2A10	A6@200(2)
GL-2	C20	100	370	1500	4000	180	250	2B12	2B12	A6@200(2)

楼层：地下室 … 识别过梁表 保存 导入定义 定义编号 导入 导出 布置过梁 钢筋布置

图 13-50　过梁表对话框

在弹出的过梁表对话框中，已经有之前在布置过梁时录入的过梁编号信息和洞口宽度，在过梁编号上录入钢筋描述便可布置过梁钢筋。如果这里没有数据，可以通过〖导入定义〗功能，导入定义编号中所有的过梁编号。“支座长度”指的是过梁搁置在洞口两侧墙体上的长度，这里按设计要求，录入250。然后按设计要求，分别给过梁编号录入钢筋描述，录入完后，点击〖钢筋布置〗按钮，过梁的钢筋就布置好了。注意！用过梁表布置过梁钢筋时，对话框中“楼层”栏目中显示的是在当前楼层中布置过梁钢筋，如果要对其他楼层的过梁进行钢筋布置，可以点击栏目后面的〖...〗按钮，在弹出的楼层选择框中选择对应的楼层，再回到对话框中点击〖钢筋布置〗按钮，选中楼层的过梁钢筋也就布置上了。注意！其他楼层内一定要有过梁构件，否则不能布置钢筋。这里我们在使用过梁表时，可同时布置过梁构件和钢筋。

练一练

1. 如何使用过梁表给过梁布置钢筋？
2. 如何导入EXCEL格式的过梁表？
3. 如何识别电子施工图中的过梁表？
4. 如何将过梁表中的数据导出到Excel中？

13.9 首层构造柱钢筋

命令模块：【钢筋】→〖钢筋布置〗

参考图纸：结施-01（结构设计说明）

依据结构设计说明，“在砌体墙的自由端、T、L形接头处和大于5m长墙体的中部应设置构造柱”，按条件首层已布置构造柱并需布置钢筋。执行钢筋菜单下的〖钢筋布置〗功能，弹出构造柱钢筋布置对话框如图13-51所示：

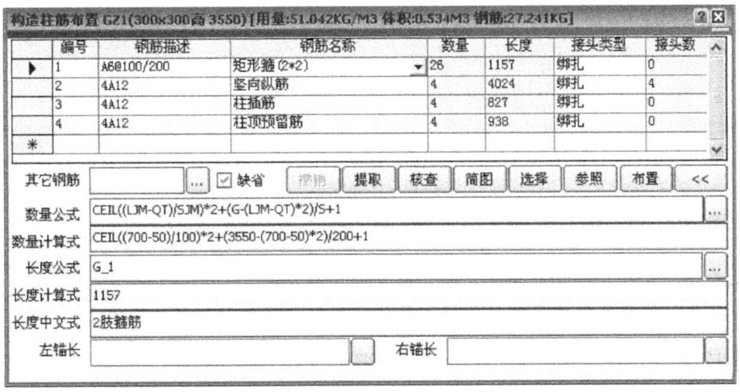

构造柱筋布置 GZ1(300x300高3550)[用量:51.042KG/M3 体积:0.534M3 钢筋:27.241KG]

编号	钢筋描述	钢筋名称	数量	长度	接头类型	接头数
1	A6@100/200	矩形箍(2*2)	26	1157	绑扎	0
2	4A12	竖向纵筋	4	4024	绑扎	4
3	4A12	柱插筋	4	827	绑扎	0
4	4A12	柱顶预留筋	4	938	绑扎	0

其它钢筋 缺省 撤销 提取 核查 简图 选择 参照 布置 <<

数量公式 CEIL((LJM-QT)/SJM)*2+(G-(LJM-QT)*2)/S+1

数量计算式 CEIL((700-50)/100)*2+(3550-(700-50)*2)/200+1

长度公式 G_1

长度计算式 1157

长度中文式 2肢箍筋

左锚长 右锚长

图13-51 构造柱钢筋布置对话框

在弹出的对话框中，根据结构说明将钢筋描述定义好。说明：由于实例工程是框架结构，其砌体墙只作为填充墙，属于后砌墙体，对于后砌墙内的构造柱钢筋施工时一般都是在有构造柱的位置预设插筋，之后做构造柱时再绑扎竖向纵筋。所以在布置构造柱筋时要弄清工程的实际情况，以确定“柱插筋和柱顶预留筋”是否应该留置。录入完后，点击〖布置〗按钮，构造柱的钢筋就布置好了。

练一练

1. 构造柱的钢筋为什么不用“柱筋平法”布置？

第 14 章　地下室钢筋工程量

依据结构施工图，例子工程地下室需要计算的钢筋有：独基钢筋、基础梁钢筋、柱筋、柱墙插筋、梁筋、混凝土墙筋、板筋、过梁筋。

14.1　独基钢筋

命令模块：【钢筋】→〖钢筋布置〗

参考图纸：结施-03（J-1、J-2、J-3 详图）、结施-04（J-4 ~ J-8 详图）

在给独基布置钢筋之前，应先依据结构设计总说明完成一些与独基钢筋有关的设置。这里主要是保护层厚度的设置。按照结构设计说明，独基的保护层厚度为 35mm，因此在独基的定义编号对话框，设置独基的保护层厚度为 35，这样布置到图面上的独基就符合钢筋设计的要求。

楼层切换到基础层，下面给独基布置钢筋。用〖构件显示〗功能在图面上只显示轴网与基础，执行【钢筋】菜单中的〖钢筋布置〗命令，弹出钢筋布置对话框（图 14-1）：

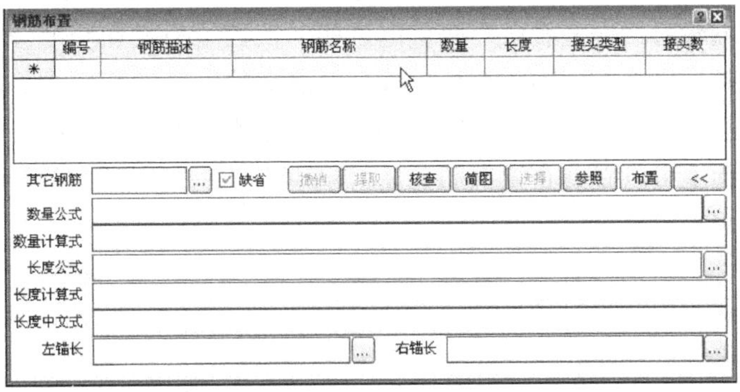

钢筋布置

	编号	钢筋描述	钢筋名称	数量	长度	接头类型	接头数
*							

其它钢筋　缺省　撤销　提取　核查　简图　选择　参照　布置　<<

数量公式

数量计算式

长度公式

长度计算式

长度中文式

左锚长　右锚长

图 14-1　钢筋布置对话框

根据命令栏提示，光标选择图面上的独立基础，以 J-1 为例，点击鼠标右键确认选择，如果对话框中“默认钢筋”选项前打了钩，则软件会自动根据所选择的构件类型，给出默认的钢筋描述，以供参考。选中基础后对话框的标题栏中会显示当前布置的钢筋类型、所属构件编号、截面特征，还有根据钢筋描述计算出的该构件单件的钢筋含量（kg/m^3）和体积。

如图 14-2 所示。

独基筋布置 J-1_二阶矩形(3500x3500x500x1700x1700x500) [用量:29.064KG/M3 体积:7.57M3 钢筋:220.0

	编号	钢筋描述	钢筋名称	数量	长度	接头类型	接头数
▶	1	B14@120	长方向基底钢筋	29	3135	绑扎	0
	2	B14@120	宽方向基底钢筋	29	3135	绑扎	0
*							

其它钢筋 … ☑缺省 撤销 提取 核查 简图 选择 参照 布置 >>

图 14-2　独基钢筋定义

依据结施-05 基础详图，J-1 的 A 方向与 B 方向都配置 B14@ 120 的基底钢筋，因此在对话框中修改钢筋描述为 B14@ 120，钢筋名称取软件默认值，数量、长度、接头类型以及接头数是软件自动根据钢筋描述与钢筋名称，提取构件基本数据，按照钢筋规范计算得出。点击对话框中的〖>>〗“展开”按钮，展开钢筋计算明细，如图 14-3 所示：

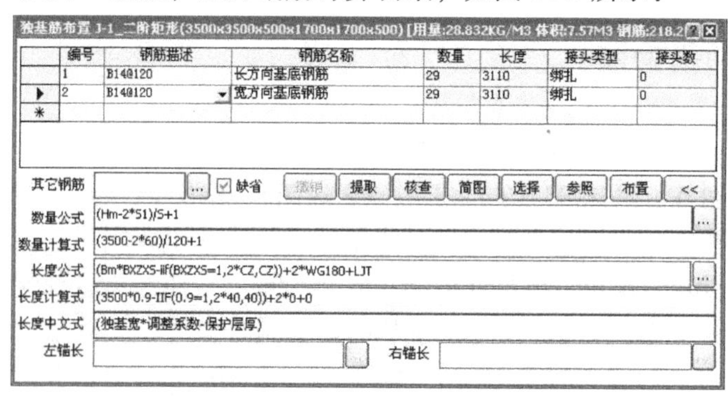

图 14-3　独基钢筋计算公式明细

将光标置于某项名称的钢筋，就可在下部展开栏内看到该条钢筋的数量与长度计算公式，可以对公式进行修改。点击公式栏后的“…”按钮，进入公式编辑对话框查看各个变量的说明。从数量公式和长度公式中可以看出，保护层厚度 CZ 取的是 35，符合已定义的钢筋计算要求。确定钢筋计算无误后，点击〖布置〗按钮，J-1 的钢筋就布置好了，关闭钢筋对话框，在图面上可以看到布置钢筋会显示在基础内，如图 14-4 所示：

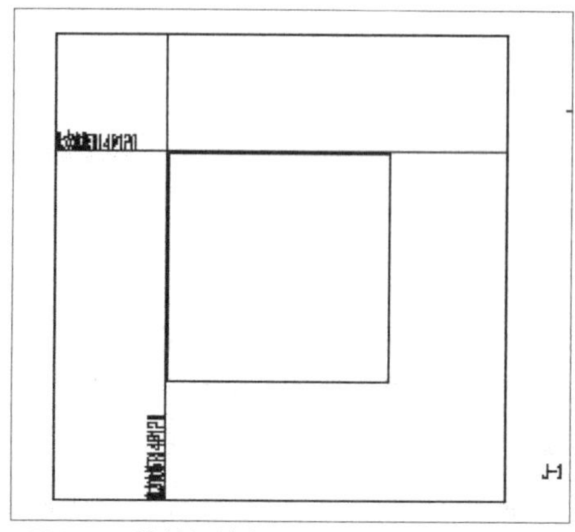

图 14-4　独基钢筋布置图

也可以选中已经布置好钢筋的构件，点右键，在弹出的右键菜单中执行“核对单筋”功能，在弹出的对话框对布置的钢筋进行计算检查，对话框如图 14-5 所示：

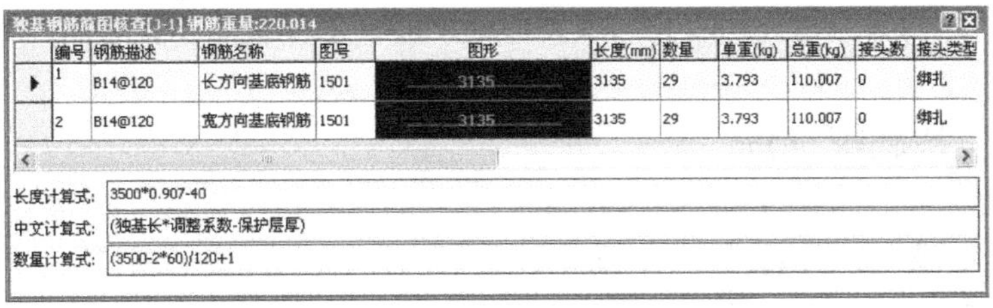

独基钢筋简图核查[J-1] 钢筋重量:220.014

编号	钢筋描述	钢筋名称	图号	图形	长度(mm)	数量	单重(kg)	总重(kg)	接头数	接头类型
1	B14@120	长方向基底钢筋	1501	3135	3135	29	3.793	110.007	0	绑扎
2	B14@120	宽方向基底钢筋	1501	3135	3135	29	3.793	110.007	0	绑扎

长度计算式：3500*0.907-40

中文计算式：(独基长*调整系数-保护层厚)

数量计算式：(3500-2*60)/120+1

图 14-5　校核独基钢筋

在对话框中，看到有钢筋的长度和数量，同样将光标点中某种钢筋，则对话框下部的计算表达式栏内就会显示计算式和中文解释。

温馨提示：

钢筋保护层厚度可以在〖钢筋选项〗的“计算设置”中统一设置好，在定义构件编号时取默认的保护层厚度即可。

双击图面上的钢筋描述，进入构件查询窗口，查看与编辑钢筋属性和计算公式。

前面介绍钢筋布置流程时提过，在软件中，钢筋布置遵循“同编号”原则。即同编号的构件只需布置一个构件的钢筋，现在一个 J-1 的基础布置了钢筋，其他同编号的 J-1 就不需要再布钢筋了。在软件中，可以用两种方法来确认其他的 J-1 是否布置了钢筋。第一种方法是使用【构件菜单】中的〖图形管理〗布置功能，查看首层的独基，如果 J-1 这个编号的独基图标显示为紫色，且钢筋信息中可以看到钢筋明细数据，则表明这个 J-1 上已经布置了钢筋。第二种方法是使用【视图】菜单中的〖构件辨色〗功能，在颜色设定中选择“钢筋”项，点击〖确定〗按钮，返回图面，此时图面上构件的颜色发生了变化，红色的构件是没有布置钢筋的构件，而绿色的构件是含有钢筋的构件。这就是钢筋布置“同编号”原则的体现。点击〖 〗“刷新”按钮或进入构件辨色对话框点击〖恢复源色(R)〗按钮，构件便可恢复成软件缺省的颜色。

依据同样方式，将所有独基钢筋布置完。

小技巧：

从详图可以看出，J-5 的配筋和 J-7 的配筋相同，可以用〖钢筋复制〗功能，选择 J-5 的钢筋描述，点击右键确认，再选择 J-7 为目标构件，这样 J-5 的钢筋就复制到 J-7 上了。对于类似的钢筋，还可以用钢筋对话框中的〖参照〗功能，利用其他编号构件的钢筋来减少钢筋录入时间，快速布置钢筋。

练一练

1. 独基钢筋的保护层厚度如何设置?
2. 如何快速查看哪些构件布置了钢筋?
3. 不同编号构件间有相同或类似的配筋，怎样快速布置它们的钢筋?

14.2 基础梁钢筋

命令模块:【钢筋】→〖梁筋布置〗

参考图纸：结施-02（基础平面图）

将楼层切换到有基础梁的楼层，依据结构设计说明，在基础梁的编号属性中，确认保护层厚度为25。执行钢筋菜单下的“条基钢筋”布置命令，弹出对话框如图14-6所示：

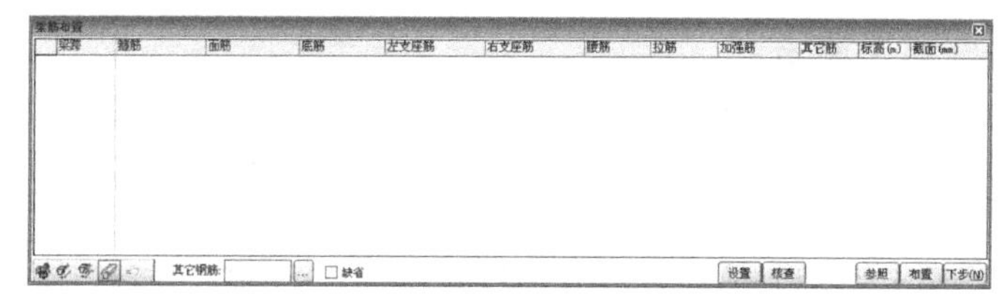

图14-6 梁筋布置

基础梁的钢筋布置对话框与梁的布置对话框一样。激活命令后，选择基础梁并右键确认，注意，选基础梁时应选择跨数最多的基础梁来布置钢筋。因为一般情况下基础梁的作用是用来作拉结基础的拉梁，设计会将所有基础梁都编为一个编号，如果不选择最多跨数的基础梁而是选一个少跨的基础梁来布置钢筋，那么多跨基础梁上多出的跨段就没有钢筋。选好基础梁后对话框会变成以下形式（图14-7）：

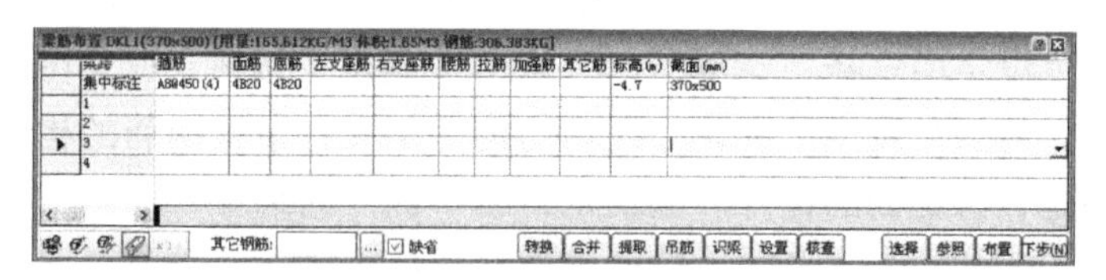

图14-7 条基钢筋布置

对话框中出现的是默认的钢筋描述，以及基础梁的标高（顶面标高）与截面尺寸描述。基础梁的顶面标高与截面尺寸可以直接在对话框中修改，在布置钢筋的同时，软件会重新调整基础梁的标高与截面尺寸，且集中标注中会显示基础梁的底面标高。由于基础梁钢筋用的是梁筋对话框，因此钢筋描述也是按平法规则录入。依据基础平面图，基础梁的箍筋为A8@450，上部筋和底部筋均为4B20。则只需在“集中标注”一行中分别录入箍筋、上部筋和底部筋的描述即可，其他钢筋全部删除。录入完后点击〖下步〗按钮，展开钢筋计算明细，如图14-8所示：

图 14-8　基础梁钢筋计算明细

在上方的表格中选择要查看的钢筋描述，在计算明细中便会显示出该钢筋描述的名称、接头类型以及计算公式等。例如选择集中标注中的箍筋描述，在下方的表格中便会显示当前基础梁的箍筋名称，点击钢筋名称中的下拉按钮▼，可以进入钢筋名称选择窗口，如图 14-9 所示：

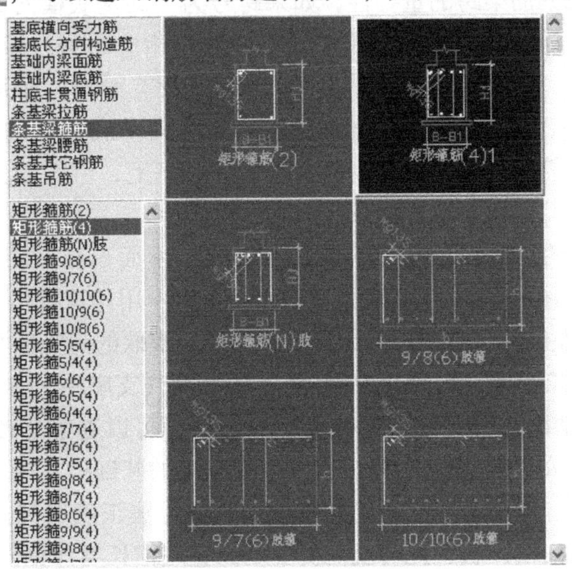

图 14-9　条基钢筋名称选择

栏目左上部是钢筋类型，下部是钢筋名称，右边是对应的钢筋幻灯图，例如在条基梁箍筋中，可以选择不同肢数的箍筋，还可以选择节点加密箍等。例子工程中基础梁箍筋为矩形 4 肢箍，因此双击“矩形箍筋(4)”即可将钢筋选入钢筋名称的单元格中。箍筋的长度公式是由箍筋代号组成的，点击公式编辑按钮…，便可以在公式编辑对话框中查看到箍筋的长度计算明细。软件中所有的箍筋长度公式都是通过不同的箍筋代号组成的，即以字母 G 打头的变量代号，其中每个箍筋代号的长度计算公式可到公式编辑中查看。

其他场景：条基基底钢筋的处理

对于某些多阶条基而言，除了要布置条基内梁的钢筋外，还有基底钢筋需要布置。在软件中布置条基基底钢筋的方法是：在梁筋表格中，对应的位置输入基底横向筋和基底纵向筋的钢筋描述即可。将“下步”展开，将光标指向“基底纵向筋”列下横向“集中标注”行的单元格内，在展开的钢筋明细中依据跨号，对应的单元格内就已经有对应钢筋描述和钢筋名称了。如图 14-10 所示：

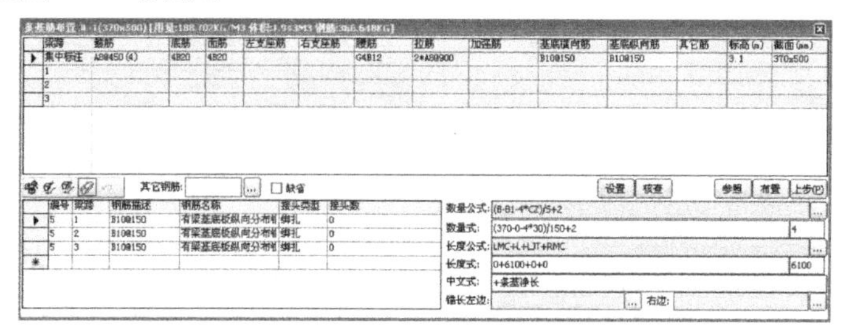

图 14-10　条基基底分布钢筋的录入

录入基底钢筋梁跨的重要性，如果跨号为 1 的基底横向钢筋描述与跨号为 2 的不一样时，则应在梁跨单元格内选择相应的跨号录入钢筋描述。如果通长布置，则梁跨应调整成 0（0 跨并非没有梁跨，而是通长跨的数值描述）。录入完后软件便会自动计算出条基内基底钢筋的数量与长度。这样在布置钢筋时，基底横向钢筋会布置到条基上，但图面上不会显示基底钢筋描述，只会按平法显示条基内梁的钢筋。

例子工程的基础梁无需布置基底横向钢筋。下面查看一下底部筋的钢筋计算公式，其中由于底部筋采用的是焊接接头，不用计算搭接长度，因此接头长为 0。而左锚长与右锚长的计算公式相同，都取的是支座与保护层的差小于最小锚固长度时的判定式，保护层厚度为 25（支座柱子的钢筋保护层厚度），与实际情况相符合，如果锚长计算错误，可以通过修改锚长左边或锚长右边计算公式来调整。例如 A、C、E 轴上的基础梁左端本应以地下室的柱子为支座，但由于楼层不同的缘故，软件无法正确取到基础梁钢筋在地下室柱子中的锚固长，此时就需要手动调整左锚长度计算公式。

核对箍筋、上部筋和底部筋的计算结果无误后，点击对话框中的〖布置〗按钮，基础梁的钢筋就布置好了。关闭对话框，返回图面，布置后的基础梁钢筋采用平法标注显示，如图 14-11 所示：

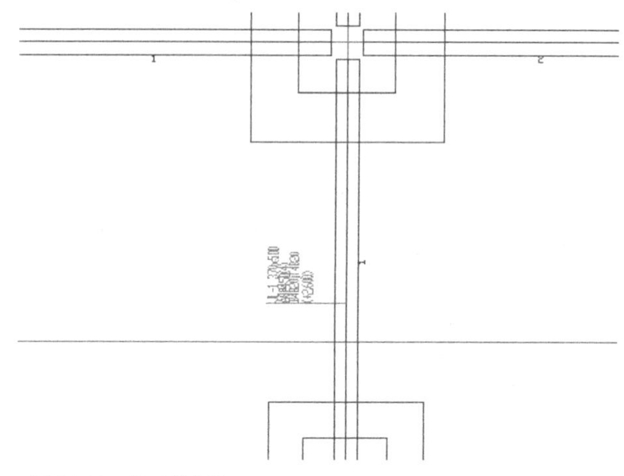

图 14-11　基础梁钢筋

注意事项：

例子工程中所有的基础梁都是同一个编号 JL-1，布置钢筋时，应选择最多跨数的来布置钢筋。如果选择跨数少的来布置钢筋，则其他跨数多的会也按跨数少的对应跨数计算钢筋。

练一练

1. 如何布置基础梁钢筋？
2. 如何查看箍筋的长度计算公式？
3. 多阶条基的基底分布钢筋如何布置？
4. 同编号但拥有不同跨数的基础梁，当各跨配筋相同时，该如何正确布置钢筋？

14.3 地下室柱筋

命令模块：【钢筋】→〖柱筋布置〗

参考图纸：结施-11（地下室梁、柱结构图）

参照首层柱钢筋的布置方法，使用〖钢筋布置〗功能布置地下室的柱筋。L 形柱 Z4 的自定义箍筋公式已经在首层定义过了，在布置地下室的柱筋时，只需在钢筋名称中选择自定义的箍筋即可。

14.4 地下室梁筋

命令模块：【钢筋】→〖梁筋布置〗

参考图纸：结施-10（地下室梁、柱结构图）

参照首层梁钢筋的布置方法，使用〖梁筋布置〗功能布置地下室的梁筋。

14.5 混凝土墙钢筋

命令模块：【钢筋】→〖表格钢筋〗

参考图纸：结施-02（基础平面布置图）

例子工程的混凝土墙钢筋用〖表格钢筋〗功能来布置。执行钢筋菜单下的“表格钢筋”命令，在命令栏选择〖墙表〗，弹出对话框如下（图 14-12）：

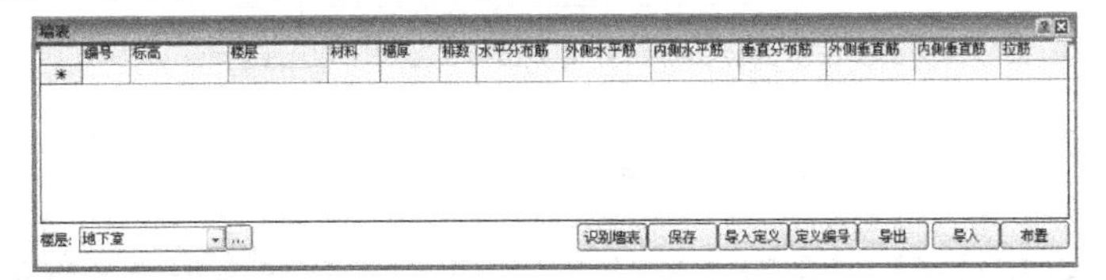

图 14-12　墙表

墙编号等数据可以通过〖导入定义〗功能，快速从定义编号中导入已定义好的墙编号、标高、楼层、材料以及墙厚等数据，软件会导入工程中所有的墙编号信息。

现根据基础平面图上的墙表信息，在对话框中录入墙筋描述。按照施工图，墙筋“排数”为 2，地下室挡土墙的“水平分布筋”为“B12@150”，录入水平分布筋后，“外侧水平筋”与“内侧水平筋”单元格自动变成灰色的不可更改状态；反之，填写“外侧水平筋”与“内侧水平筋”，“水平分布筋”就不可填写。再录入垂直分布筋描述与拉筋描述。录完所有的墙筋信息后，对话框如图 14-13 所示：

墙表

	编号	标高	楼层	材料	墙厚	排数	水平分布筋	外侧水平筋	内侧水平筋	垂直分布筋	外侧垂直筋	内侧垂直筋	拉筋
	挡土墙	-4.2~0	地下室	C30	250.000	2	B12@150			B12@100			A6@400
*													

楼层：地下室 … 识别墙表 保存 导入定义 定义编号 导出 导入 布置

图 14-13　墙表录入完毕

录入完后必须点击〖保存〗按钮，将墙表信息保存下来。确认钢筋录入无误后，点击〖布置〗按钮，当前层的墙筋就按墙表布置好了。注意！利用墙表可以布置当前楼层的墙筋，也可以在对话框中选择其他楼层布置其他楼层的墙筋，同 2.8 章节过梁钢筋布置一样。

14.6　地下室插筋布置

命令模块：【钢筋】→〖自动钢筋〗

参考图纸：结施-02（基础平面布置图）、结施-03、结施-04（基础详图）

按照设计要求，地下室混凝土墙筋都需要插入到基础中，在布置完墙筋后，执行〖自动钢筋〗命令，点击命令栏的〖插筋〗按钮，墙插筋就布置好了（图 14-14）。

图 14-14　墙插筋布置

用〖钢筋布置〗功能反查墙的钢筋，可以看到墙内布置的钢筋内容如图 14-15 所示：

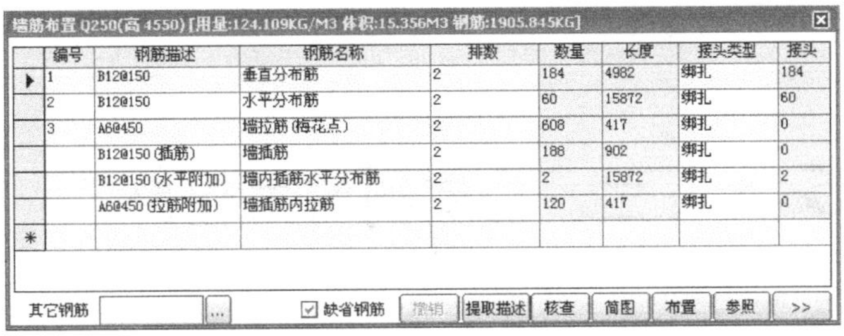

墙筋布置 Q250(高 4550) [用量:124.109KG/M3 体积:15.356M3 钢筋:1905.845KG]

编号	钢筋描述	钢筋名称	排数	数量	长度	接头类型	接头
1	B12@150	垂直分布筋	2	184	4982	绑扎	184
2	B12@150	水平分布筋	2	60	15872	绑扎	60
3	A6@450	墙拉筋(梅花点)	2	608	417	绑扎	0
	B12@150(插筋)	墙插筋	2	188	902	绑扎	0
	B12@150(水平附加)	墙内插筋水平分布筋	2	2	15872	绑扎	2
	A6@450(拉筋附加)	墙插筋内拉筋	2	120	417	绑扎	0

其它钢筋 ... ☑缺省钢筋 撤销 提取描述 核查 简图 布置 参照 >>

图 14-15　墙插筋反查

插筋的长度按规范计算，无特殊情况无需调整。

14.7　地下室砌体墙拉结筋

命令模块：【钢筋】→〖自动钢筋〗

参考图纸：结施-01（结构设计总说明）

参看 13.4 章节首层砌体墙拉结筋。

14.8　地下室板筋

命令模块：【钢筋】→〖板筋布置〗

参考图纸：结施-05（地下室、一层结构平面图）

参照首层板钢筋的布置方法，使用〖板筋布置〗功能布置地下室的板筋。

14.9　地下室过梁筋

命令模块：【钢筋】→〖表格钢筋〗

参考图纸：结施-06（三层及屋面结构平面图）

地下室过梁筋，参看 13.8 章节首层过梁钢筋。

第15章 二、三层钢筋工程量

例子工程二、三层为标准层，其结构构造基本相同，且与首层结构类似，因此可以利用首层的钢筋构造来快速计算二、三层的钢筋工程量。

二、三层要计算的钢筋有：柱筋、梁筋、砌体墙拉结筋、混凝土墙筋、板筋、过梁筋、楼梯钢筋、飘窗板钢筋。其中过梁筋用〖表格钢筋〗的过梁表布置即可。

15.1 拷贝楼层

命令模块：【构件】→〖拷贝楼层〗

在布置完首层的钢筋后，切换到第二层，这时可以用〖拷贝楼层〗功能，将首层的结构构件和钢筋一起拷贝到二层和三层。执行〖拷贝楼层〗命令后，弹出以下对话框（图15-1）：

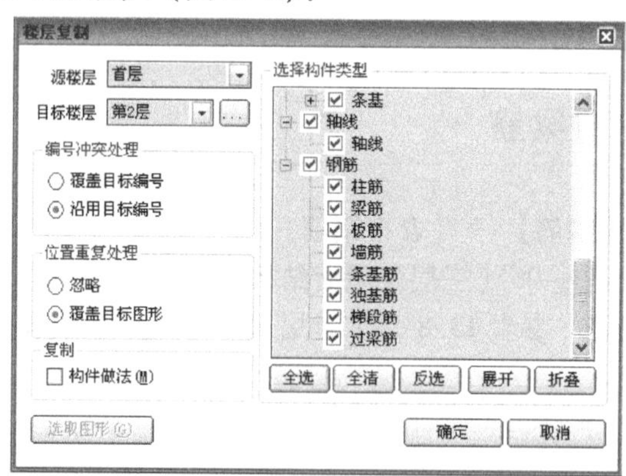

图15-1 拷贝楼层

在源楼层中选择首层，并且在右边选择要拷贝的构件类型，例如柱、梁、板、混凝土墙与飘窗，列表中还包括要拷贝的钢筋类型，例如选择柱筋、梁筋、板筋、墙筋、飘窗筋等，选择构件与钢筋后，下面需要指定目标楼层，软件默认拷贝到第二层，如果要同时拷贝到第三层，可以点击选择框旁的按钮[...]，弹出楼层选择对话框，勾选第二层和第三层，点击〖确定〗按钮，首层结构和钢筋便拷贝到第二和第三楼层中。

最后将多余的雨篷及其钢筋删除即可。

15.2 二、三层其他钢筋

首层与二、三层相同的结构与钢筋主要是柱、柱筋、梁、梁筋、板与板筋，二、三层其他构件与钢筋，例如楼梯与楼梯钢筋、飘窗与飘窗板钢筋等，需要另外手动布置。其操作方法请参照前面相关章节。

15.3 三层顶层柱筋

命令模块：【钢筋】→〖柱筋布置〗

例子工程有两个屋面层，一个是出屋顶楼层的坡屋顶，一个是第三层的平屋面，因此第三层平屋面下的部分柱子属于顶层柱，其纵向钢筋有特殊的构造要求，部分外侧纵筋需要弯入梁内。

首先看一下第三层哪些柱子属于顶层柱，请看图15-2：

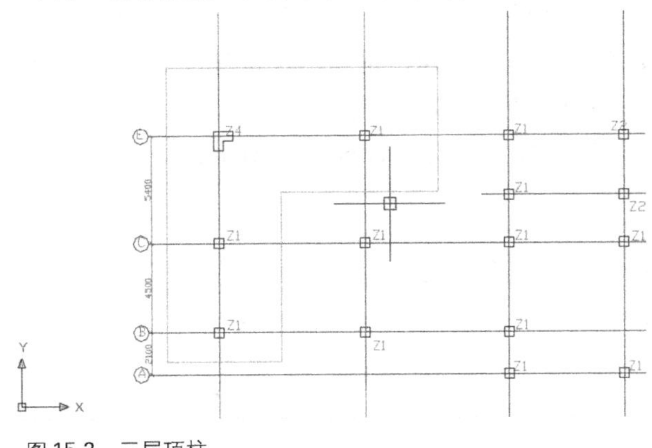

图15-2 三层顶柱

图中用线条框起来的便是第三层中属于顶层的柱子，这部分柱子的钢筋按规定需要特殊构造。这些柱子是L形角柱Z4和三个矩形边柱Z1，按照规范要求，抗震边柱和角柱柱顶纵向钢筋要弯入梁内，而要计算这些特殊要求的钢筋工程量，柱子首先要满足以下两个条件：

（1）柱子的楼层位置为顶层；

（2）柱子的平面位置为边柱或角柱。

对于第一个条件，需要在布置完柱子后，在〖构件查询〗中将“楼层位置”改为“顶层”，如图15-3所示，如果柱子所在楼层是楼层表中的最上面一层，则布置柱子时软件会自动赋予“顶层”属性，而类似例子工程第三层这部分顶层柱，需要进入〖构件查询〗中手动调整为“顶层”；对于第二个条件，同样也需要在〖构件查询〗中将“平面位置”改成边柱或角柱，目前软件暂时不会自动判定。

如果柱子不满足以上两个条件中任一个条件，柱纵筋都无法正确计算弯入梁的锚固。

底高度(mm) - HZDI	0
平面位置 - PMWZ	角柱
楼层位置 - LCWZ	顶层
几何属性	

图 15-3　顶层柱平面位置与楼层位置属性

确认柱子满足以上几个条件后，就可以调整拷贝上来的柱筋了。以 E 轴上的 L 形角柱 Z4 为例。

用“柱筋平法”布置的柱钢筋，如果条件设置的齐全，则软件会自动判定钢筋的构造，否则需用下述方式人为处理。

执行〖钢筋布置〗命令，选中 Z4，Z4 中有原先从首层拷贝过来的钢筋，只需对纵向钢筋进行调整，箍筋不变。从图上可以看出，Z4 的两个长边为外侧边。依据规范，顶层柱至少 65% 面积的外侧纵筋要伸入梁内。原先 L 形柱内有 8B18 的角筋，10B16 的边筋，依据 Z4 钢筋截面图，B 边和 H 边应有 7 根钢筋弯入梁，其中角筋 3 根，边筋 4 根（B 边两根角筋、两根边筋；H 边一根角筋，两根边筋）。根据这些计算结果，将原竖向纵筋描述改成弯入梁的角筋描述 3B18，钢筋名称选择“竖向纵筋（弯入梁）”，再录入弯入梁的边筋描述 4B16，钢筋名称也选择“竖向纵筋（弯入梁）”。指定完名称后，钢筋的数量及长度就计算出来了。展开钢筋计算明细，看一下弯入梁纵筋的长度计算式，如图 15-4 所示：

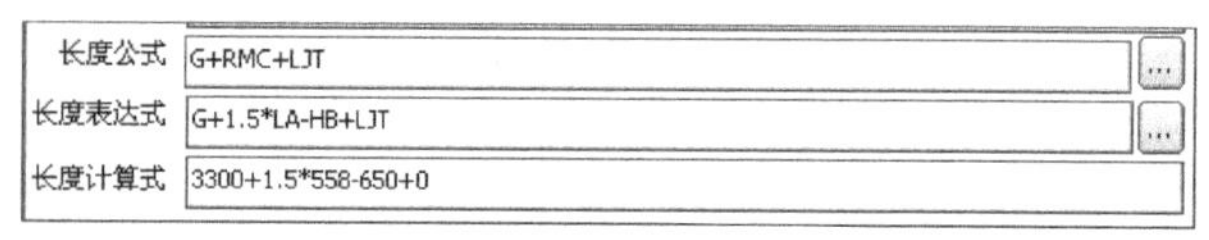

图 15-4　竖向纵筋（弯入梁）长度计算公式

从长度表达式中可以看出，纵筋锚固 RMC 等于 1.5 倍 La 减去节点高度 HB，减去 HB 的原因是因为构件高度 G 中已经包含有节点高度了，用柱高加上 1.5 倍 La 实际上等于算了两次节点高度，因此要减去 HB。

下面继续录入其他纵筋描述。除了弯入梁的纵筋，B 边和 H 边还有不弯入梁的外侧纵筋，其构造要求是伸到柱顶后弯至柱内边弯下，因此在对话框中还应分别录入 2B18 的角筋和 1B16 的边筋（B 边），钢筋名称都设为“竖向纵筋（外侧不弯入梁）”；剩下的内侧纵筋分别是 3B18 的角筋和 5B16 的边筋，录入后指定钢筋名称为“竖向纵筋”。这样 L 形角柱所有的钢筋就录入完了，如图 15-5 所示：

布置柱钢筋:Z4(L形)[用量:103.21KG/M3 体积:2.475M3 钢筋:255.446KG]

编号	钢筋描述	钢筋名称	位置	数量	长度	接头类型
1	3B18	竖向纵筋		3	3270	电渣焊
2	5B16	竖向纵筋		5	3270	绑扎
3	4B16	竖向纵筋(弯入梁)	b边筋	4	3370	绑扎
4	3B18	竖向纵筋(弯入梁)	角筋	3	3460	电渣焊
5	2B18	竖向纵筋(外侧不弯入梁)		2	4354	电渣焊
6	1B16	竖向纵筋(外侧不弯入梁)		1	4338	绑扎
7	A8@100/200	自定义L形箍筋		34	10718	绑扎

☑缺省钢筋　简图　布置　参照　>>

图 15-5　顶层 L 形角柱钢筋调整

同样，在核对钢筋公式准确无误后，便可以点击〖布置〗按钮，这样L形柱的钢筋就调整好了。类似的，调整三个边柱Z1的竖向纵筋。

按钢筋规范调整柱筋并重新布置后，按照同编号原则，其他非顶层柱的钢筋也与同编号的顶层柱相同，但软件会自动根据其平面位置和楼层位置计算纵筋长度，如果非顶层柱，即使钢筋名称为“竖向纵筋（弯入梁)”，其钢筋长度也与普通的竖向纵筋一样。如图15-6所查看的非顶层柱的钢筋，虽然钢筋名称与顶层边柱的相同，但其钢筋长度全部取的是柱高，也就是普通纵筋的长度。

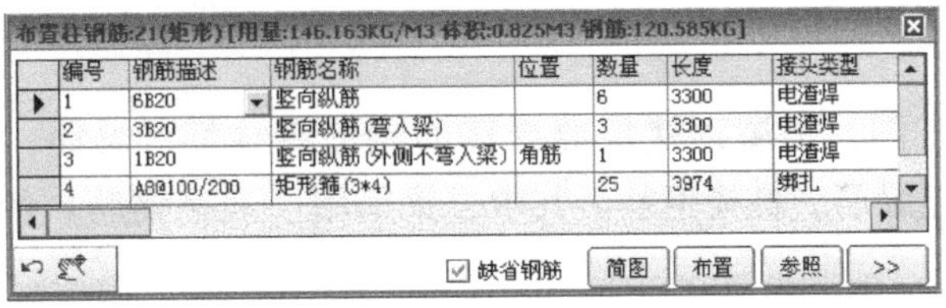

布置柱钢筋:Z1(矩形)[用量:146.163KG/M3 体积:0.825M3 钢筋:120.585KG]

编号	钢筋描述	钢筋名称	位置	数量	长度	接头类型
1	6B20	竖向纵筋		6	3300	电渣焊
2	3B20	竖向纵筋(弯入梁)		3	3300	电渣焊
3	1B20	竖向纵筋(外侧不弯入梁)	角筋	1	3300	电渣焊
4	A8@100/200	矩形箍(3*4)		25	3974	绑扎

☑缺省钢筋 简图 布置 参照 >>

图15-6　非顶层柱钢筋构造

如果是顶层的中柱，则上图所示所有纵筋的长度都会自动减去一个保护层厚度。

温馨提示：

如果您在调整顶层边柱或角柱钢筋时，发现钢筋长度计算结果不正确，则需要从三个方面来检查修改：

1. 在构件查询中，柱的结构类型是否为“框架柱”，如果不是，则需要进入定义编号界面进行修改。

2. 在构件查询中，柱的楼层位置是否为“顶层”。

3. 在构件查询中，柱的平面位置是否为“角柱”或“边柱”。

练一练

1. 计算顶层柱筋锚固应注意哪些问题？
2. 如何调整本楼层三个矩形边柱的纵筋？
3. 思考一下出屋顶楼层的柱筋应如何调整。

第 16 章　出屋顶楼层钢筋工程量

依据施工图，出屋顶楼层要计算的钢筋有柱筋、梁筋、砌体墙拉结筋、板筋、过梁筋、挑檐钢筋。其中过梁筋用〖表格钢筋〗的过梁表布置即可。

16.1　顶层柱筋

命令模块：【钢筋】→〖钢筋布置〗

参考图纸：结施-14（出屋顶楼层柱平面结构图）

顶层柱的钢筋构造有特殊要求，例如边柱和角柱的外侧纵筋需锚入梁内等。前面章节已经讲解不赘述。

执行〖柱筋布置〗命令，例如选中顶层角柱 Z1，首先按规范要求，分别录入“竖向纵筋（弯入梁）”、“竖向纵筋（外侧不弯入梁）”和内侧“竖向纵筋”的钢筋描述，如图 16-1 所示。

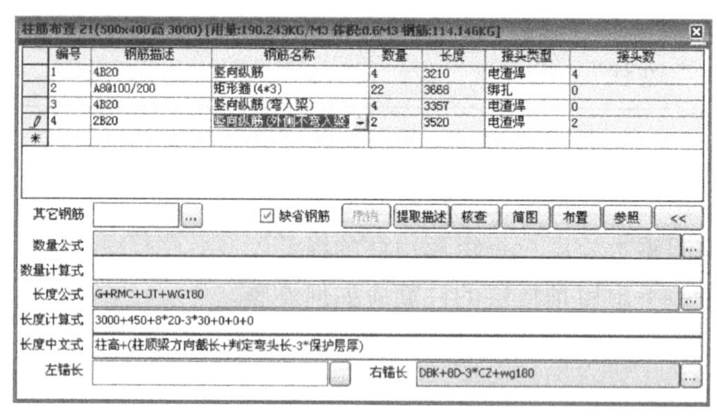

图 16-1　顶层柱竖向纵筋

外侧纵筋的计算式在第 15 章中已经介绍过了，下面看一下顶层内侧纵筋（竖向纵筋）的钢筋公式。展开计算明细，如图 16-2 所示：

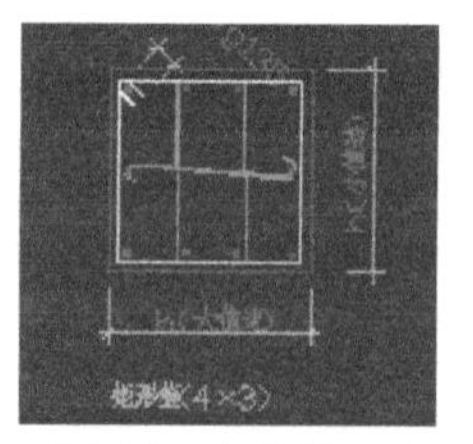

图 16-2　矩形箍（4×3）钢筋简图

顶层角柱的锚固长度 RMC 计算式为取“LA-HB”与“12D-CZ”的最大值，保证纵筋锚固长度不小于最小锚固长度。

录入完纵筋描述后，下面修改 Z1 的箍筋描述。在指定箍筋名称之前需要注意的是顶层柱的截面发生了变化，其他楼层的矩形柱是 500×500 的截面，而顶层柱是 400×500，长短边长度不相等。而在讲解首层柱筋布置时提过，软件默认以矩形柱的长边作为 B 边，且箍筋名称中 B 边方向的箍筋肢数应在前面。因此，顶层的柱子 B 边为 500 长，箍筋名称应该选择“矩形箍筋（4×3）”。其钢筋简图如图 16-2 所示：

点击〖布置〗按钮，把录入好的钢筋布置到柱子上。

在顶层中，Z1 的平面位置有角柱也有边柱，如果按角柱布置钢筋，则同编号的边柱上也会按角柱的钢筋计算，得出钢筋工程量是不正确的。这个问题可以通过修改柱子编号来处理。即在定义编号对话框新建一个边柱的编号“Z1-角”（可以在 Z1 编号节点上选择新建），使其与 Z1 的属性完全相同。然后在〖构件查询〗中将所有编号为 Z1 的边柱的编号改成“Z1-B”，再单独给 Z1-B 编号布置顶层边柱的钢筋即可（如图 16-3）。

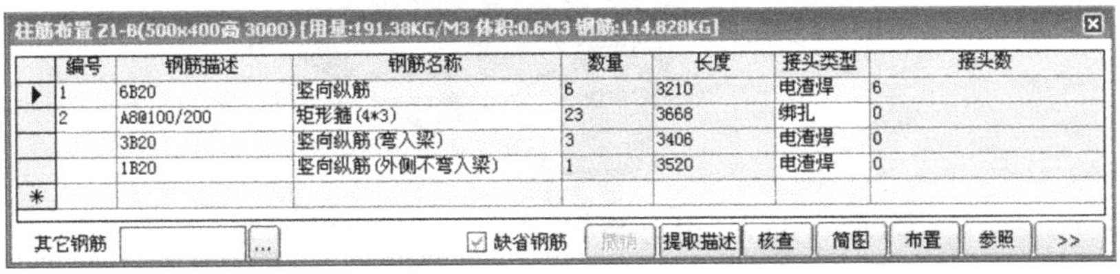

柱筋布置 Z1-B(500×400高 3000) [用量:191.38KG/M3 体积:0.6M3 钢筋:114.828KG]

	编号	钢筋描述	钢筋名称	数量	长度	接头类型	接头数
▶	1	6B20	竖向纵筋	6	3210	电渣焊	6
	2	A8@100/200	矩形箍(4*3)	23	3668	绑扎	0
		3B20	竖向纵筋(弯入梁)	3	3406	电渣焊	0
		1B20	竖向纵筋(外侧不弯入梁)	1	3520	电渣焊	0
*							

其它钢筋 ... ☑缺省钢筋 撤销 提取描述 核查 简图 布置 参照 >>

图 16-3　顶层边柱钢筋布置

按相同的步骤，布置顶层 Z2 的钢筋。

练一练

1. 顶层 Z2 的箍筋名称应选择矩形箍（2*4），还是矩形箍（4*2）?
2. 顶层 Z2 有角柱也有边柱，它的钢筋如何计算?

16.2　顶层梁筋

命令模块：【钢筋】→〖梁筋布置〗

参考图纸：结施-11（屋面梁结构图）

参照首层梁钢筋的布置方法，使用〖梁筋布置〗功能布置出屋顶楼层的梁筋。

16.3　顶层砌体墙拉结筋

命令模块：【钢筋】→〖自动钢筋〗

参考图纸：结施-01（结构设计总说明）

见前面相同章节说明。

16.4 顶层板筋

命令模块:【钢筋】→〖板筋布置〗

参考图纸:结施-07(屋面结构平面图)

依据施工图,顶层的斜屋面板配置双层双向钢筋。执行〖板筋布置〗命令,在“板筋类型”中选择“双层双向”,然后选择合适的板筋编号或录入板面筋和板底筋描述。

本层的屋面板配筋相同,因此分别在各块斜板内部按正交方向点取两点,双层双向钢筋就会自动按板边界布置到图面上了。

打开板筋的明细线条显示,切换到三维视图查看板筋,如图16-4所示。从图上可以看出,板筋明细线条是沿着板边界分布的。

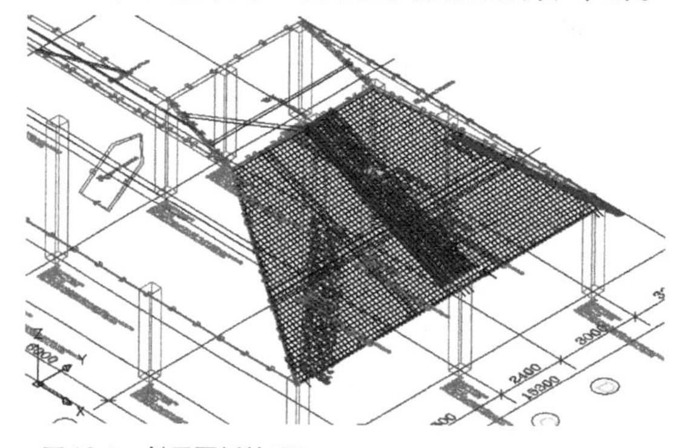

图16-4 斜屋面板筋明细

	**小技巧:** 如果使用普通板底筋或板面筋来布置斜板钢筋,可以在布置完钢筋后,在命令栏执行“板筋变斜”命令“bjbx”(选中板筋线后在右键菜单中也可选择),选中要变斜的板筋,再选择参照的斜板,板筋就可以随着斜板变斜了。
	**注意事项:** 板筋数量与长度计算公式不可随意修改,一旦修改,板筋将无法扣减洞口,且其计算公式也以矩形计算,不以异形板进行钢筋计算。如果要修改板筋计算式,则扣减洞口量、异形板计算公式也需要加入到计算式中。

16.5 挑檐钢筋

命令模块:【钢筋】→〖其他钢筋〗

参考图纸:结施-07(屋面结构平面图)

执行〖钢筋布置〗命令,选择挑檐,右键确认后,对话框标题变成了

"布置挑檐天沟钢筋"，软件没有提供挑檐的默认钢筋，需要手动录入。首先录入受力筋描述 A10@150，钢筋名称选择"悬挑受力筋"；然后录入檐底分布筋，在软件中，挑檐底板钢筋需要录入分布筋描述，而施工图中没有给出分布间距，只是给出悬挑底板有 3 根钢筋，这里可以先录入一个分布筋描述"A6@100"，指定钢筋名称为"悬挑底板分布筋"，此时要展开计算明细栏，将原数量公式删除，输入钢筋数量 3，这样软件就能正确计算底板钢筋量了。最后录入"1A6"，钢筋名称选择"檐边筋"，挑檐所有钢筋录入完后如图 16-5 所示：

挑檐天沟筋布置 TG1_反L形(450x200x80x80) [用量:120.139KG/M3 体积:3.051M3 钢筋:366.543KG]

编号	钢筋描述	钢筋名称	数量	长度	接头类型	接头数
1	B10@150	悬挑受力筋	433	1150	绑扎	0
2	A6@100	悬挑底板分布筋	3	66713	绑扎	15
3	1A6	檐边筋	1	67013	绑扎	5

其它钢筋 ☑缺省钢筋 撤销 提取描述 核查 简图 布置 参照 <<

数量公式 3

数量计算式 3

长度公式 L-2*CZ+2*WG180+LJT

长度计算式 64803-2*20+2*37.5+1875

长度中文式 挑檐长-2*保护层厚+2*180度弯钩+搭接头长

左锚长 右锚长

图 16-5 挑檐钢筋布置

点击〖布置〗按钮便可以完成挑檐钢筋的布置。

16.6 平屋面顶女儿墙上压顶钢筋

命令模块：【钢筋】→〖其他钢筋〗

参考图纸：J-04 建筑出屋顶楼层平面图

执行〖钢筋布置〗命令，选择压顶，右键确认后，弹出对话框如图 16-6 所示：

压顶筋布置 YD1(240x80) [用量:73.082KG/M3 体积:0.284M3 钢筋:20.767KG]

编号	钢筋描述	钢筋名称	数量	长度	接头类型	接头数
1	2A10	压顶主筋	2	16042	绑扎	2
2	A4@400	宽向直分布筋	38	258	绑扎	0

其它钢筋 ☑缺省 撤销 提取 核查 简图 选择 参照 布置 >>

图 16-6 压顶钢筋布置

对话框标题变成了"压顶筋布置"，首先录入主筋描述"2 A10"，钢筋名称选择"压顶主筋"；然后按钢筋式样录入"宽向分布筋"，"A6@100"，录入完后点击〖布置〗就将压顶钢筋布置到压顶上了。

练一练

1. 既然压顶钢筋能够布置，其方法也同样用于圈梁布置，试着在砌体墙内布置一条圈梁（圈梁的布置方式同压顶），再给这条圈梁布置钢筋。

第 17 章　分析统计钢筋量

布置完构件的钢筋后，便可以分析计算钢筋工程量了。在分析统计之前，建议先用软件提供的核对钢筋功能，核对钢筋的正确性，避免计算错误。也可以在布置完某类构件的钢筋后接着核对钢筋。核对钢筋并不是对每个构件的钢筋都进行查看，可以只针对布置特殊的构件钢筋进行查询检查。

17.1　核对钢筋

17.1.1　柱、梁、墙筋核对

命令模块：【报表】→〖核对钢筋〗

软件提供的〖核对钢筋〗功能可用于核对柱、梁、墙的钢筋。

1）柱筋核对

对于柱子的钢筋核对有两种方式，一种是“核对钢筋”主要针对普通方式布置的柱筋，另一种是“核对单筋”针对用柱筋平法布置的钢筋。这里主要讲解“核对单筋”；执行命令后，选择要查看的柱子，例如二层的Z1。

右键确认后，弹出“柱筋核查”对话框（图17-1）：

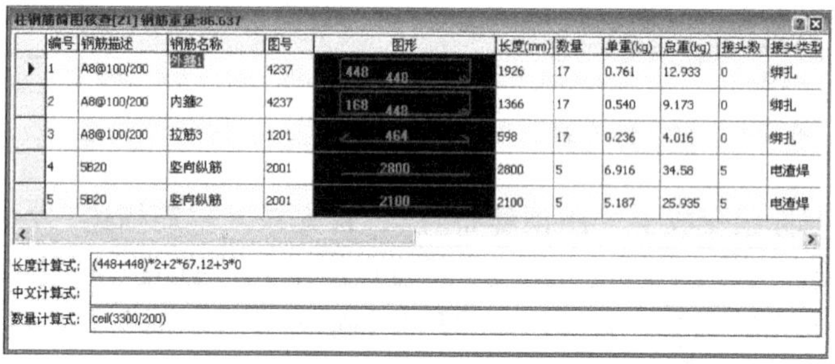

柱钢筋简图核查[Z1] 钢筋重量:86.637

编号	钢筋描述	钢筋名称	图号	图形	长度(mm)	数量	单重(kg)	总重(kg)	接头数	接头类型
1	A8@100/200	外箍1	4237	448 448	1926	17	0.761	12.933	0	绑扎
2	A8@100/200	内箍2	4237	168 448	1366	17	0.540	9.173	0	绑扎
3	A8@100/200	拉筋3	1201	464	598	17	0.236	4.016	0	绑扎
4	5B20	竖向纵筋	2001	2800	2800	5	6.916	34.58	5	电渣焊
5	5B20	竖向纵筋	2001	2100	2100	5	5.187	25.935	5	电渣焊

长度计算式：(448+448)*2+2*67.12+3*0

中文计算式：

数量计算式：ceil(3300/200)

图17-1　“柱筋核查”对话框

对话框的标题栏中会显示当前查看柱子的钢筋总重量。上部栏中显示的是柱子中布置的各类钢筋，对于柱子中布置有什么钢筋一目了然。有钢筋描述、钢筋名称以及单根钢筋的长度、计算的钢筋根数、重量。将光标放至于某条钢筋内容，底部栏中会显示钢筋的长度、数量计算式。

“核对钢筋”方式；执行命令后，选择要查看的柱子，例如选择二层的 Z1（图 17-2）。

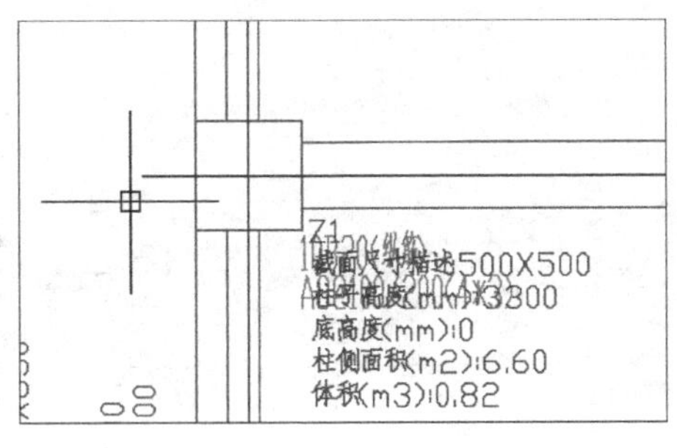

图 17-2　柱筋

右键确认后，弹出“柱筋核查”对话框 17-3：

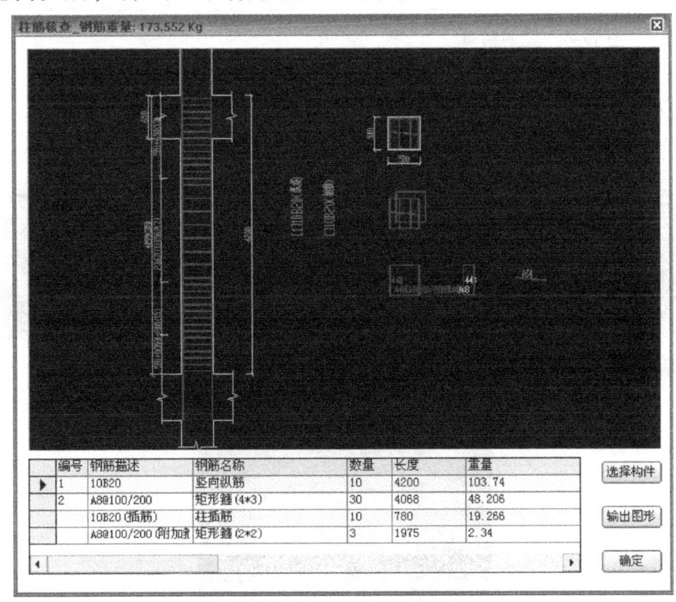

编号	钢筋描述	钢筋名称	数量	长度	重量
1	10B20	竖向纵筋	10	4200	103.74
2	A8@100/200	矩形箍(4*3)	30	4068	48.206
	10B20(插筋)	柱插筋	10	780	19.266
	A8@100/200(附加箍	矩形箍(2*2)	3	1975	2.34

图 17-3　柱筋核查

同“柱筋核查”对话框一样，标题栏也会显示当前查看柱子的钢筋总重量。可以从幻灯片中查看柱筋的布置详图。从图上可以看到柱纵筋的长度，加密区与非加密区的箍筋分布长度及箍筋数量（括号中的数字），以及箍筋截面详图等数据。在幻灯片的下方可以查看钢筋明细，包括钢筋长度与重量等。如果发现柱筋布置错误，可以用〖柱筋布置〗功能来修改柱筋。

2）梁筋核对

点击核对钢筋对话框中的〖选择构件〗按钮，返回图面，选择要查看的梁，例如选择 KL7（4），对话框变成下图所示（图 17-4）：

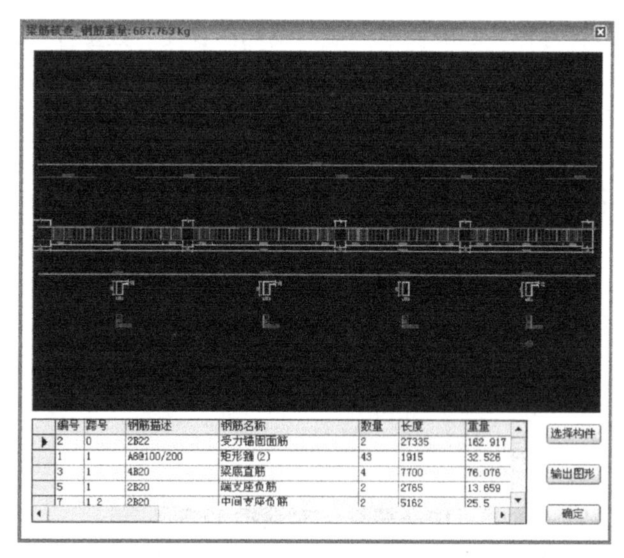

图 17-4　梁筋核查

将光标移动到幻灯片上，滚动鼠标滚轴，可以缩放图形。下面来查看第一跨局部的梁钢筋布置计算情况（图 17-5 ~ 图 17-7）：

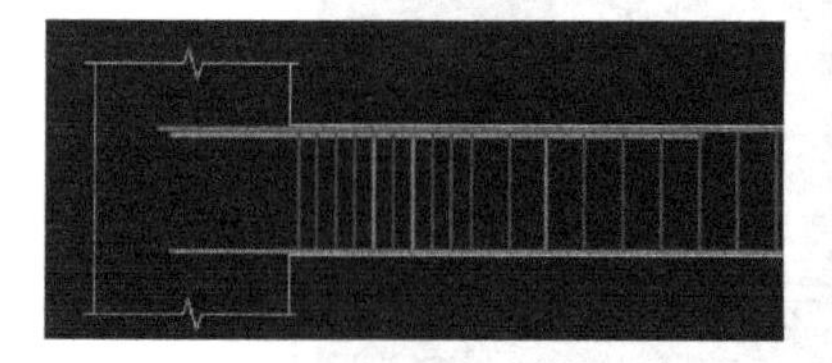

图 17-5　梁筋核查图局部（一）

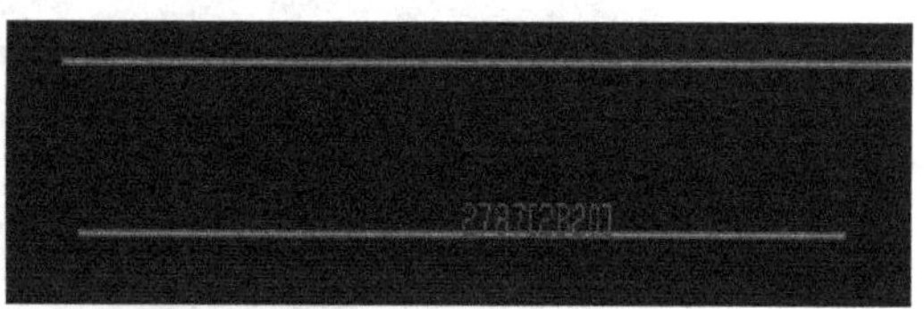

图 17-6　梁筋核查图局部（二）

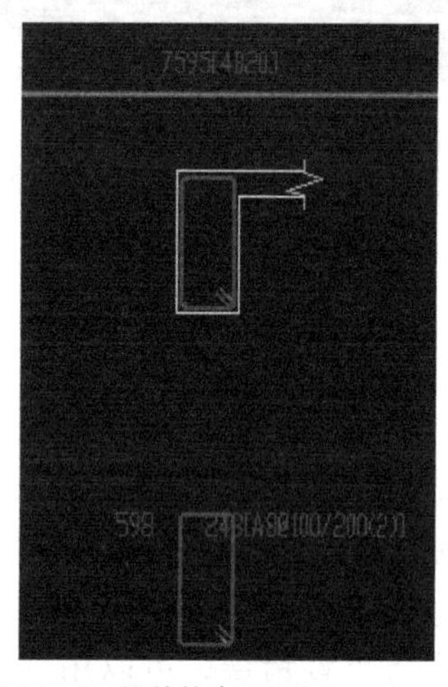

图 17-7　梁筋核查图局部（三）

在对话框的底部有梁上所有钢筋的计算内容，如果发现梁筋布置错误，可以用〖梁筋布置〗功能来修改梁筋。

3）墙筋核对

核查混凝土墙的墙筋，其核对图如下（图 17-8），操作同柱、梁“钢筋核查方式”，可以看出水平分布钢筋扣减了洞口。且墙筋线上有钢筋计算明细，其表示式为“长度（根数）=左锚长+净长+右锚长”。

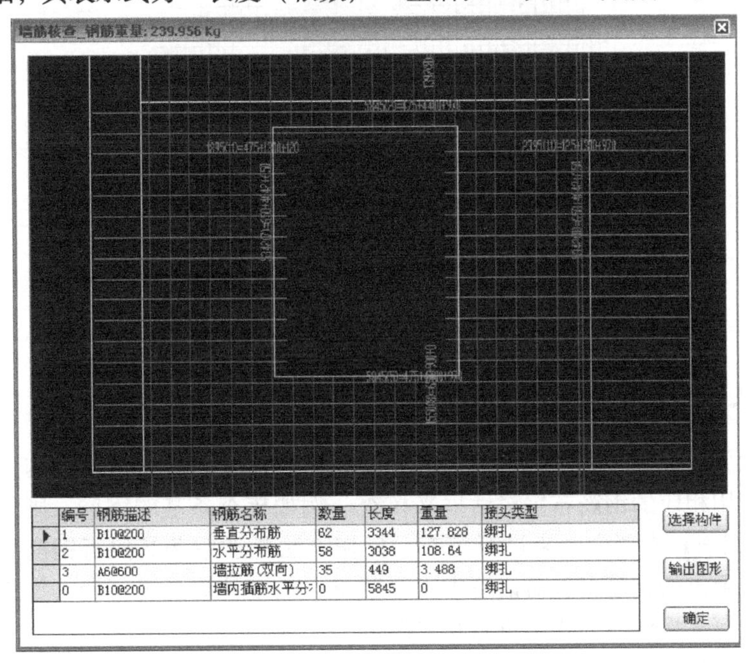

图 17-8　混凝土墙钢筋核对

温馨提示：

如果核对钢筋时发现错误，需要用相应的钢筋布置命令来修改钢筋并重新布置，在钢筋核对对话框中不能直接对钢筋进行修改。

17.1.2　板筋核对

命令模块：【钢筋】→〖钢筋选项〗

在软件中，板筋属于用图形布置的钢筋。使用核对钢筋功能无法查看板筋的布置与计算明细。为此，软件通过显示板的钢筋分布情况来验证板筋的正确性。显示板筋明细的方法有两种：对于需要显示选定板筋的明细线条，操作方法是单击鼠标右键，在右键菜单中选择〖板筋明细〗，就能显示所选板筋的明细线条（图 17-9），如果要关闭板钢筋的明细线条，再次执行〖板筋明细〗命令，便可将板筋的明细线条关闭。一次性将所有已布置的板钢筋都显示出明细线条，方法是执行右键菜单中的〖所有明细〗命令，所有板筋明细线条就显示出来了。要关闭显示的明细线条，再次执行〖所有明细〗的操作。注意！用钢筋选项的显示设置关闭板筋明细显示时，不会关闭图面上单独打开的板筋明细的显示（用第一种方法打开的板筋明细）。板筋线上的钢筋计算式为“长度（根数）=左锚长+净长+右锚长”。

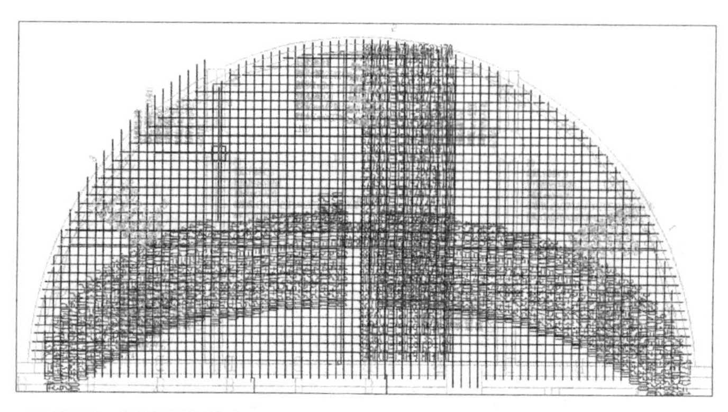

图 17-9 板筋明细线条

17.1.3 其他钢筋核对

除了柱、梁、墙、板的钢筋有专门的钢筋核对命令外，其他构件钢筋仍需使用相应的钢筋布置对话框来核查。例如核查条基的钢筋，则须使用〖条基钢筋〗布置命令来进行核查，操作方法是选中条基执行钢筋布置命令，在弹出的钢筋布置对话框中查看数量、长度计算是否正确，如果发现错误，可直接修改公式，重新布置即可。

练一练

1. 在软件中如何输出梁筋核对图?
2. 如何核查独基钢筋?
3. 如何才能只查看一块或若干块板的钢筋明细?

17.2 图形管理

命令模块:【构件】→【构件管理】→〖图形管理〗

在布置完所有的构件与钢筋后，可以用“图形管理”功能来查看图形构件的数量、截面特征以及钢筋信息等。执行图形管理命令，弹出以下对话框（图 17-10）:

在左边的楼层构件列表栏中，可以查看楼层信息和构件信息。光标不点击的楼层的构件数量（括弧内显示的数据）显示的是问号，表示软件暂时没有计算统计该楼层的构件数。点击需要查看的楼层名称，软件会将该楼层的构件个数分析出来。并展开该楼层存在的构件类型和总数量。在构件类型节点下分有两级节点，分别是构件名称和构件编号，每个节点上都会显示构件数量。可查看首层的结构节点下，梁有 40 跨 16 条，展开梁节点，可以查看每个编号的梁的数量。如果构件数量不对，则表明图形有问题，需要补画缺少的构件或删除多余的构件。

右上方的栏内显示的是构件信息，如果当前光标定位在构件类型节点上，则构件信息中会显示该构件类型下所有的构件明细，如果光标定位在某个构件编号上，则构件信息中只显示当前构件编号的明细内容（图 17-11）。

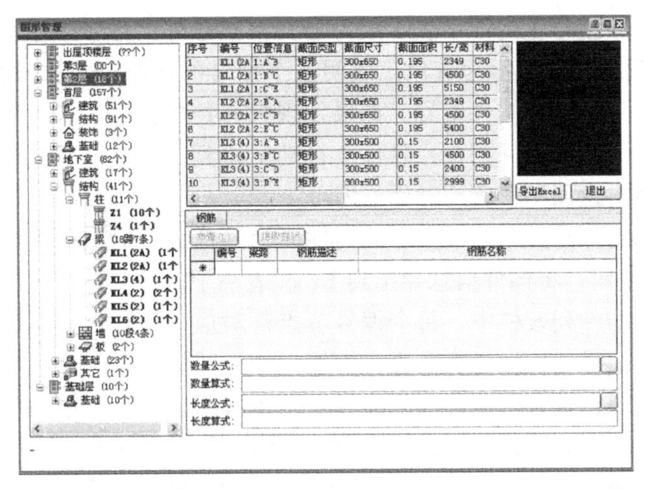

图 17-10　图形管理

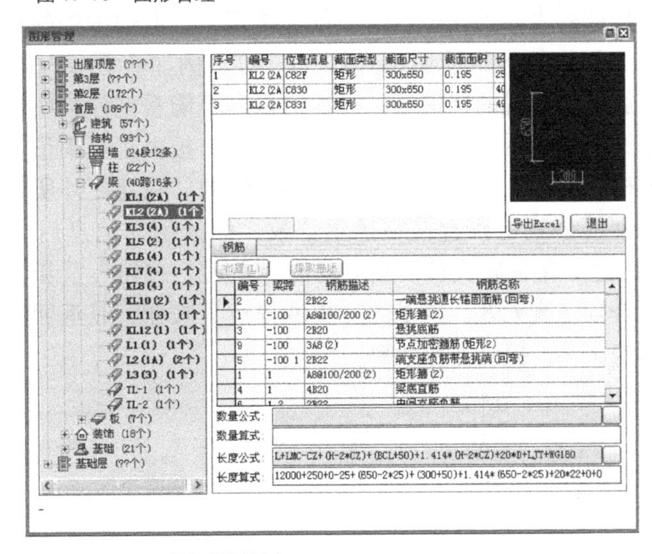

图 17-11　图形管理构件树

构件明细包含了截面类型、截面尺寸、截面面积、长或高以及材料、跨数等信息。除此之外，如果构件明细数据行显示为灰色，则表明该构件挂接了做法，显示为黄色则表示当前构件上没有做法。例如查看例子工程首层梁 KL7（4）的构件明细（图 17-12）。

序号	编号	位置信息	截面类型	截面尺寸	截面面积	长/高	材料	跨号
1	KL7(4)	1:E~2:E	矩形	300x650	0.195	6500	C30	4[1]
2	KL7(4)	2:E~3:E	矩形	300x650	0.195	7000	C30	4[2]
3	KL7(4)	3:E~4:E	矩形	300x650	0.195	5501	C30	4[3]
4	KL7(4)	4:E~5:E	矩形	300x650	0.195	5499	C30	4[4]

图 17-12　构件明细

从栏目中可以看到 KL7 的截面尺寸，“长/高”数据列中显示的是当前梁跨的长度，“跨号”列显示的是当前编号一条梁的总跨数和当前梁跨的跨号信息，中括号里的数字表示梁跨号，中括号外的数字表示总跨数。所有的 KL7 数据行都显示为灰色，表明这个编号的所有梁跨都挂接了做法。通过查看并依次切换构件编号，如果发现没有挂接做法的构件明细，可以通过双击构件明细返回图面，软件会自动定位到当前查看的构件，给构件挂接做法后再返回图形管理对话框即可。

右边的幻灯片显示当前查看的构件明细的截面示意图。可以点击〖导出 Excel〗按钮，将构件信息导出到 Excel 表格中。

在楼层构件列表栏中，每个编号节点都对应一个构件图标，从图标上可以看出该编号的构件是否布置了钢筋。如果图标显示为紫色并可以看到钢筋示意线条，则表明当前构件编号上已布有钢筋，且当前编号文字会加粗显示；反之则表明构件没有布置钢筋。例如 KL7 的图标显示为紫色，且编号文字加粗（图 17-13），表明这个编号的梁上已经布置了钢筋。

在楼层构件列表栏中光标选中一条构件编号，右边中部的钢筋信息栏内看到当前编号构件的钢筋明细（图 17-14）。例如查看 Z1 的钢筋数据。注意！用柱筋平法布置的柱钢筋，在本栏目内不能看到计算明细信息，还有梁、条基钢筋只能看到明细而不能修改布置。板由于是图形布筋，其数据没有与板构件直接关联，也是查看不到明细的。除此之外所有构件的钢筋数据以及钢筋公式可以直接在这里修改，修改钢筋信息后工具栏上的〖布置〗按钮会变成亮显状态，必须点击〖布置〗按钮，重新将钢筋布置到构件上，否则修改无效。这里的〖提取描述〗按钮，是返回软件操作界面，提取钢筋文字，提高操作效率。

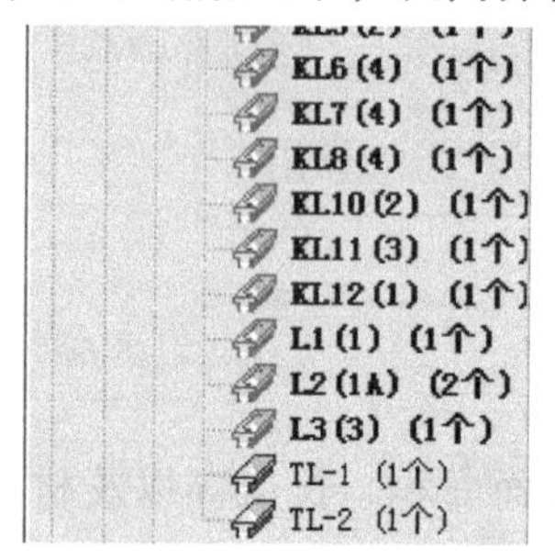

图 17-13 构件树图标与编号文字

布置(L)　提取描述

	编号	位置	钢筋描述	钢筋名称
	1		10B20	竖向纵筋
▶	2		A8@100/200	矩形箍(4*3)
	3		10B20(插筋)	柱插筋
	4		A8@100/200(附加	矩形箍(2*2)
*				

数量公式：CEIL((LXJM-QT)/SJM)+CEIL((LJM+HB-QT)/SJM)+(HN-LXJM-LJM)/S

数量算式：CEIL((1716-50)/100)+CEIL((858+650-50)/100)+(5150-1716-858)/200

长度公式：G_6+G_20+G_30

长度算式：1975+1415+678

图 17-14 钢筋明细

如果发现没有布置钢筋的构件编号，且该编号的构件钢筋与其他同类构件的钢筋相同，可以通过在已经布置了钢筋的编号上点击鼠标右键，选择“复制钢筋”（图 17-15），再到该编号上选择右键菜单中的“粘贴钢筋”，这样其他构件编号上的钢筋信息就复制到本编号构件上，并在钢筋信息栏中有显示。还可以对拷贝过来的钢筋信息编辑修改之后布置到构件上。注意！必须点击〖布置〗按钮，钢筋才能布置到构件上，布置钢筋后该编号的图标会变成紫色。对于没有可复制的构件又没有布置钢筋的构件，可以直接在钢筋明细栏录入钢筋数据后将钢筋布置到构件上。利用右键菜单功能，还可以删除当前选择到的构件编号上的钢筋。选中一个构件编号右键，展开下列选项：

在构件类型节点上点击鼠标右键，在右键菜单中也可以选择“复制钢筋”，例如在选择首层的构造柱节点右键在弹出的选项中执行“复制钢筋”（图 17-16）：

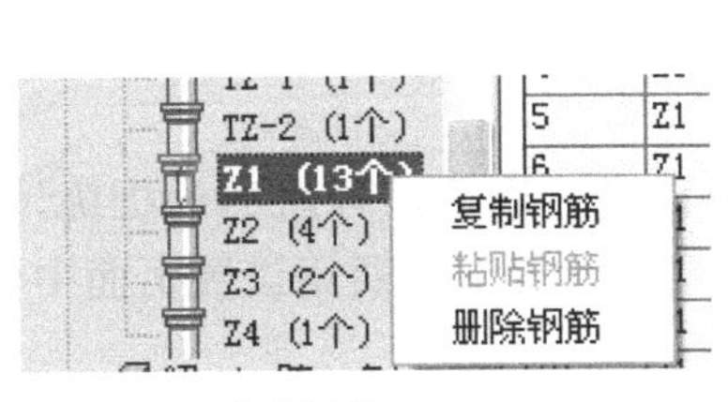

图 17-15　复制钢筋

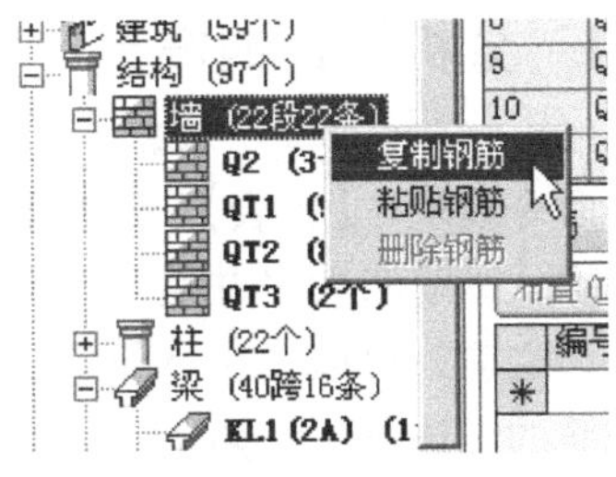

图 17-16　构件类型钢筋复制

接着到其他楼层的构造柱节点上选择右键菜单中“粘贴钢筋”，首层的构造柱钢筋就可以拷贝到其他楼层的构造柱上了。用复制方法复制的钢筋会直接布置到构件上，不用再点击〖布置〗按钮。不同编号的构件钢筋会自动忽略。

在使用软件进行算量工作过程中，利用图形管理功能可以对整个工程的构件及钢筋等信息进行统一管理。

17.3　修改钢筋公式

命令模块：【钢筋】→〖钢筋维护〗

当软件缺省钢筋公式不能正确反映设计意图时，有两种调整方法。第一种是在布置钢筋的同时，在对话框中下部展开的钢筋明细栏中进行修改，然后再次点击〖布置〗按钮布置钢筋。这种方式修改的钢筋只对单独选中的构件生效。第二种方法是进入〖钢筋维护〗中修改公式，修改的钢筋公式能够为整个工程调用，且可以和别的工程共享公式，其操作方法可参见用户手册或“帮助”菜单下的“文字帮助”（图 17-17）。

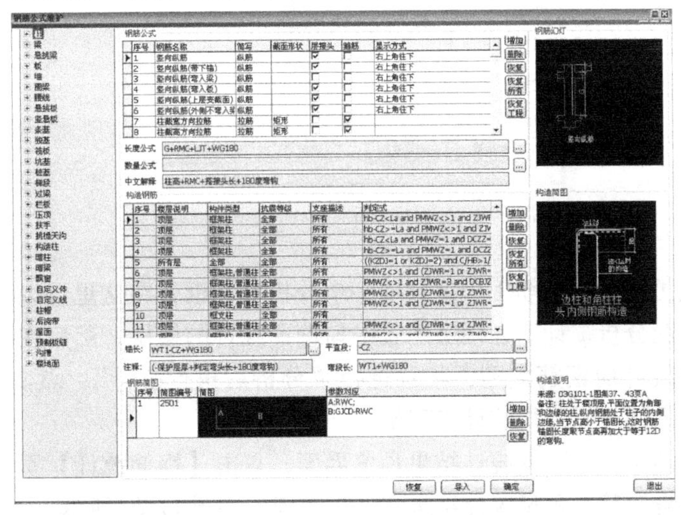

图 17-17　钢筋维护

练一练

1. 尝试在柱的钢筋中增加一条新的自定义竖向纵筋钢筋公式。

17.4　分析统计钢筋量

命令模块：【报表】→〖分析〗

确认钢筋布置完并且正确后，就可以进行钢筋工程量的分析统计了。在统计之前，可以先在〖钢筋选项〗的计算设置下的通用设置页面中设置好钢筋的统计条件，如图 17-18 所示：

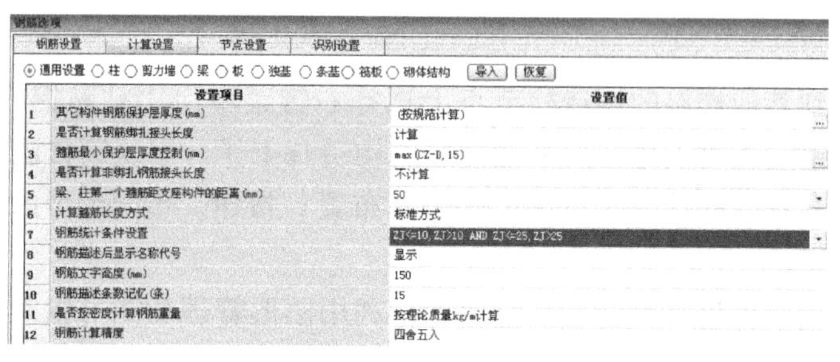

图 17-18　钢筋统计条件设置

在统计条件中，“ZJ”指的是钢筋直径。设置好后，执行报表菜单下的〖分析〗命令，弹出如下对话框（图 17-19）：

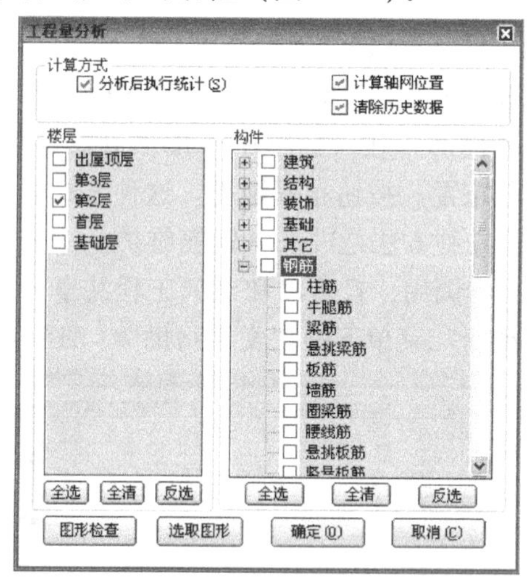

图 17-19　工程量分析

建筑工程量与钢筋工程量共用一个分析对话框，在这里可以选择构件与钢筋一起分析统计。在楼层列表中勾选要统计的楼层，然后在构件列表中勾选要统计的钢筋类型，注意选择“分析后执行统计”，点击〖确定〗按钮，软件便开始分析统计工程量了。

统计结束后会进入统计结果预览界面，点击【钢筋统计】页面，在这里可以查看钢筋工程量统计结果和计算明细，如图 17-20 所示：

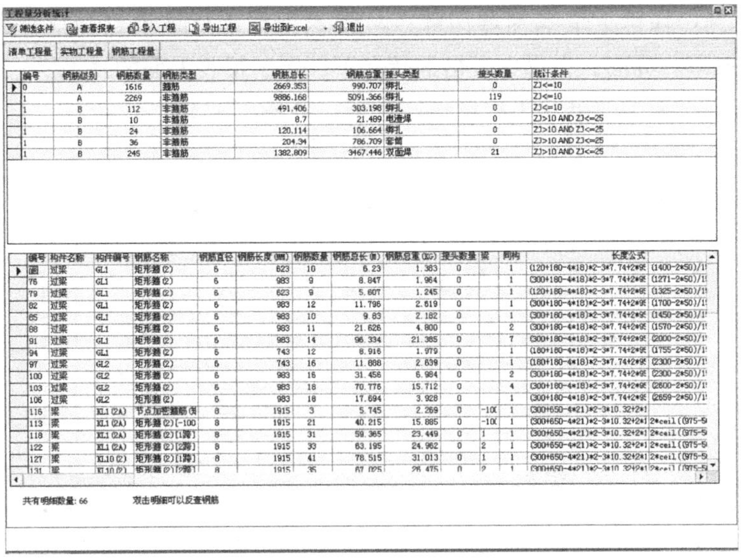

工程量分析统计

筛选条件　查看报表　导入工程　导出工程　导出到Excel　退出

清单工程量　实物工程量　钢筋工程量

编号	钢筋级别	钢筋数量	钢筋类型	钢筋总长	钢筋总重	接头类型	接头数量	统计条件
0	A	1616	箍筋	2669.353	990.707	绑扎	0	ZJ<=10
1	A	2269	非箍筋	9886.168	5091.366	绑扎	119	ZJ<=10
1	B	112	非箍筋	491.406	303.198	绑扎	0	ZJ<=10
1	B	10	非箍筋	8.7	21.489	电渣焊	0	ZJ>10 AND ZJ<=25
1	B	24	非箍筋	120.114	106.664	绑扎	0	ZJ>10 AND ZJ<=25
1	B	36	非箍筋	204.34	786.709	套筒	0	ZJ>10 AND ZJ<=25
1	B	245	非箍筋	1382.809	3467.446	双面焊	21	ZJ>10 AND ZJ<=25

编号	构件名称	构件编号	钢筋名称	钢筋直径	钢筋长度(MM)	钢筋数量	钢筋总长(M)	钢筋总重(KG)	接头数量	梁	同构	长度公式	
[illegible]	过梁	GL1	矩形箍(2)	6	623	10	6.23	1.383	0		1	(120+180-4*18)*2-3*7.74+2*9	(1400-2*50)/1
76	过梁	GL1	矩形箍(2)	6	983	9	8.847	1.964	0		1	(300+180-4*18)*2-3*7.74+2*9	(1271-2*50)/1
79	过梁	GL1	矩形箍(2)	6	623	9	5.607	1.245	0		1	(120+180-4*18)*2-3*7.74+2*9	(1325-2*50)/1
82	过梁	GL1	矩形箍(2)	6	983	12	11.796	2.619	0		1	(300+180-4*18)*2-3*7.74+2*9	(1700-2*50)/1
85	过梁	GL1	矩形箍(2)	6	983	10	9.83	2.182	0		1	(300+180-4*18)*2-3*7.74+2*9	(1450-2*50)/1
88	过梁	GL1	矩形箍(2)	6	983	11	21.626	4.800	0		2	(300+180-4*18)*2-3*7.74+2*9	(1570-2*50)/1
91	过梁	GL1	矩形箍(2)	6	983	14	96.334	21.385	0		7	(300+180-4*18)*2-3*7.74+2*9	(2000-2*50)/1
94	过梁	GL1	矩形箍(2)	6	743	12	8.916	1.979	0		1	(180+180-4*18)*2-3*7.74+2*9	(1755-2*50)/1
97	过梁	GL2	矩形箍(2)	6	743	16	11.888	2.639	0		1	(180+180-4*18)*2-3*7.74+2*9	(2300-2*50)/1
100	过梁	GL2	矩形箍(2)	6	983	16	31.456	6.984	0		2	(300+180-4*18)*2-3*7.74+2*9	(2300-2*50)/1
103	过梁	GL2	矩形箍(2)	6	983	18	70.776	15.712	0		4	(300+180-4*18)*2-3*7.74+2*9	(2600-2*50)/1
106	过梁	GL2	矩形箍(2)	6	983	18	17.694	3.928	0		1	(300+180-4*18)*2-3*7.74+2*9	(2659-2*50)/1
116	梁	KL1(2A)	节点加密箍筋(5	8	1915	3	5.745	2.269	0	-10(	1	(300+650-4*21)*2-3*10.32+2*1	
113	梁	KL1(2A)	矩形箍(2)[-100	8	1915	21	40.215	15.885	0	-10(	1	(300+650-4*21)*2-3*10.32+2*1	2*ceil((975-5
118	梁	KL1(2A)	矩形箍(2)[1跨]	8	1915	31	59.365	23.449	0	1	1	(300+650-4*21)*2-3*10.32+2*1	2*ceil((975-5
122	梁	KL1(2A)	矩形箍(2)[2跨]	8	1915	33	63.195	24.962	0	2	1	(300+650-4*21)*2-3*10.32+2*1	2*ceil((975-5
127	梁	KL10(2)	矩形箍(2)[1跨]	8	1915	41	78.515	31.013	0	1	1	(300+650-4*21)*2-3*10.32+2*1	2*ceil((975-5
131	梁	KL10(2)	矩形箍(2)[2跨]	8	1915	35	67.025	26.475	0	2	1	(300+650-4*21)*2-3*10.32+2*1	2*ceil((975-5

共有明细数量: 66　　双击明细可以反查钢筋

图 17-20　钢筋统计结果

对话框上部栏显示的是以钢筋级别与直径为条件统计的钢筋汇总重量，下部栏显示的是每一类钢筋统计结果对应的钢筋明细，包括构件信息、钢筋名称与钢筋计算明细等，通过双击计算明细，可以返回图面查看构件。

最后一步便是输出统计结果了，点击〖查看报表〗按钮，进入报表打印界面，在常用报表目录下，可以查看“钢筋接头汇总表”、“钢筋计算表”和“钢筋汇总表”等报表，其中钢筋计算表输出的是钢筋计算明细，在钢筋计算表节点上，可以展开所统计的各个楼层的钢筋统计信息，可以查看每个楼层的钢筋计算明细（图 17-21）。选择适用的钢筋报表，进行打印即可，也可将报表数据导出到 Excel 中。

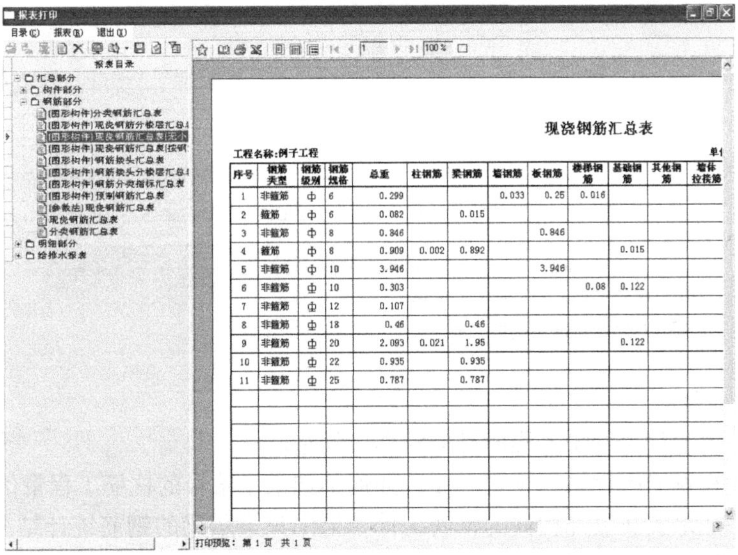

报表打印

目录(C)　报表(R)　退出(X)

报表目录

- 汇总部分
  - 构件部分
  - 钢筋部分
    - (图形构件)分类钢筋汇总表
    - (图形构件)现浇钢筋分楼层汇总表
    - (图形构件)现浇钢筋汇总表(无小
    - (图形构件)现浇钢筋汇总表(按钢
    - (图形构件)钢筋接头汇总表
    - (图形构件)钢筋接头分楼层汇总表
    - (图形构件)钢筋分类指标汇总表
    - (图形构件)预制钢筋汇总表
    - (参数法)现浇钢筋汇总表
    - 现浇钢筋汇总表
    - 分类钢筋汇总表
- 明细部分
- 给排水报表

现浇钢筋汇总表

工程名称:例子工程　　单位

序号	钢筋类型	钢筋级别	钢筋规格	总重	柱钢筋	梁钢筋	墙钢筋	板钢筋	楼梯钢筋	基础钢筋	其他钢筋	墙体拉接筋
1	非箍筋	ф	6	0.299			0.033	0.25	0.016			
2	箍筋	ф	6	0.082		0.015						
3	非箍筋	ф	8	0.846				0.846				
4	箍筋	ф	8	0.909	0.002	0.892				0.015		
5	非箍筋	ф	10	3.946				3.946				
6	非箍筋	ф	10	0.303					0.08	0.122		
7	非箍筋	ф	12	0.107								
8	非箍筋	ф	18	0.46		0.46						
9	非箍筋	ф	20	2.093	0.021	1.95				0.122		
10	非箍筋	ф	22	0.935		0.935						
11	非箍筋	ф	25	0.787		0.787						

打印预览：第 1 页　共 1 页

图 17-21　钢筋报表

软件还提供了报表筛选功能。对报表中的工程量进行筛选汇总。在〖报表打印〗界面，在选中表格的状态下，点击报表上面的〖 〗的“构件过滤”按钮，弹出〖工程量筛选〗窗口（图 17-22）。

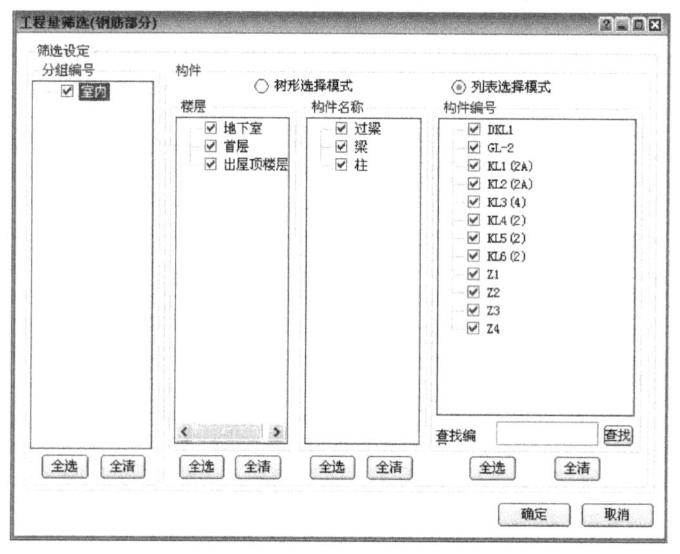

图 17-22　工程量筛选

在此窗口中，我们按分组（视工程设置分组而定）、楼层、构件、构件编号依次选择需要筛选出来的构件，确定后，报表中就只显示选择的构件的钢筋工程量了（图 17-23）。

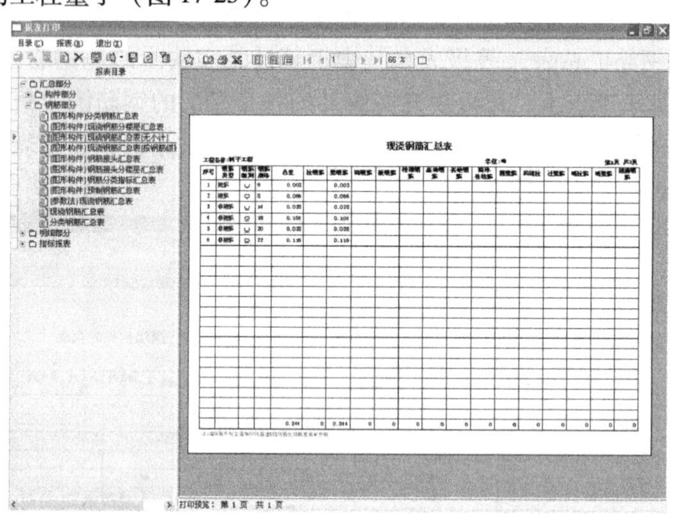

图 17-23　筛选后的报表显示

练一练

1. 请统计出例子工程所有的钢筋工程量。
2. 在钢筋统计结果预览界面，如何筛选某个编号的柱筋工程量信息？
3. 如果要在全部构件的钢筋统计结果中只显示梁的钢筋统计结果，并复制到 Excel 中，该如何操作？

第18章 识别钢筋

同构件建模一样，钢筋的布置也分手工布置和识别布置。当有电子施工图时，可将电子图文档导入界面后直接进行钢筋识别。钢筋识别分两种形式，①标注识别，是对图中的标注图元进行识别；②表格识别，是将图中用表格形式标注的内容，进行转换后识别。标注识别可直接将钢筋匹配到构件上，表格识别的钢筋还应执行一次布置操作，才能将钢筋匹配到构件上。目前软件可以识别的构件钢筋和钢筋表格有基础表格、柱筋（柱表）、梁筋、墙筋（墙表）与板筋等。

18.1 识别钢筋工作流程

在建立好结构构件模型后，可利用电子图识别功能，将电子图中构件的钢筋描述，转换成钢筋工程量计算模型。钢筋的识别方法与构件识别类似，也遵循“导入施工图→对齐施工图→识别施工图→清空施工图”的流程。在建立结构模型时，如果是用识别建模的方法，在识别完构件后可以接着识别构件的钢筋，例如识别完柱后，可接着利用柱结构平面图上的柱筋表识别柱筋，然后再清空施工图。

因此本章的内容应与本教程第二部分第11章的识别建模内容结合起来阅读，下面就在识别建模的基础上，讲解钢筋的识别。

18.2 识别柱筋

命令模块：【识别】→〖识别柱筋〗

参考图纸：结施-12（一层柱平面结构图）

在一层柱平面结构图中有本楼层的柱表，如图18-1所示，柱表中含有柱截面、截面尺寸参数、标高范围以及钢筋等信息。

柱号	Z1	Z2	Z3
截面形式			
B X H	500 X 500	500 X 500	D=450
标高	4.200~8.400	4.200~8.400	4.200~8.400
纵筋	10?20	8?18	6?20
箍筋	?8@100/200	?8@100/200	?8@150

图18-1 柱表

将施工图导入到界面后，先识别柱，然后利用柱表识别柱筋。如果柱表是单独的施工图，则导入柱表后，应先使用〖分解施工图〗功能，将柱表施工图炸开，否则将无法进行柱表识别。

原始柱表中的钢筋描述含有问号，应用〖描述转换〗命令将柱表中的钢筋描述转换成软件可以识别的样式。在 13. 1. 1 章节中有钢筋级别的设置说明。操作方式如下：

执行“图纸”菜单下的“描述转换”，弹出“描述转换”对话框（图 18-2）：

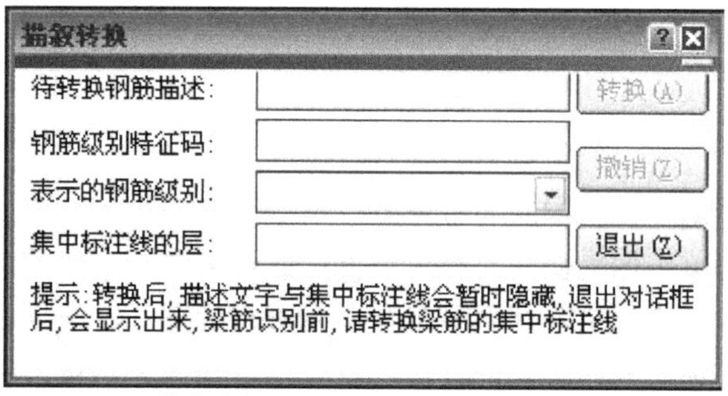

图 18-2 “描述转换”对话框

根据命令栏提示，光标至界面中选择一个待转换的钢筋描述，其文字就被提取到对话框中，并且在对话框中的“钢筋级别特征码”栏内的符号对应在“表示的钢筋级别”栏内为“B（普通 II 级钢筋）”如图 18-3 所示：

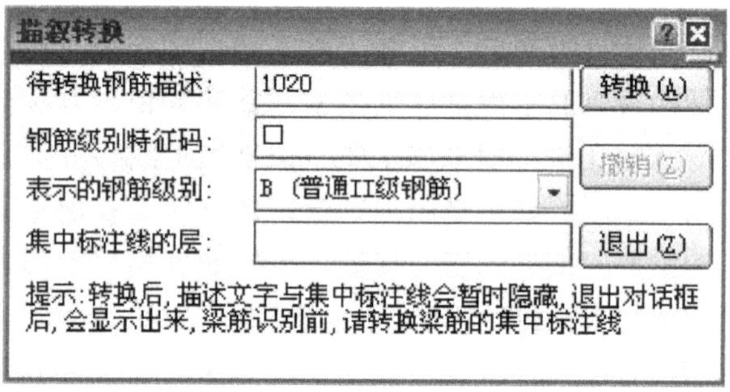

图 18-3 将待转换的钢筋描述提取到对话框中

如果软件给出的待转换钢筋级别不对，可以点击“表示的钢筋级别”栏后的“▾”下拉选项按钮，在展开的钢筋级别中选择对应的钢筋级别与之匹配。确认无误后，点击〖转换(A)〗按钮，界面上所有同样特征码的钢筋描述就被转换成了软件能够识别的描述。

经过钢筋转换会将“10？20”显示成“10B20”，“？8@100/200”显示成“A8@100/200”。转换完后点击鼠标右键结束命令。

执行钢筋→〖表格钢筋〗命令，在命令栏中选择“柱表”，弹出“柱表钢筋”对话框（图 18-4）：

在柱表钢筋对话框中，可以按展示的内容将图纸内的柱钢筋描述等内容，用手工录入到对话框中，也可以通过识别柱表获得数据。点击〖识别柱表〗按钮，此时命令栏提示：

柱表钢筋

编号	结构类型	标高	楼层	材料	截面	尺寸	全部纵筋	角筋	b边一侧筋	h边一侧筋	箍筋描述	箍筋类	加密长

增加柱号 删除柱号 复制柱号 增加柱层 删除柱层 识别柱表 保存 导入定义 定义编号 导出 导入 布置 <<

	箍筋类型	箍筋名称	箍筋描述	长度公式
*				

图 18-4　柱表钢筋

请选择表格的相关直线：

光标从表格左下角开始，框选整个表格，确认没有少选表格直线，也不能多选表格之外的线条，选择后点击右键确认，回到柱筋表识别对话框（图 18-5）：

识别柱表

删除	箍筋	b×h(圆柱直径)	标高	全部纵筋
匹配	箍筋	b×h(圆柱直径)	标高	全部纵筋
1	A8@100/200	500 X 500	4.200~8.400	10B20
2	A8@100/200	500 X 500	4.200~8.400	8B18
3	A8@150	D=450	4.200~8.400	6B20

设 置(S)　导入xls(Y)　导出xls(B)　添加表(J)　选取表(T)　确 定(O)　取消(Q)

图 18-5　柱筋表识别

在“表头对应栏”中指定识别出的表头与软件提供的标准表头之间的对应关系，然后核对一下“原始的表”中的数据，如果发现有数据错误，可直接在对应的栏目中修改。确认数据无误后，点击〖转化〗按钮，修改后的数据就反映到“识别出的表”中了，最后点击〖保存〗按钮，软件将回到柱表钢筋对话框（图 18-6）。

柱表钢筋

编号	结构类型	标高	楼层	材料	截面	尺寸	全部纵筋	角筋	b边一侧筋	h边一侧筋	箍筋描述	箍筋类	加密长
Z1	普通柱	4.200~8.400	首层		矩形	500*500	10B20				A8@100/200	1	
Z2	普通柱	4.200~8.400	首层		矩形	500*500	8B18				A8@100/200	2	
Z3	普通柱	4.200~8.400	首层		圆形	450	6B20				A8@150	3	

增加柱号 删除柱号 复制柱号 增加柱层 删除柱层 识别柱表 保存 导入定义 定义编号 导出 导入 布置 <<

	箍筋类型	箍筋名称	箍筋描述	长度公式
*				

500
500

图 18-6　柱表钢筋-识别后

接下来需要为箍筋指定箍筋类型和箍筋名称。每种箍筋类型都可以对应一个或若干个箍筋名称，用于布置组合箍筋。箍筋类型实际上只是对柱箍筋的一种编号，柱箍筋类型不同，需要指定不同的箍筋类型。如指定 Z1 的箍筋类型为“1”，则如果遇到其他编号的柱箍筋与 Z1 相同的话，就可以直接录入箍筋类型“1”，软件会自动给该编号指定与 Z1 相同的箍筋名称。有多种类型的箍筋，则应编定多个箍筋类型代号。输入箍筋类型后，在对话框下方的表格中，点击箍筋名称中的下拉按钮，弹出钢筋名称选择菜单（图 18-7）。

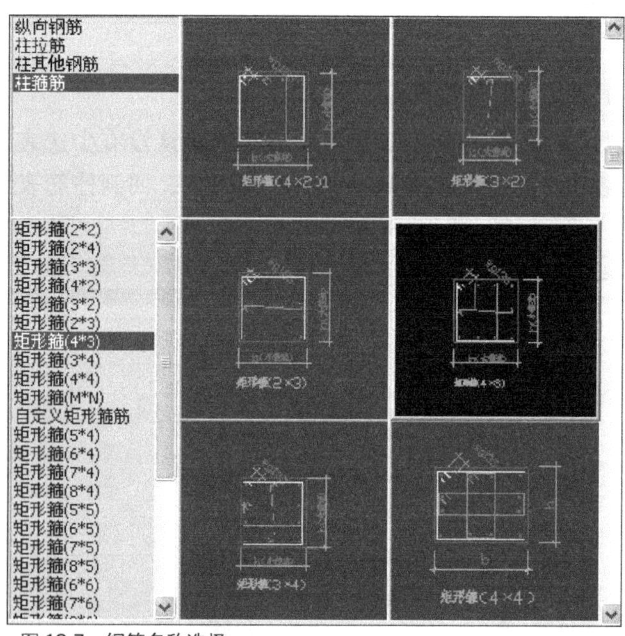

图 18-7　钢筋名称选择

在上方类型中选择“柱箍筋”，然后在下方钢筋名称中双击“矩形箍(3＊4)”，箍筋名称就显示到表格中了，并自动生成相应的钢筋长度公式(图 18-8)。

	箍筋类型	箍筋名称	箍筋描述	长度公式
▶	1	矩形箍(4*3)	A8@100/200	G_6+G_20+G_30
*				

图 18-8　箍筋名称与公式

依次给每个编号的柱指定箍筋名称，然后点击〖保存〗按钮，将柱表数据保存到工程的数据库中，下次可以直接调用柱表来查看柱筋信息。柱表中灰色单元格内的是不可更改的数据项，要将修改了的结果匹配到编号中时，点击〖定义编号〗按钮即可。加密区长度如果按照规范计算，则不用输入。

点击〖布置〗按钮，柱表中的钢筋就布置到柱子上了。需要注意的是，用本节讲的“柱表”只能布置当前楼层的柱筋，其他楼层的柱筋需切换到目标楼层后，再用〖表格钢筋〗的柱表来布置。在其他楼层中软件是直接调用已识别柱表的数据，无需再重复录入。

温馨提示：

有的柱表比较复杂，软件无法直接识别，可以对表格进行调整：

1. 在识别柱表时，如果表头在表格的下面，可以通过 CAD 的镜像功能，把表头镜像到表格的上面（如下图的表头在数据上面的样式），可以提高对表头的识别率；

2. 多行表头无法识别，如下图所示，加上“柱表”一行，就存在两个表头行，对这种表格可以把多余的表头删除，调整为单行表头再进行识别。

柱表								
柱号	标高	b×h（圆柱直径 D）	全部纵筋	角筋	b 边一侧中部筋	h 边一侧中部筋	类型	箍筋
KZ1	基础面～11.100（屋面）	500×500		4ϕ20	3ϕ20	3ϕ20	1（4×4）	ϕ8@150/200
KZ10	基础面～11.100（屋面）	500×500		4ϕ20	3ϕ20	3ϕ20	1（4×4）	ϕ8@150
KZ2	基础面～11.100（屋面）	400×400		4ϕ18	2ϕ18	2ϕ18	1（4×4）	ϕ8@150/200

3. 如果柱表是多个数据区域组成的，可通过补充部分线条，将大表划分成几个小表，分次框选识别。

实例是一个小工程，利用上述“柱表”来进行钢筋布置能满足要求，不会花费很多的操作时间。但是对于多层或高层的楼房，每次每层都进行操作势必影响建模速度，为解决这个问题，软件提供有识别柱大样表格功能，由软件自动根据楼层的标高位置将大样柱钢筋匹配布置到相应的楼层。现在用一个高层楼房的柱筋大样表来讲述“大样表格”的操作方法，柱大样图如下（图 18-9）：

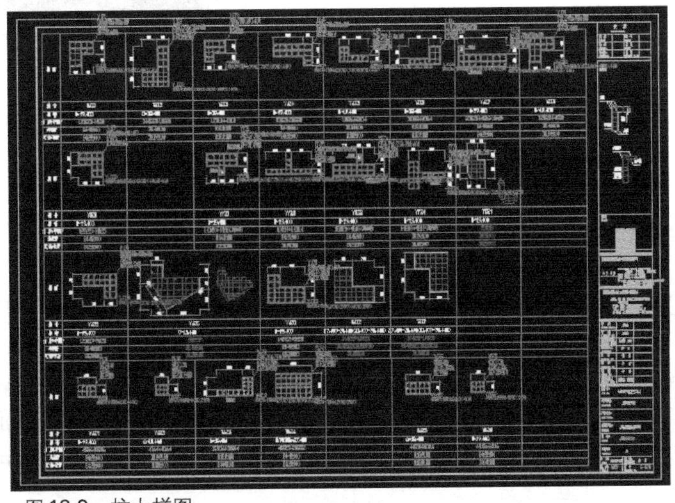

图 18-9　柱大样图

操作方式如下：

根据识别钢筋的要求，首先将导入的电子图进行炸开分解，之后将钢筋描述进行转换。识别柱大样首先要将电子图图形比例转换成1：1的格式，用例子工程的“Z4”作说明，其操作方式如下：

将大样电子图导入界面中，在“图纸”菜单下执行〖缩放设计图〗功能：

命令栏提示：“选择缩放参照对标注或标注的文字，不选对象为手动缩放。”

根据提示，光标至界面上选择“Z4”一个尺寸标注文字如“1000”，选择好后，命令栏又提示：“选择需要缩放的对象，缩放比率0.2”，栏内的缩放比率0.2是软件根据选择的标注文字与标注线长计算出来的比率值。

根据提示光标框选“Z4”的大样图形，之后点右键。如果是像图18-2-9这样的大样图，可以框选整个图表，但要注意图表中的大样可能比例不一样，最好是单独处理为好。

接着命令栏又提示“指定基点”，这时光标变为“十字形”。

根据提示，以光标的十字中心为指定点，在界面中点击，就将大样图进行了比例缩放到1：1的效果。之后在对大样钢筋进行识别。

准备工作做好后，在钢筋菜单下执行表格钢筋，在命令栏内点击〖大样表格〗按钮，弹出对话框如图18-10所示：

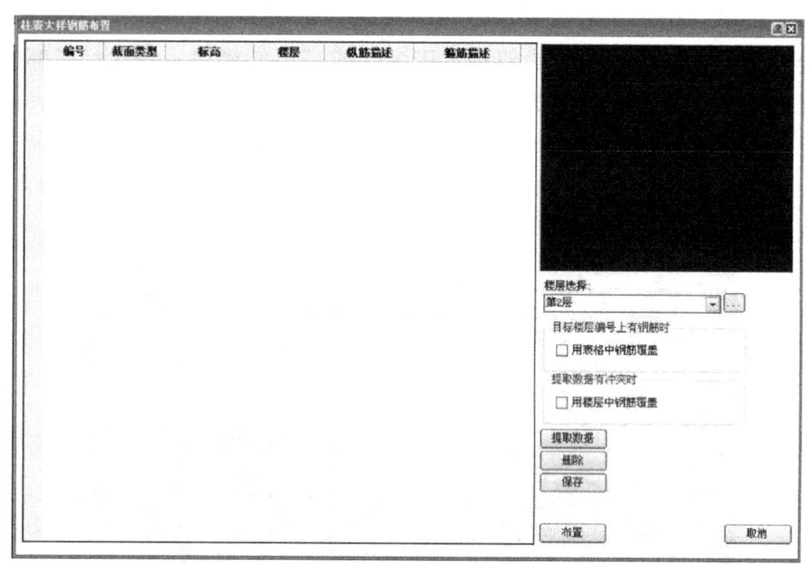

图18-10　大样表格对话框

点击对话框中的〖提取数据〗按钮，根据命令栏提示光标至界面中框选柱筋大样图，包括柱编号、标高、柱角筋、边侧筋、箍筋和箍筋的构造大样以及表格线，选中后点右键，柱大样的数据就提取到对话框中了（图18-11）。

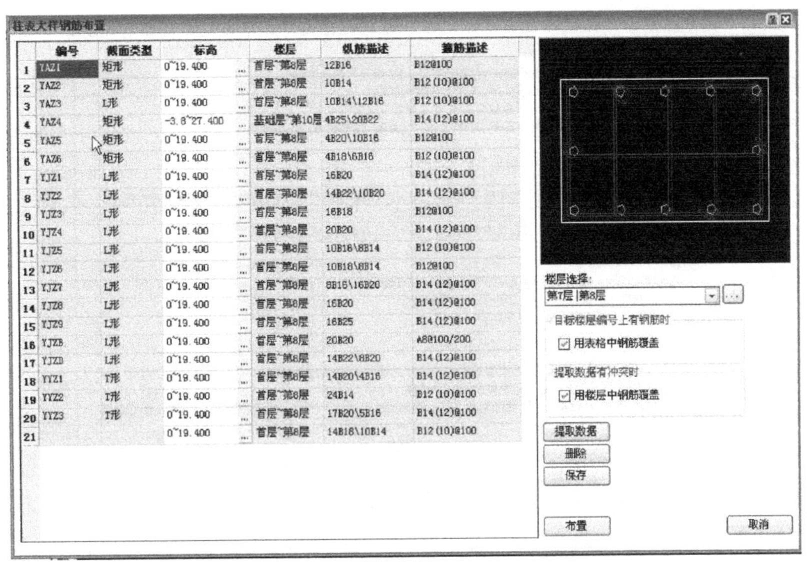

图 18-11 大样表格对话框中已提取到的数据

在数据列表中，看到有柱子的“编号、截面类型、标高、楼层、纵筋描述、箍筋描述”的数据列，在对应的列下有相应的数据。这里重要的是标高和楼层的信息，表示本行记录的钢筋描述对应这个标高的楼层。

另外说明，用“大样表格”识别的钢筋信息，其箍筋不需要指定类型，它是直接识别的大样图形，如果由于绘图的原因和标注方式有误，则在进行识别时软件不会将大样图形的颜色转换，表示该柱筋需要人为的进行处理或指定。

点击对话框中的〖布置〗按钮，一般情况下列表内的钢筋会根据栏目中的楼层和标高位置信息，自动将钢筋布置到对应楼层上的柱子内。如果楼层设置时用的“建筑标高”（因为柱大样图中的标高是结构标高）则标高可能不匹配，而导致钢筋布置不上，可在对话框“楼层选择”栏内选择对应的楼层来进行柱筋布置，可以一次多选直至整个工程的楼层。此方式解决跨楼层布置柱筋的问题，也解决了柱箍筋要匹配箍筋类型的问题。前提条件是施工图中要有“柱筋大样”图纸，再就是绘制的图纸要规范。

接前述，例子工程的“Z4”是一个大样，可用软件提供的“识别大样”对“Z4”的配筋进行识别。

将图形用〖缩放设计图〗功能缩放为 1 : 1 的图形后，执行“识别”菜单下的〖识别大样〗功能，弹出“使用说明”对话框如图 18-12 所示：

根据对话框中的说明，检查操作步骤是否符合要求。

如果准备工作都做好了，点击〖确定〗按钮将其关闭。在同时弹出的“柱筋大样识别”对话框中如图 18-13：

这时命令栏又提示“框选要识别的柱截面线条，钢筋线条，描述，标高等信息”。

按提示光标框选“Z4”的截面大样，点右键，就将柱截面的大样识别

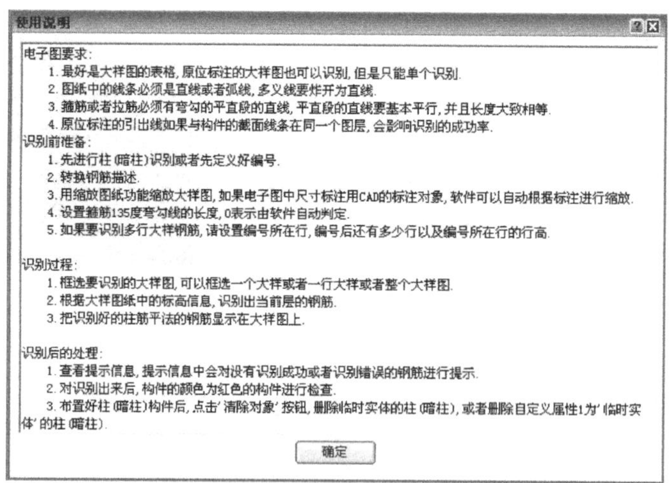

图 18-12　识别大样使用说明对话框

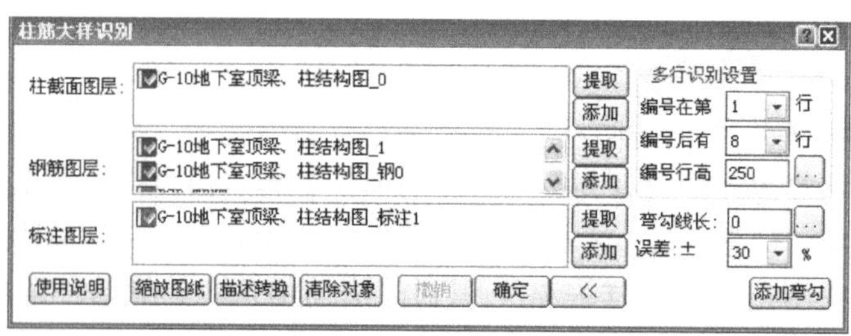

图 18-13　柱筋大样识别对话框

成了。仔细查看结果，好像识别的柱纵筋不对，可以先点击对话框中的〖确定〗按钮，先退出“柱筋大样识别”对话框，之后进入“柱筋平法”功能，在“柱筋平法”对话框中修改纵筋之中的角筋描述，之后退出对话框，“Z4”的钢筋就布置好了，如图 18-14 所示：

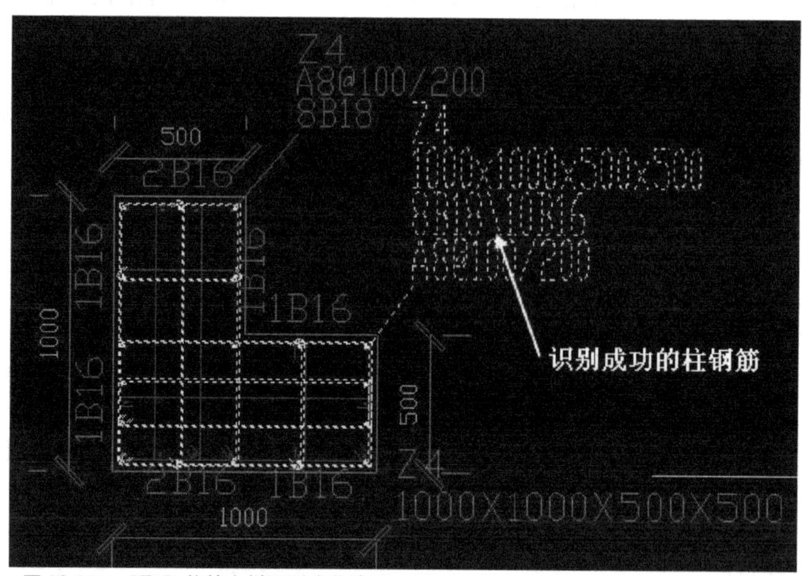

图 18-14　“Z4”柱筋大样识别成功效果

练一练

1. 请试着在柱表钢筋对话框用手动录入钢筋的方式布置柱筋。
2. 在柱表钢筋中，指定箍筋类型有何作用？
3. 柱表钢筋中的“定义编号”与“导入定义”功能有何作用？
4. 柱表钢筋中的“导出”与“导入”功能如何使用？

18.3 识别梁筋

命令模块：【识别】→〖识别梁筋〗

参考图纸：结施-08（二层楼面梁结构图）

根据03G101平法系列的标注规则，梁构件尺寸和钢筋都是标注在一起的，前面对梁识别后，可以继续对梁筋进行识别布置（图18-15）。

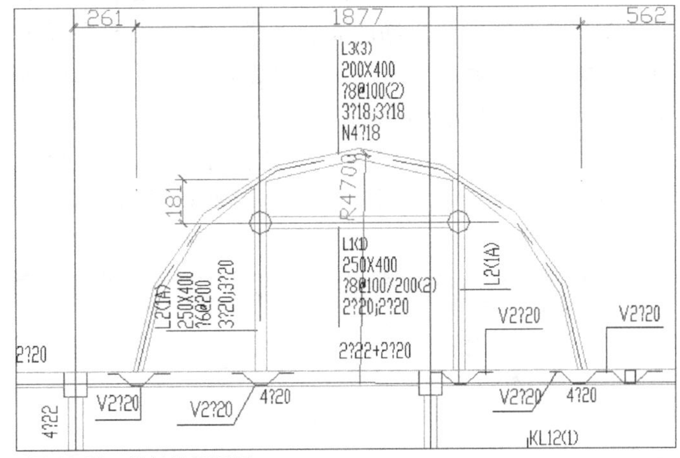

图18-15 梁结构平面图

首先将钢筋描述进行转换。执行〖描述转换〗命令，依次转换梁筋描述，当图面上所有的梁筋文字都变成粉色时就行了。注意！如果梁的集中标注线属于不能识别的线形时，还应将梁集中标注线进行转换，以便于识别。

执行〖识别梁筋〗命令，弹出梁筋布置对话框（图18-16），梁筋布置与识别共用一个对话框。

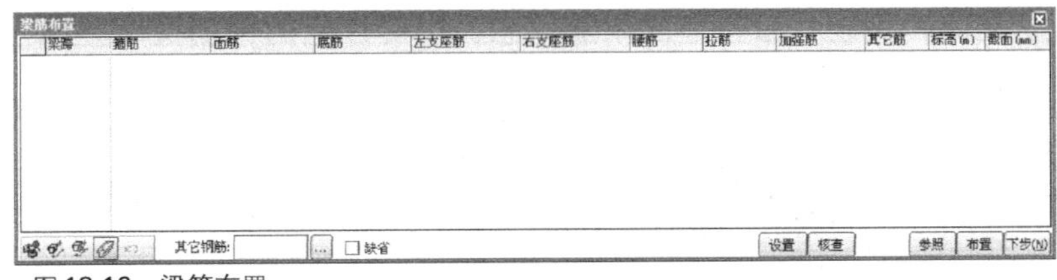

图18-16 梁筋布置

点击对话框中的〖选梁识别〗按钮，如果在例子工程中是首次识别梁筋，软件会先弹出一个操作步骤提示对话框（图18-17），帮助您快速掌握操作方法。

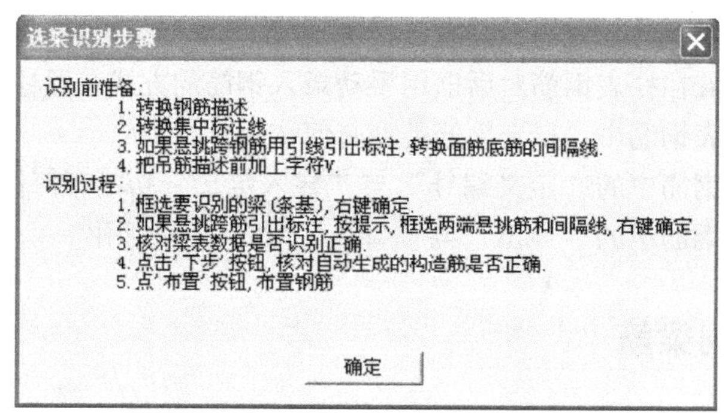

图 18-17　选梁识别步骤

点击〖确定〗按钮返回梁筋对话框。如果当前楼层中已经布置了板并执行了梁的工程量分析，则可以在识别梁筋之前，点击〖设置〗按钮进入〖识别设置〗页面设置自动布置腰筋、主、次梁交叉和十字梁交叉处的加密箍筋、吊筋以及说明似的梁箍筋的布置条件。如果没有布置板，腰筋就要另行处理，不能设置自动布置腰筋。这里先将“自动布置构造腰筋”设置为“指定布置”，后面再另行讲解腰筋的布置。

按命令栏提示，选择要识别的梁，以首层的 KL7（4）为例，选择后点击鼠标右键确认，施工图上的梁筋信息会识别到对话框中，如图 18-18 所示：

梁筋布置 KL7(4)(300x650)

梁跨	箍筋	面筋	底筋	左支座筋	右支座筋	腰筋	拉筋	加强筋	其它筋
集中标注	A8@100/200 (2	2B22							
1			4B20	2B22+2B20	2B22+2B20				
2			4B20		2B22+2B20			V2B20/V2B20	
3			4B20					V2B20/V2B20/V	
4			4B20	2B22+2B20	2B22+2B20				

其它钢筋：　自动　转换　合并　提取　吊筋　识梁　设置　核查　选择　参照　布置　下步(N)

图 18-18　梁筋识别

为保险起见，可以点击〖下步〗按钮，将钢筋的计算明细栏展开，在展开的栏目中查看钢筋明细，确认钢筋计算明细无误后点击〖布置〗按钮，将识别出来的梁筋布置到模型的梁中。如果识别出来的数据有错，例如电子图上吊筋描述前没有按平法规则加字母“V”，软件容易将其识别成梁的其他类型的钢筋，类似的问题可以直接在对话框中修改，将错误数据删除，录入正确的数据即可。梁筋布置到图上后，原施工图上的钢筋描述会默认删除，只显示布置上的梁筋信息，用砖红色的钢筋文字显示（图 18-19）。

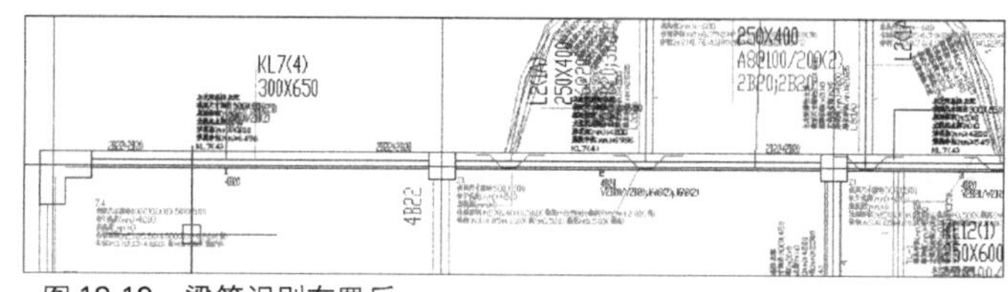

图 18-19　梁筋识别布置后

按照以上步骤，依次识别其他梁筋。梁筋识别还有第二种方式，即

〖 〗“选梁和文字识别”，这种识别方式主要用于局部识别梁筋，或者是当第一种识别方式无法识别梁筋时，可用这种识别方法进行识别。

识别完梁筋后，清空施工图。

梁腰筋（梁侧筋），分为两种类型，一类是经过结构计算得到的配筋，在施工图上这类钢筋都有专门标注；另一类是构造式的配筋，这种钢筋不会在施工图内标注，一般在结构总说明内说明或者按平法标准执行。后者由于在施工图上没有标注，用户往往就会忘记布置。再有构造式的腰筋，其布置都是有条件的，所以在布置腰筋之前应将满足条件的场景布置好，否则软件就会判定错误，如平法标准配置构造腰筋是用板下梁净高（梁腹高）为判定条件，所以在进行构造腰筋的自动布置之前应该先布置好板，并执行梁工程量分析。下面布置梁腰筋。执行【钢筋】菜单下的〖自动钢筋〗命令，在命令栏选择〖腰筋调整〗，软件会弹出如下提示框（图 18-20）：

图 18-20　自动调整腰筋提示

点击〖确定〗按钮，进入自动腰筋对话框（图 18-21）：

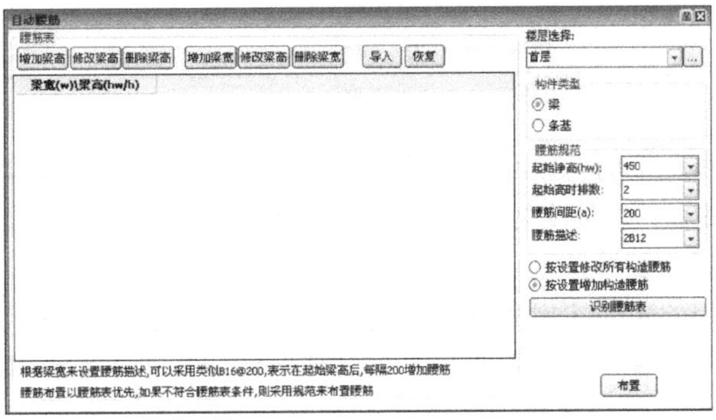

图 18-21　自动腰筋

在对话框中按规范设置腰筋的布置条件，可以点击对话框中的增加、删除、修改梁高、梁宽等按钮，在栏目中增加、删除或修改新的条件和对应的布筋描述。如需要“增加”一个钢筋条件，则操作方法如下：

点击〖增加梁高〗按钮，弹出“梁高条件设置”对话框（图 18-22）：

这里可以设置对应的梁腹高，我们取大于等于 450，小于等于 650，设置一个范围后点击〖添加〗按钮，还将一条条件放置在对话框中的栏目内，之后接着设置第二个条件，直至所有梁高范围的条件设置完毕。点击〖确定〗按钮，在表格中软件会自动新增一列。

点击〖增加梁宽〗按钮，弹出“梁宽条件设置”对话框（图 18-23）：

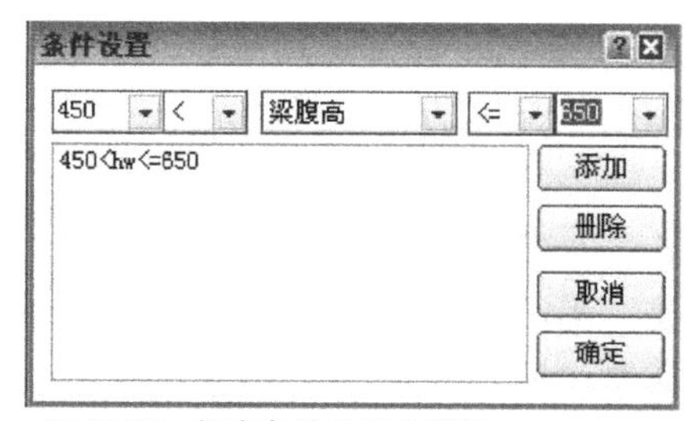

图 18-22　梁高条件设置对话框

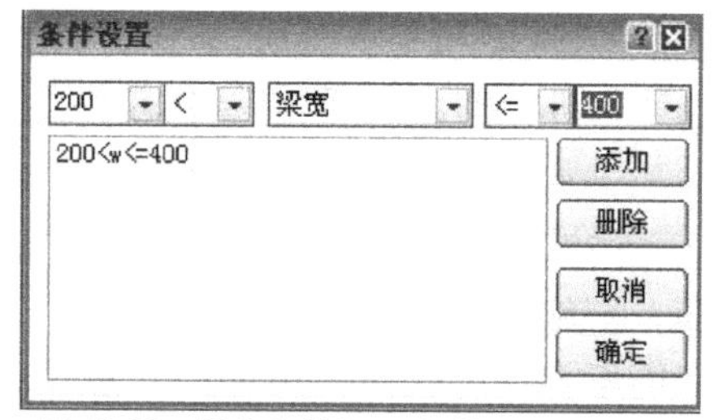

图 18-23　梁宽条件设置对话框

对话框中的操作同梁高条件设置。

有多个梁高和梁宽条件时，可以设置多个条件栏目。梁高和梁宽条件设置完后，在对应的单元格中录入钢筋描述，最后对话框结果如图（图 18-24）：

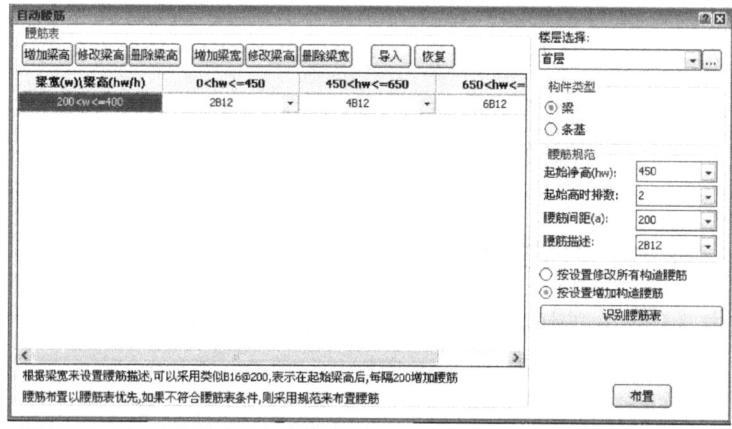

图 18-24　设置好腰筋布置条件的对话框

如果在布置梁筋时已经布置过腰筋，则应该选择“按设置修改所有构造腰筋”，如果不想修改之前布置的腰筋或者是之前没有布置腰筋，可以选择“按设置增加构造腰筋”。

例子工程的腰筋按规范设置腰筋表。点击〖布置〗按钮，当前楼层的梁腰筋就自动布置到梁上了，如果要对其他楼层的梁也布置腰筋，在楼层选择栏中选择对应的楼层后执行布置就可以了，对于腰筋的拉筋可以在“识别设置”的“钢筋选项”中修改描述。

注意事项：

对于集中标注中的钢筋无法正确识别时，则可能是下面两个原因引起：

1. 集中标注线没有转换成软件可以识别的样式，此时要用〖描述转换〗命令转换标注线。

2. 集中标注线与梁边线不垂直，如果调整标注线后，软件仍然无法识别出集中标注梁筋信息，建议用“选梁和文字识别”的方式识别梁筋。

温馨提示：

识别梁筋时，对电子图的要求：

1. 集中标注线必须与梁线垂直；

2. 加强筋描述中最好带有加强筋代号，例如吊筋描述前应有“V”标示，构造腰筋有“G”标示，抗扭腰筋有“N”标示，节点加密箍有“J”标示等。

如果标注不符合以上要求，识别梁筋时会出错。应先修改好电子图，再进行识别。对于加强筋，可以在对话框中修改钢筋描述，不一定要在图上修改。

对于梁和梁筋识别，都是用于快速建模。软件还提供一种“构件比对”的方法来让用户进一步提高建模效率。例如有一个工程其四楼的梁和配筋与三楼的只有微小区别，但这些区别用人脑一下子不容易在图纸上区分出来，以往的方式就是将四楼的梁和配筋再次布置一遍，以保证模型的创建准确。现在利用软件提供的“构件比对”功能可以解决这个问题，从而提高建模速度。方法就是将三楼已经建好的模型拷贝到四楼，通过“构件比对”功能，将那些有区别的梁和配筋显示出来，再将这些有区别的梁进行修改，就成为了四层的梁和配筋，从而大大节省时间，提高建模速度。例子工程的三层结构梁与屋面梁是一样的，现在假设将屋面 KL8（4）梁的集中标注梁面筋改为 2B25，用“构件比对”来修改此配筋。如图 18-25：

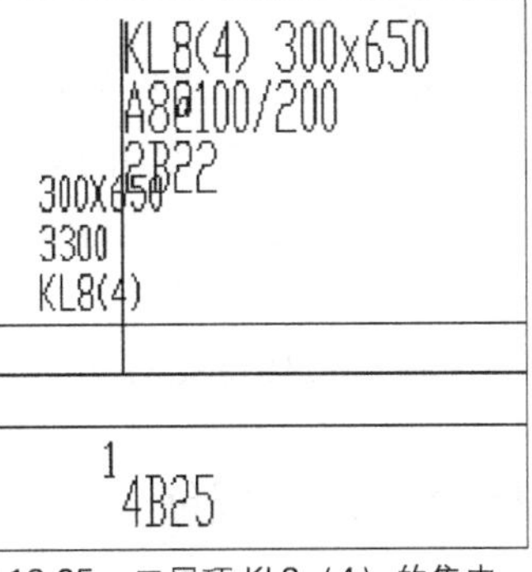

图 18-25　二层顶 KL8（4）的集中配筋标注 2B22

操作方法是，首先按前面讲述的梁识别和梁筋识别方法，将二层的梁和梁筋识别好，之后拷贝到三层，将屋面梁电子施工图导入三层轴网对齐，将电子图炸开，清除掉不需要的图形对象，将钢筋描述、集中标注线等进行转换。准备工作做好后，在“识别”菜单下执行〖对比图纸〗功能，在命令栏内点击〖梁筋(X)〗按钮，弹出“梁筋电子图对比”对话框（图 18-26）：

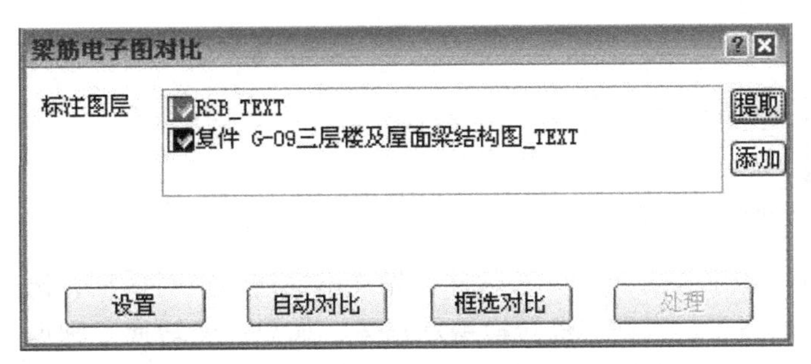

图 18-26　梁筋电子图对比对话框

点击对话框中的〖自动对比〗按钮，软件将界面上的所有图形进行自动比对。得出结果如图图 18-27：

根据图中提示，进入梁钢筋布置对话框，将拷贝上来的梁钢筋描述 2B22 改为 2B25，再点击〖布置〗，就将钢筋改为了三层屋顶 KL8（4）的钢筋了，其他的梁钢筋由于与钢筋标注一致而不需要改变，直接利用即可。

通过利用“比对图纸”的功能，能够为我们极大的提高建模效率。

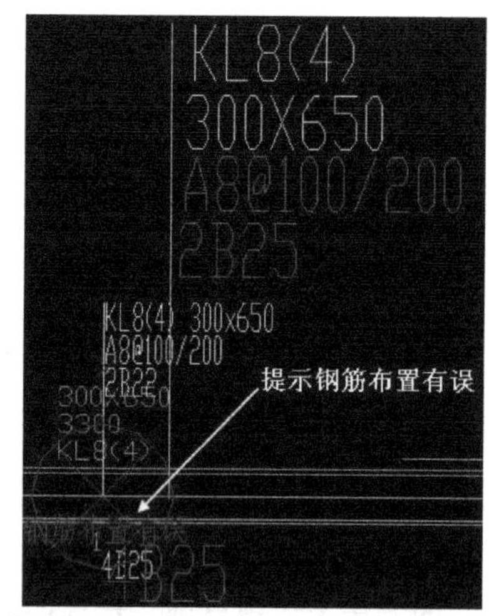

图 18-27　通过梁筋对比有不同的地方会显示有误提示

练一练

1. 请识别出首层的弧形梁钢筋。
2. 如何核查识别的梁筋是否正确？
3. 如何删除已经布置到梁上的梁钢筋？
4. 如何布置梁腰筋？
5. 练习构件比对功能。

18.4　识别板筋

命令模块：【识别】→〖识别板筋〗

参考图纸：结施-05（地下室顶、二层结构平面图）

导入地下室、二层结构平面图，并将施工图与布置的结构图进行对齐。分解施工图后，将地下室部分删除（图 18-28）。

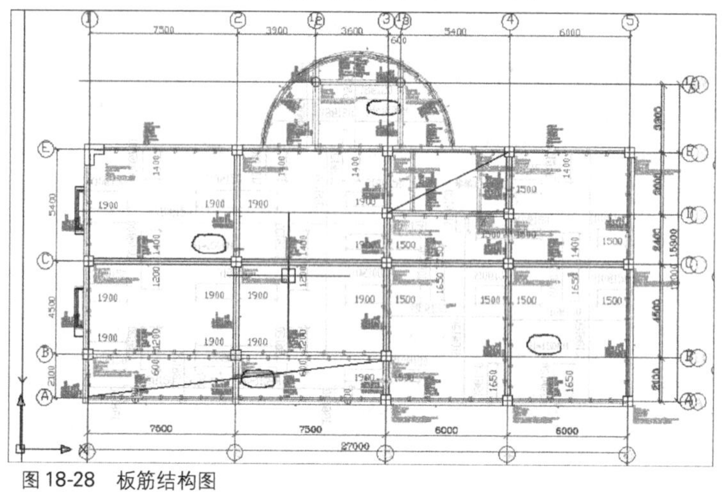
图 18-28　板筋结构图

执行〖识别板筋〗命令，软件会先弹出描述转换对话框，讯问是否将板筋描述转换了，否则应该转换钢筋描述，如果已经转换了则退出转换命令，进入布置板筋对话框（图 18-29）：

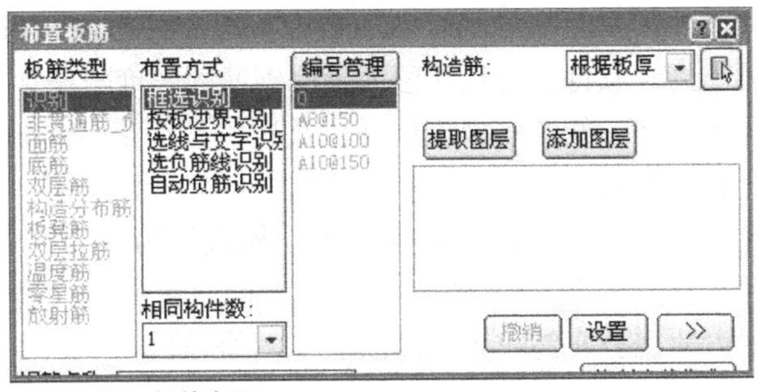

图 18-29　板筋布置

识别板筋与布置板筋共用一个对话框，进入对话框后，软件默认“框选识别”板筋功能。软件识别板筋的判定方式是根据板筋线条的弯钩类型来进行的，板钢筋线端头有 180 度弯钩的识别成底筋，90 度弯钩的识别成面筋，因此识别板筋时无需设置板筋类型。按命令栏提示进行操作：

请选择要识别的板筋线 <退出>：

首先选择识别板底筋，按命令栏提示选择板底筋线，点击鼠标右键确认；

点取分布长度第一点 <退出>：

在板筋分布区域边沿点取分布范围的第一点；

点取分布长度第二点 <退出>：

在板筋分布区域边沿点取分布范围的终点；

这样一条板底筋就识别出来了，如果有多根钢筋的分布范围的起点与终点一致（不分板底筋、板面筋），可以一次性地将钢筋线选上，之后再统一指定分布范围，就可以同时将多根钢筋识别出来。如果两根板底筋互相垂直，且钢筋长度分别等于对方的分布长度时（图 18-30），可以同时选择这两根板筋线，点击鼠标右键，软件便同时将它们识别出来了，不用再指定分布范围。

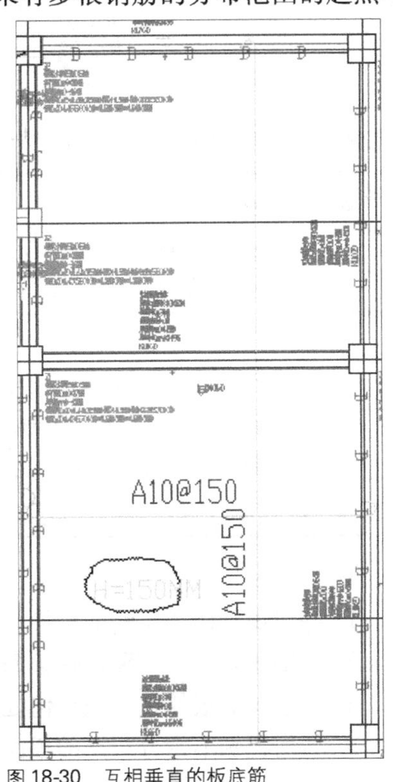

图 18-30　互相垂直的板底筋

将板底筋识别完后，接着识别板面筋，在识别之前，先按设计要求，将对话框中的分布筋描述改成 A6@200，然后设置挑长计算方法。从施工图上可以看出（图 18-31），面筋的挑长标注是从支座边引出的，因此要对非贯通筋进行挑出类型设置，设置方式见 13.5 章节说明。下面开始识别施工图上的板面筋，与识别板底筋类似，选择要识别的板筋线，再指定分布范围即可，软件会在识别面筋的同时自动布置上构造分布筋。识别板面筋不需要设置外挑长度，软件会自动从图面读取钢筋的长度数据。

注意：当板的同一侧有多根板面筋，且这些板面筋的构造分布筋需要拉通布置时，就不能用“带分布筋”的方法来识别面筋了，应进入〖设置〗对话框中，将“是否自动布置分布筋”的值设为“否”。先识别出板侧的面筋，然后选择〖板筋布置〗，切换板筋类型到“构造分布筋”，用手动布置的方法把分布筋布置到面筋上（图 18-31）。

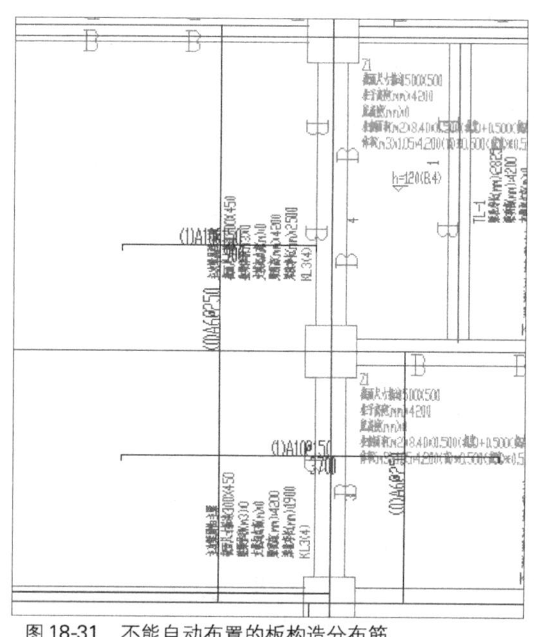

图 18-31　不能自动布置的板构造分布筋

切换回〖识别板筋〗功能，识别完施工图上其他的板钢筋。

温馨提示：

识别板筋时，应打开对象捕捉功能，捕捉最近点和垂足，以便指定板筋分布范围。

注意事项：

板筋识别只适用于识别矩形范围分布的板筋，对于异形板的钢筋，必须使用异形板钢筋来手动布置。例如例子工程首层的弧形雨篷板钢筋，就不能用识别，只能用双层双向钢筋来布置。

练一练

1. 练习识别例子工程的板筋。
2. 识别板筋是否需要选择板筋类型？
3. 对于异形板的钢筋该如何处理，例如首层中的弧形板钢筋？
4. 如何识别不带分布筋的板面筋？

18.5 最后说明

（1）对于构件比对，软件提供有“柱体、门窗、板筋、板体、装饰、砌体墙、混凝土墙、梁体、梁筋”的对比功能，这些功能都属于识别内容，其操作方法大同小异。由于实例工程不大，所以讲解只用了梁筋作例子，其他功能可以参看软件的用户手册。

（2）对于“表格钢筋”，软件提供有“柱表、墙表、梁表、过梁表、大样表格”，这些表格已经涵盖了土建施工图上所有用表格表示的内容。表格的操作方式见18.2章节“识别柱筋”的内容，其操作方法基本一致。

附录　实例工程部分报表输出

分部分项工程量清单

工程名称：例子工程

序号	项目编码	项目名称（包含项目特征）	单位	工程数量
		A. I. 1　土方工程		
1	010101001001	平整场地 1. 土壤类别．：一、二类土；2. 弃土运距：200m	m^2	343.78
2	010101003001	挖基础土方 1. 土壤类别：一、二类土；2. 基础类型：独立基础；3. 垫层底宽、底面积：底宽 < 3m，底面积 < 20m^2；4. 挖土深度：2m 以内	m^3	6.00
3	010101003002	挖基础土方 1. 土壤类别：一、二类土；2. 基础类型：独立基础；3. 垫层底宽、底面积：底宽 < 3m，底面积 < 20m^2；4. 挖土深度：2m 以外 4m 以内	m^3	293.66
4	010101003003	挖基础土方 1. 土壤类别：一、二类土；2. 基础类型：基础主梁；3. 垫层底宽、底面积：底宽 < 3m，底面积 < 20m^2；4. 挖土深度：2m 以内	m^3	56.33
		A. I. 3　土石方运输与回填		
1	010103001001	房心回填土	m^3	85.11
2	010103001002	土（石）方回填 1. 土质要求：密实状态；2. 夯填（碾压）：振动压路机 10t 内九遍；3. 运输距离：200m 内	m^3	218.29
		A. Ⅲ. 2　砖砌体		
1	010302001001	女儿墙 1. 砖品种：材料为标准红砖；强度等级 = M5；2. 墙体类型：砌体墙；3. 墙体厚度：0.19m 以外 0.24m 以内；4. 墙体高度：4.5m 以内；5. 砂浆强度等级：M5	m^3	9.31

续表

序号	项目编码	项目名称（包含项目特征）	单位	工程数量
2	010302001002	实心砖墙 1. 砖品种：材料为标准红砖；强度等级＝M5；2. 墙体类型：砌体墙；3. 墙体厚度：0.06 以外 0.12 以内；4. 墙体高度：4.5m 以内；5. 砂浆强度等级：M5	m^3	11.07
3	010302001003	实心砖墙 1. 砖品种：材料为标准红砖；强度等级＝M5；2. 墙体类型：砌体墙；3. 墙体厚度：0.12 以外 0.19m 以内；4. 墙体高度：4.5m 以内；5. 砂浆强度等级：M5	m^3	58.19
4	010302001004	实心砖墙 1. 砖品种：材料为标准红砖；强度等级＝M5；2. 墙体类型：砌体墙；3. 墙体厚度：0.12 以外 0.19 以内；4. 墙体高度：4.5 以外 6 以内；5. 砂浆强度等级：M5	m^3	15.09
5	010302001005	实心砖墙 1. 砖品种：材料为标准红砖；强度等级＝M5；2. 墙体类型：砌体墙；3. 墙体厚度：0.24 以外 0.3 以内；4. 墙体高度：4.5 以内；5. 砂浆强度等级 M5	m^3	113.18
6	010302001006	实心砖墙 1. 砖品种：材料为标准红砖；强度等级＝M5；2. 墙体类型：砌体墙；3. 墙体厚度：0.24 以外 0.3 以内；4. 墙体高度：4.5 以外 6 以内；5. 砂浆强度等级：M5	m^3	53.37
		A. Ⅲ.6 砖散水地坪、地沟		
1	010306001001	砖散水、地坪	m^2	56.52
		A. Ⅳ.1 现浇混凝土基础		
1	010401002001	独立基础 1. 垫层材料种类：混凝土；2. 混凝土强度等级：C20；3. 混凝土拌合料要求：现场搅拌机；4. 垫层厚度：100	m^3	69.04
		A. Ⅳ.2 现浇混凝土柱		
1	010402001001	矩形柱 1. 柱高度：4.5 以内；2. 柱截面尺寸：1.8 以外 2.4 以内；3. 混凝土强度等级：C30；4. 混凝土拌合料要求：预拌商品混凝土	m^3	34.35
2	010402001002	矩形柱 1. 柱高度：4.5 以内；2. 柱截面尺寸：1 以内；3. 混凝土强度等级：C30；4. 混凝土拌合料要求：预拌商品混凝土	m^3	0.29
3	010402001003	矩形柱 1. 柱高度：4.5 以内；2. 柱截面尺寸：1 以外 1.8 以内；3. 混凝土强度等级：C30；4. 混凝土拌合料要求：预拌商品混凝土	m^3	7.26

续表

序号	项目编码	项目名称（包含项目特征）	单位	工程数量
4	010402001004	矩形柱 1. 柱高度：4.5 以内；2. 柱截面尺寸：2.4 以外；3. 混凝土强度等级：C30；4. 混凝土拌合料要求：预拌商品混凝土	m^3	8.10
5	010402001005	矩形柱 1. 柱高度：4.5 以外 6 以内；2. 柱截面尺寸：1.8 以外 2.4 以内；3. 混凝土强度等级：C30；4. 混凝土拌合料要求：预拌商品混凝土	m^3	29.70
6	010402001006	矩形柱 1. 柱高度：4.5 以外 6 以内；2. 柱截面尺寸：1 以内；3. 混凝土强度等级：C30；4. 混凝土拌合料要求：预拌商品混凝土	m^3	0.25
7	010402001007	矩形柱 1. 柱高度：4.5 以外 6 以内；2. 柱截面尺寸：1 以外 1.8 以内；3. 混凝土强度等级：C30；4. 混凝土拌合料要求：预拌商品混凝土	m^3	3.42
8	010402001008	矩形柱 1. 柱高度：4.5 以外 6 以内；2. 柱截面尺寸：2.4 以外；3. 混凝土强度等级：C30；4. 混凝土拌合料要求：预拌商品混凝土	m^3	3.71
9	010402002001	异形柱（圆柱） 1. 柱高度：4.5 以外 6 以内；2. 柱截面尺寸：1 以外 1.8 以内；3. 混凝土强度等级：C30；4. 混凝土拌合料要求：预拌商品混凝土	m^3	1.53
		A. Ⅳ. 3　现浇混凝土梁		
1	010403001001	基础梁 1. 梁底标高：－1500；2. 梁截面：0.2 以内；3. 混凝土强度等级：C20；4. 混凝土拌合料要求：现场搅拌机	m^3	12.77
2	010403001002	基础梁 1. 梁底标高：2600；2. 梁截面：0.2 以内；3. 混凝土强度等级：C20；4. 混凝土拌合料要求：现场搅拌机	m^3	11.10
3	010403005001	过梁 1. 梁截面：0.2 以内；2. 混凝土强度等级：C30；3. 混凝土拌合料要求：预拌商品混凝土	m^3	10.21
		A. Ⅳ. 4　现浇混凝土墙		
1	010404001001	直形墙 1. 墙类型：混凝土墙；2. 墙厚度：0.2 以外 0.4 以内；3. 混凝土强度等级：C30；4. 混凝土拌合料要求：预拌商品混凝土	m^3	49.39
2	010404001002	直形墙 1. 墙类型：混凝土墙；2. 墙厚度：0.2 以外 0.4 以内；3. 混凝土强度等级：C30；4. 混凝土拌合料要求：预拌商品混凝土	m^3	0.876

续表

序号	项目编码	项目名称（包含项目特征）	单位	工程数量
		A. Ⅳ. 5　现浇混凝土板		
1	010405001001	有梁板 1. 板厚度：0.1 以外；2. 混凝土强度等级：C30；3. 混凝土拌合料要求：预拌商品混凝土	m^3	174.19
2	010405001002	有梁板 1. 板厚度：0.1 以外；2. 混凝土强度等级：C30；3. 混凝土拌和料要求：预拌商品混凝土	m^3	121.61
3	010405003001	老虎窗平板	m^3	1.08
4	010405006001	栏板（弧形）	m^3	1.38
5	010405007001	飘窗挑板	m^3	1.15
6	010405007002	天沟、挑檐板 1. 混凝土强度等级：C20；2. 混凝土拌合料要求：预拌商品混凝土	m^3	3.05
7	010405008001	雨篷、阳台板	m^3	5.60
		A. Ⅳ. 6　现浇混凝土楼梯		
1	010406001001	直形楼梯 混凝土强度等级：C30；混凝土拌和料要求：预拌商品混凝土	m^2	33.33
		A. Ⅳ. 7　现浇混凝土其他构件		
1	010407001001	其他构件：压顶	m^3	0.67
		A. Ⅶ. 1　瓦、型材屋面		
1	010701001001	瓦屋面	m^2	0.81
		A. Ⅶ. 2　屋面防水		
1	010702001001	屋面卷材防水	m^2	365.41
		A. Ⅷ. 3　隔热、保温		
1	010803001001	保温隔热屋面	m^2	127.07
		B. Ⅰ. 2　块料面层		
1	020102002001	块料楼地面（地 1） 1. 垫层材料种类，厚度：80；2. 找平层厚度、砂浆配合比：25	m^2	283.70
2	020102002002	块料楼地面（楼 1） 2. 找平层厚度、砂浆配合比：25	m^2	926.11
3	020102002003	卫生间地砖地面 3. 找平层厚度、砂浆配合比：15	m^2	49.22
		B. Ⅰ. 5　踢脚线		
1	020105003001	块料踢脚线 1. 踢脚线高度：150；2. 底层厚度、砂浆配合比：20；3. 粘贴层厚度、材料种类：块料面；4. 面层材料品种、规格、品牌、颜色：黑色面砖 150×200	m^2	86.61
		B. Ⅰ. 7　扶手、栏杆、栏板装饰		
1	020107002001	硬木扶手带栏杆、栏板	m	20.68

续表

序号	项目编码	项目名称（包含项目特征）	单位	工程数量
		B. Ⅱ.1　墙面抹灰		
1	020201001001	女儿墙抹水泥砂浆 1. 墙体类型：内墙；2. 底层厚度、砂浆配合比：5mm；1∶2；3. 面层厚度、砂浆配合比：5mm；1∶3；4. 装饰面材料种类：水泥砂浆	m^2	40.98
2	020201001002	女儿墙外面抹白水泥砂浆 1. 墙体类型：外墙；2. 底层厚度、砂浆配合比：5mm；1∶2；3. 面层厚度、砂浆配合比：5mm；1∶3；4. 装饰面材料种类：水泥砂浆	m^2	42.13
3	020201001003	墙面一般抹灰 1. 墙体类型：内墙；2. 底层厚度、砂浆配合比：5mm，1∶2；3. 面层厚度、砂浆配合比：5mm，1∶3；4. 装饰面材料种类：水泥砂浆	m^2	1031.29
4	020201001004	墙面一般抹灰 1. 墙体类型：外墙；2. 底层厚度、砂浆配合比：5mm，1∶2；3. 面层厚度、砂浆配合比：5mm，1∶3；4. 装饰面材料种类：水泥砂浆	m^2	599.94
5	020201001005	老虎窗内墙面抹灰	m^2	3.23
6	020201001006	老虎窗外墙面抹灰	m^2	4.08
		B. Ⅱ.2　柱面抹灰		
1	020202001001	柱面一般抹灰 柱体类型：混凝土柱	m^2	20.66
		B. Ⅱ.3　零星抹灰		
1	020203001001	零星项目一般抹灰：挑檐外装饰	m^2	13.68
2	020203001002	零星项目一般抹灰挑：挑檐内装饰	m^2	8.13
		B. Ⅱ.4　墙面镶贴块料		
1	020204001001	石材墙面 1. 墙体类型：外墙；2. 面层材料品种、规格、品牌、颜色：灰白色磨光花岗石	m^2	49.75
2	020204003001	块料墙面 1. 墙体类型：内墙；2. 面层材料品种、规格、品牌、颜色：白色暗花（150×300）	m^2	374.76
3	020204003002	块料墙面 墙体类型：外墙	m^2	988.76
4	020204003003	块料墙裙	m^2	125.08
		B. Ⅱ.6　零星镶贴块料		
1	020206003001	块料零星项目：飘窗装饰	m^2	24.00
		B. Ⅲ.1　顶棚抹灰		
1	020301001001	顶棚抹灰 1. 抹灰厚度、材料种类：12mm，水泥砂浆；2. 砂浆配合比：5mm，1∶5，7mm，1∶7	m^2	975.76
		B. Ⅲ.2　顶棚吊顶		
1	020302001001	顶棚吊顶	m^2	404.09

续表

序号	项目编码	项目名称（包含项目特征）	单位	工程数量
		B. Ⅳ. 1　木门		
1	020401004001	胶合板门	樘	29.00
2	020401006001	木质防火门	樘	2.00
		B. Ⅳ. 2　金属门		
1	020402001001	金属平开门	樘	4.00
		B. Ⅳ. 6　金属窗		
1	020406001001	金属推拉窗	樘	6.00
2	020406002001	金属平开窗 1. 窗类型：平开；2. 玻璃品种、厚度、五金材料：品：铝合金窗蓝色玻璃	樘	77.00

零星清单工程量汇总表

工程名称：例子工程

序号	清单编码	清　单　名　称	单位	数量
1	020203001001	零星项目一般抹灰：雨篷装饰	m^2	33.772
2	010302006001	零星砌砖：台阶	m^3	8.739

措施定额汇总表

工程名称：例子工程

序号	定额编号	项　目　名　称	单位	定额工程量	定额换算
1	1012-1	现浇混凝土基础垫层模板制安拆　木模板	$100m^2$	0.42	模板类型＝木模板
2	1012-32	现浇钢筋混凝土矩形柱模板制安拆　周长1.0m以内　木模板	$100m^2$	0.05	外侧周长@（－，1.0]；柱子高度@（－，4.5]
3	1012-32	现浇钢筋混凝土矩形柱模板制安拆　周长1.0m以内　木模板	$100m^2$	0.04	外侧周长@（－，1.0]；柱子高度@（4.5，6]

续表

序号	定额编号	项 目 名 称	单位	定额工程量	定 额 换 算
4	1012-34	现浇钢筋混凝土矩形柱模板制安拆 周长1.8m以内 木模板	100m^2	0.66	外侧周长@(1.0，1.8]；柱子高度@(－，4.5]
5	1012-34	现浇钢筋混凝土矩形柱模板制安拆 周长1.8m以内 木模板	100m^2	0.32	外侧周长@(1.0，1.8]；柱子高度@(4.5，6]
6	1012-36	现浇钢筋混凝土矩形柱模板制安拆 周长2.4m以内 木模板	100m^2	2.60	外侧周长@(1.8，2.4]；柱子高度@(－，4.5]
7	1012-36	现浇钢筋混凝土矩形柱模板制 安拆 周长2.4m以内 木模板	100m^2	2.14	外侧周长@(1.8，2.4]；柱子高度@(4.5，6]
8	1012-38	现浇钢筋混凝土矩形柱模板制安拆 周长2.4m以外 木模板	100m^2	0.40	外侧周长@(2.4，＋)；柱子高度@(－，4.5]
9	1012-38	现浇钢筋混凝土矩形柱模板制安拆 周长2.4m以外 木模板	100m^2	0.19	外侧周长@(2.4，＋)；柱子高度@(4.5，6]
10	1012-42	现浇钢筋混凝土圆形柱模板制安拆 木模板	100m^2	0.13	外侧周长@(1.0，1.8]；柱子高度@(4.5，6]
11	1012-44	现浇钢筋混凝土基础梁模板制安拆 直形 木模板	100m^2	1.30	模板类型＝木模板
12	1012-57	现浇钢筋混凝土独立过梁模板制安拆 木模板	100m^2	1.11	模板类型＝木模板
13	1012-62	现浇钢筋混凝土墙模板制安拆 直形 墙厚50cm内 木模板	100m^2	1.09	厚度@(－，0.5]；模板类型：木模板＝高度@(4.5，6]
14	1012-62	现浇钢筋混凝土墙模板制安拆 直形 墙厚50cm内 木模板	100m^2	1.60	厚度@(－，0.5]；模板类型＝木模板；平面形状：直形；高度@(－，4.5]
15	1012-62	现浇钢筋混凝土墙模板制安拆 直形 墙厚50cm内 木模板	100m^2	0.07	面墙高@(－，4.5]；墙厚度@(－，0.5]
16	1012-72	现浇钢筋混凝土平板、肋板、井式板模板制安拆（板厚10cm） 木模板	100m^2	8.65	
17	1012-72	现浇钢筋混凝土平板、肋板、井式板模板制安拆（板厚10cm） 木模板	100m^2	10.18	Hm@(－，4.5]；模板类型＝木模板；结构类型＝有梁板；坡度@(－，0.19]

续表

序号	定额编号	项目名称	单位	定额工程量	定额换算
18	1012-72	现浇钢筋混凝土平板、肋板、井式板模板制安拆（板厚10cm） 木模板	$100m^2$	2.14	Hm@(4.5, 6]；模板类型=木模板；结构类型：有梁板；坡度@(0.19, +)
19	1012-72	现浇钢筋混凝土平板、肋板、井式板模板制安拆（板厚10cm） 木模板	$100m^2$	0.07	顶板厚度=0.100；面坡度@(0.19, +)
20	1012-81	现浇钢筋混凝土整体楼梯模板制安拆 普通型 木模板	$100m^2$	0.02	
21	1012-81	现浇钢筋混凝土整体楼梯模板制安拆 普通型 木模板	$100m^2$	0.14	模板类型=木模板
22	1012-81	现浇钢筋混凝土整体楼梯模板制安拆 普通型 木模板	$100m^2$	0.17	模板类型=木模板；结构类型=A形梯段
23	1012-85	现浇钢筋混凝土阳台、雨篷模板制安拆 圆弧形	$100m^2$	0.31	
24	1012-86	现浇钢筋混凝土挑檐天沟模板制安拆	$100m^2$	0.52	
25	1012-86	现浇钢筋混凝土挑檐天沟模板制安拆	$100m^2$	0.15	模板类型=木模板
26	1012-89	现浇钢筋混凝土压顶模板制安拆	$100m^2$	0.14	
27	1012-9	现浇钢筋混凝土独立柱基础模板制安拆 木模板	$100m^2$	1.23	模板类型：木模板
28	1013-3	建筑综合脚手架搭拆（建筑物高度20.5m以内）	$100m^2$	15.40	脚手架名称=综合脚手架
29	1013-55	里脚手架 民用建筑 基本层3.6m	$100m^2$	16.08	脚手架名称=综合脚手架；CL=0
30	1013-59	满堂脚手架 基本层5.2m	$100m^2$	4.57	脚手架名称=满堂脚手架；CL=0

现浇钢筋汇总表（一）

工程名称：例子工程　　　　单位：吨　　　　第1页　共1页

序号	钢筋类型	钢筋级别	钢筋规格	总重	柱钢筋	梁钢筋	墙钢筋	板钢筋	楼梯钢筋	基础钢筋	其他钢筋	墙体拉接筋	圈梁筋	构造柱	过梁筋	暗柱筋	暗梁筋	措施钢筋
1	非箍筋	Φ	4	0.004							0.004							
2	非箍筋	Φ	6	1.336				0.787	0.044		0.089	0.416						
3	箍筋	Φ	6	0.749	0.025	0.412	0.021								0.291			
4	非箍筋	Φ	8	2.041				1.937			0.104							
5	箍筋	Φ	8	10.874	3.589	6.831	0.089			0.366								
6	非箍筋	Φ	10	19.336				18.462			0.319				0.555			
7	非箍筋	Φ	10	1.758			1.229		0.344	0.185								
8	非箍筋	Φ	12	0.675				0.184			0.068				0.422			
9	非箍筋	Φ	12	6.114		2.74	3.374											
10	非箍筋	Φ	14	1.711		0.07				1.64								
11	非箍筋	Φ	16	0.293	0.293													
12	非箍筋	Φ	18	2.584	1.577	1.007												
13	非箍筋	Φ	20	19.31	6.421	9.924				2.965								
14	非箍筋	Φ	22	4.637		4.637												

续表

序号	钢筋类型	钢筋级别	钢筋规格	总重	柱钢筋	梁钢筋	墙钢筋	板钢筋	楼梯钢筋	基础钢筋	其他钢筋	墙体拉接筋	圈梁筋	构造柱	过梁筋	暗柱筋	暗梁筋	措施钢筋
15	非箍筋	Φ	25	2.652		2.652												
				74.072	11.905	28.272	4.712	21.37	0.388	5.157	0.584	0.416	0	0	1.268	0	0	0

注：墙钢筋不包含墙体拉结筋；措施钢筋包括板凳筋和垫筋

现浇钢筋汇总表（二）

工程名称：例子工程　　　　单位：吨　　　　第1页　共1页

序号	钢筋级别	钢筋规格	总重	柱钢筋	梁钢筋	墙钢筋	板钢筋	楼梯钢筋	基础钢筋	其他钢筋	墙体拉接筋	圈梁筋	构造柱	过梁筋	暗柱筋	暗梁筋	措施钢筋
1	Φ	10	19.336				18.462			0.319				0.555			
2	Φ	8	12.915	3.589	6.831	0.089	1.937		0.366	0.104							
3	Φ	6	2.085	0.025	0.412	0.021	0.787	0.044		0.089	0.416			0.291			
4	Φ	4	0.004							0.004							
	小计		34.340	3.614	7.243	0.109	21.185	0.044	0.366	0.516	0.416	0.000	0.000	0.846	0.000	0.000	0.000
1	Φ	12	0.675				0.184			0.068				0.422			
	小计		0.675	0.000	0.000	0.000	0.184	0.000	0.000	0.068	0.000	0.000	0.000	0.422	0.000	0.000	0.000
1	Φ	10	1.758			1.229		0.344	0.185								
	小计		1.758	0.000	0.000	1.229	0.000	0.344	0.185	0.000	0.000	0.000	0.000	0.000	0.000	0.000	0.000
1	Φ	25	2.652		2.652												
2	Φ	22	4.637		4.637												
3	Φ	20	19.310	6.421	9.924				2.965								
4	Φ	18	2.584	1.577	1.007												
5	Φ	16	0.293	0.293													

续表

序号	钢筋级别	钢筋规格	总重	柱钢筋	梁钢筋	墙钢筋	板钢筋	楼梯钢筋	基础钢筋	其他钢筋	墙体拉接筋	圈梁筋	构造柱	过梁筋	暗柱筋	暗梁筋	措施钢筋
6	Φ	14	1.711		0.070				1.640								
7	Φ	12	6.114		2.740	3.374											
	小计		37.300	8.291	21.029	3.374	0.000	0.000	4.606	0.000	0.000	0.000	0.000	0.000	0.000	0.000	0.000
			74.072	11.905	28.272	4.712	21.370	0.388	5.157	0.584	0.416	0.000	0.000	1.268	0.000	0.000	0.000

注：墙钢筋不包含墙体拉结筋；措施钢筋包括板凳筋和垫筋，本表汇总了工程中（图形构件、参数法构件）所有钢筋的工程数量。

现浇钢筋汇总表（三）

工程名称：例子工程

序号	钢筋级别	钢筋直径	接头类型	接头总数（个）	柱	梁	板	墙	基础	楼梯	暗梁	暗柱	构造柱	过梁	圈梁	基他构件
1	Φ	6	绑扎	25												25
2	Φ	8	绑扎	53			53									
3	Φ	10	绑扎	423			423									
4	Φ	12	绑扎	4												4
5	Φ	10	绑扎	282				282								
6	Φ	16	绑扎	20	20											
7	Φ	18	电渣焊	184	184											
8	Φ	18	双面焊	3		3										
9	Φ	20	电渣焊	602	602											
10	Φ	20	双面焊	66		30			36							
11	Φ	22	双面焊	60		60										
12	Φ	25	套筒	8		8										

续表

序号	钢筋级别	钢筋直径	接头类型	接头总数（个）	柱	梁	板	墙	基础	楼梯	暗梁	暗柱	构造柱	过梁	圈梁	基他构件
				1730	806	101	476	282	36	0	0	0	0	0	0	29